人工智能开发丛书

Python
机器学习集锦

潘风文　庞资胜　编著

化学工业出版社

·北京·

内容简介

Python是一种面向对象的脚本语言，广泛应用于Web 开发、网络编程、爬虫开发、自动化运维、云计算、人工智能、科学计算等领域。本书是作者长期应用Python进行机器学习开发实践的经验结晶，主要内容包括Python数据读取的技巧，数据探索性分析，数据预处理，特征选择，特征选择的常用技巧，算法模型，sklearn类库，Python中数据可视化的常用方法等。本书具有针对性、系统性、实操性强，原创度高的特点，读者对代码进行简单修改，就可以直接拿来使用。

本书适合于具有一定Python基础，且有志于从事机器学习、人工智能开发的读者使用。

图书在版编目（CIP）数据

Python机器学习集锦/潘风文，庞资胜编著．—北京：化学工业出版社，2023.8（2024.6重印）
（人工智能开发丛书）
ISBN 978-7-122-43392-3

Ⅰ．①P… Ⅱ．①潘…②庞… Ⅲ．①软件工具-程序设计②机器学习 Ⅳ．①TP311.561②TP181

中国国家版本馆CIP数据核字（2023）第074256号

责任编辑：潘新文　　装帧设计：韩　飞
责任校对：刘曦阳

出版发行：化学工业出版社（北京市东城区青年湖南街13号　邮政编码100011）
印　　装：涿州市般润文化传播有限公司
787mm×1092mm　1/16　印张$19\frac{3}{4}$　字数471千字　2024年6月北京第1版第2次印刷

购书咨询：010-64518888　　售后服务：010-64518899
网　　址：http://www.cip.com.cn
凡购买本书，如有缺损质量问题，本社销售中心负责调换。

定　　价：95.00元

前言

Python是一种面向对象的脚本语言，其代码简洁优美，类库丰富，开发效率也很高，得到越来越多开发者的喜爱；Python广泛应用于Web开发、网络编程、爬虫开发、自动化运维、云计算、人工智能、科学计算等领域。

本书以浅显易懂的方式讲解了Python机器学习所涉及的多个方面，汇集了笔者在Python机器学习开发应用实践中的经验精华，供读者在Python学习和使用过程中参考，具有很高的实用价值。结合实用范例和实际经验来讲解Python机器学习是本书的主要特色，具有针对性、系统性、实操性强的特点，读者对代码进行简单修改，就可以直接拿来使用。本书各章主要内容如下。

第1章：本章讲解了数据读取的技巧性知识。无论是简单的数据分析，还是复杂的数据挖掘，都要以数据作为最基础的元素，数据的读取和导入是Python中基本的数据操作，是数据分析的基础。

第2章：本章讲述数据探索性分析。数据探索性分析是统计过程中的数据整理环节，对数据资料进行初步的整理、归纳、特征描述，提供常见的统计量（例如均值、方差等），产生所有个案或不同分组个案的综合统计量，明悉数据含义，理解数据结构，概括主要特征，以找出数据初步的内在规律（例如数据集中趋势、分散趋势、相关性），以便于进行数据的合并、清洗、预处理。

第3章：本章讲解了数据预处理、特征选择等模型建立前的工作。在具体的工程实践中，大部分数据是不完整或者不准确的，数据质量往往达不到数据挖掘标准，无法直接拿来进行数据挖掘和建模；为了提升分析结果的准确性，提高数据挖掘模型质量，缩短计算过程，必须进行数据预处理。

第4章：本章讲解了特征选择的常用技巧。特征选择的目的是从所有特征中选择出对学习算法有益的相关特征，降低学习任务的难度，提升模型的使用效率和精确度，使模型获得更好的解释性，增强对特征和特征值的理解，减少模型过拟合现象，减少运行时间。特征选择不涉及对特征值的修改，只是筛选出对模型性能提升较大的少量特征。

第5章：本章讲解了算法建模中的核心内容，并对常用的scikit-learn（sklearn）类库进行了重点讲解，对并发式pyspark库进行了一定程度的讲解，为了加深理解，还对算法模型中典型案例进行了详细的讲解。

第6章：本章介绍了Python中数据可视化的常用方法。借助可视化，可以更直观地发现数据中隐藏的规律，观察变量之间的互动关系，更好地给他人解释现象，做到一图胜千文的说明效果。利用Python可以画出非常优美的图像，尤其是专业的数据分析图像，例如箱式图、对应分析图、分类图等。

本书由潘风文、庞资胜编著，孔峰对书稿进行审校整理。本书适合于具有一定Python基础，且有志于从事机器学习、人工智能开发的读者。相信本书一定会给您带来很大收获。书中例子运行的Python版本号是Ver3.8.1及以上，所有实例都可以通过化工出版社网站www.cipedu.com.cn下载，也可以通过QQ：420165499联系，在线下载实例包。读者在阅读和使用过程中，若有任何问题，可通过QQ在线咨询，笔者将竭诚为您服务。

编者

2023年4月

目 录

1 数据读取

1.1 数据读取常见问题

无论是简单的数据分析，还是复杂的数据挖掘，一切都以数据作为最基础的元素。数据读取和导入是Python中的基本数据操作，是数据分析的基础。

数据的来源是多种多样的，既可以是xlsx（Excel）、csv、txt、json类文本数据，也可以是Oracle、MySQL、hive类数据库数据，还可以是docx文档、日志文件、图像（jpg、tif、pgm等格式）、声音、视频数据。

从数据类型划分，xlsx（Excel）、csv、txt、json、oracle及MySQL数据、hive数据为结构化数据；docx、日志文件、图像、声音、视频数据为非结构化数据。

在Python中，为了解决数据分析任务而创建的pandas纳入了大量的库和一些标准的数据模型，提供了大量的能使我们快速便捷地处理数据的函数和方法。Pandas是使Python成为强大而高效的数据分析环境的重要因素之一。

在对数据读取后，通常要将这些数据以Python的DataFrame数据框的形式进行整理，类似数据库中的数据表，数据框的列显示数据字段，数据框的行显示数据属性，因此DataFrame是数据分析与建模的基础。在数据读取的过程中，根据数据格式不同，需要使用不同的包或者模块，因此需要提前进行安装相关的包和模块。

在笔者使用实践中，数据读取过程大部分情况下比较顺利，个别情况下还是会出现一些问题。例如在导入数据的过程中，需要提供数据存储的路径（数据存放的文件夹），在部分情况下路径中含有中文，例如“D:\数据分析\图书\Python语言\”，导致发生Python运行错误（运行错误的原因和电脑系统的中文编码有关），无法读取数据。解决这个问题的最简单有效的办法是使用Python内置的os函数，提前设置默认路径，笔者在多年实践中一直利用这种方法，没有发生过因为中文路径而出现读取错误的情况。

例如下面的代码，可以调整默认文件路径：

```
import os
os.chdir(r"D:\数据分析\图书\Python语言\Dimensionality_reduction")
```

很多情况下，需要提前对txt文件进行格式转换，转换方式主要包括两种：手动转换和代码自动转换，可以根据实际情况进行选择。

手动转换：先用txt编辑器（如记事本）打开，再保存为某种编码格式（如utf-8）的文件，这种方式简单，但效率较低，不适用于大批量文件格式转换。

代码自动转换：适用于大批量txt文件格式转换，自动化程度高，因而效率高，不容易出错。

例如对某一个文件夹下所有txt文件进行格式转换，主要代码如下。

```
1. import os
2. from chardet import detect
```

```
3.
4. fns = []
5. filedir = os.path.join(os.path.abspath('.'), "news_data1")#news_data1为
   文件夹的名字
6. file_name = os.listdir(os.path.join(os.path.abspath('.'), "news_data1"))
   #news_data1为文件夹的名字
7. for fn in file_name:
8.     if fn.endswith('.txt'):  #这里填文件后缀
9.         fns.append(os.path.join(filedir, fn))
10.
11. for fn in fns:
12.     with open(fn, 'rb+') as fp:
13.         content = fp.read()
14.         codeType = detect(content)['encoding']
15.         content = content.decode(codeType, "ignore").encode("utf8")
            #此处以转换为utf-8格式为例，其他编码格式为GBK、ANSI、unicode等
16.         fp.seek(0)
17.         fp.write(content)
18.         print(fn, "：已修改为utf8编码")#此处以转换为utf8格式为例
```

读取txt文本文件还要注意一点，因为Python自身的限制，txt文件的名字不要含有中文，否则很多情况下无法读取（让笔者迷惑的一点就是：有时候能读取，有时候不能读取；有时候这个电脑能读取，而那个电脑就无法读取。因此保险起见，文本文件名字完全采用英文）。

在读取Oracle数据库数据时，如果需要读取的数据中含有中文（例如中文名字、评论等），而在读取的过程中，中文显示为乱码，可采用下面两行代码，以解决这个问题。

```
import os
os.environ['NLS_LANG']= 'SIMPLIFIED CHINESE_CHINA.UTF8'
```

根据笔者多年的使用经验，在用to_csv()函数将数据导出到本地时，尽量以txt格式导出。因为数据可能有多种类型，如字符型、日期型、数字型（有些是科学计数法表示），如果导出为其他格式（如Excel、CSV等），容易带来大大小小的问题，而且不容易察觉。

在将数据导入到MySQL时，可能会由于MySQL自身的限制而发生内存溢出（这一点Oracle做得比较好，很少发生内存溢出的情况），可以采用for循环执行数据导入，以解决这个问题（根据电脑性能，酌情调整分割数据量的大小）。

1.2 核心代码

1.2.1 读取Excel、csv、txt、json数据

1.2.1.1 读取Excel数据

```
from pandas import read_excel
read_excel(file, sheetname, header)
```

#函数说明

file：文件路径+文件名；

sheetname：为0表示第一个sheet，为1表示第二个sheet，以此类推（注意数值从0开始），默认第一个sheet；sheetname也可以为sheet的具体名称（例如sheetname='试验'）；

header：默认值以文件的第一行作为列名；header=None表明原始数据没有列名；

读取Excel数据示例：

```
1. from pandas import read_excel
2. df=read_excel('F://datalocation//telephone.xlsx',sheetname=0,header=None)
```

1.2.1.2 读取CSV数据

```
from pandas import read_csv
read_csv(file,names=[列名1，列名2，..],sep=" ",encoding='ansi',header=
None)
```

#函数说明

file:文件路径+文件名；

names：手动填写列名，例如names=['a', 'b']；

encoding：编码格式（指定utf8、GBK、ANSI、unicode等格式中的一种）；

sep：分割符号（如逗号、空格间隔）；

header：默认值以文件的第一行作为列名；header=None表明原始数据没有列名；

读取csv数据示例：

```
1. from pandas import read_csv
2. df=read_csv('F://datalocation//telephone.csv',sep=",",encoding='ansi')
```

1.2.1.3 读取txt数据

```
from pandas import read_table
```

```
reda_table(file,names=[列名1，列名2，..],sep=" ",header=None)
```

#函数说明

file: 文件路径+文件名；

names：手动填写列名，例如names=['a', 'b']；

sep：分割符号（如逗号、空格间隔）；

header：默认值表示文件的第一行作为列名；header=None表明原始数据没有列名；

读取txt数据示例：

```
1. from pandas import read_table
2. df1=read_table('F://datalocation//hm.txt',sep=" ",header=None)
```

1.2.1.4 读取json文件

读取json文件函数比较简单，只需要设置文件路径、文件名及编码格式，此处不再进行函数说明，直接进入示例。

读取json数据示例：

```
1. import json
2. j1=open('E://datalocation//data.json',encoding='utf-8').read()
   #（encoding指定utf8、GBK、ANSI、unicode等格式中的一种）
3. text=json.loads(j1)
4. import pandas as pd
5. df=pd.DataFrame(list(text.values()))
6. df=df.T  #根据实际情况判断是否需要转置
7. df.columns=text.keys()#读取列名
```

1.2.2 读取docx文件和查询关键词

本代码包含两项主要功能：

（1）读取Word文档；

（2）搜索某文件夹下word文件内的内容。

因为这两项功能都比较重要，因此分为两部分独立的代码。

1.2.2.1 读取Word内容

```
1. from zipfile import ZipFile
2. from urllib.request import urlopen
```

```
3. from io import BytesIO
4. import re
5. wordFile = urlopen("file:///D:/BaiduNetdiskDownload/123.docx").read()
6. #wordFile = urlopen("http://pythonscraping.com/pages/AWordDocument.
   docx").read()
7. wordFile = BytesIO(wordFile)
8. document = ZipFile(wordFile)
9. xml_content = document.read('word/document.xml')
10.
11. s=re.findall(r'<w:t>(.*?)</w:t>',xml_content.decode('utf-8'))
12. for i in s:
13. print(i)
```

1.2.2.2 输入路径查找关键词句

```
1. import os
2. from win32com import client as wc
3.
4. cur=os.getcwd()+'/temp'
5. if not os.path.exists(cur):
6.     os.mkdir(cur)
7.
8. def DocRead(file):
9.     doc=wc.Dispatch('Word.Application').Documents.Open(file)
10.     doc.SaveAs(cur+'/txt',4)
11.     doc.Close()
12.     txt=''
13.     with open(cur+'/txt.txt','r') as f:
14.         txt=f.read()
15.     os.remove(cur+'/txt.txt')
16.     return txt
17.
18. def research(path,key):
```

```
19.     n=0
20.     for i in os.walk(path):
21.         for j in i[2]:
22.             i1=j.find('.doc')
23.             i2=j.find('.docx')
24.             if (i1!=-1 and i1==len(j)-4) or (i2!=-1 and i2==len(j)-5):
25.                 pp=i[0].replace('\\','/')
26.                 #print(pp+'/'+j)
27.                 try:
28.                     if DocRead(pp+'/'+j).find(key)!=-1:
29.                         print(pp+'/'+j)
30.                         n+=1
31.                 except Exception as e:
32.                     with open(cur+'/err.log','a') as err:
33.                         err.write(str(e)+'\n')
34.     if not n:
35.         print('没有找到你要的内容！')
36.     else:
37.         print('找到%d条内容'%n)
38.
39. def main():
40.     path=input('输入查找根路径（如：F:\）：')
41.     key=input('输入查询关键字：')
42.     research(path,key)
43.
44. if __name__=='__main__':
45.     main()
```

1.2.3 读取日志、图像、声音、视频

说明：读取日志、图像（含遥感图像）、声音、视频等非结构化数据的方式多种多样，而且随着技术的发展，新的读取方式不断涌现，这里给出以下几个比较典型的读取方式。

1.2.3.1 读取日志文件

```
1. file = 'traffic_log_for_dataivy'
2. fn = open(file, 'r')  #打开要读取的日志文件对象
3. content = fn.readlines()  #以列表形式读取日志数据
4. print (content[:2])
5. fn.close()  #关闭文件对象
```

1.2.3.2 读取图像文件

```
1. #使用PIL读取图像
2. import Image  #导入库
3. file = 'cat.jpg'  #定义图片地址
4. img = Image.open(file, mode="r")  #读取文件内容
5. img.show()  #展示图像内容
6. print ('img format: ', img.format)  #打印图像格式
7. print ('img size: ', img.size)  #打印图像尺寸
8. print ('img mode: ', img.mode)  #打印图像色彩模式
9. img_gray = img.convert('L')  #转换为灰度模式
10. img_gray.show()  #展示图像
11. #使用OpenCV读取图像
12. import cv2.cv as cv #导入图像处理库（安装命令为pip install opencv-python）
13. file = 'cat.jpg'  #定义图片地址
14. img = cv.LoadImage(file)  #加载图像
15. cv.NamedWindow('a_window', cv.CV_WINDOW_AUTOSIZE)  #创建一个自适应窗口用
    于展示图像
16. cv.ShowImage('a_window', img)  #展示图像
17. cv.WaitKey(0)  #与显示参数配合使用
18. import cv2#导入图像处理库（安装命令为pip install opencv-python）
19. file = 'cat.jpg'  #定义图片地址
20. img = cv2.imread(file)  #读取图像
21. cv2.imshow('image', img)  #展示图像
22. cv2.waitKey(0)  #与显示参数配合使用
```

1.2.3.3 读取遥感图像文件

```
1. from osgeo import gdal
2. import os
3. import numpy as np
4. import pandas as pd
5. class Dataset:
6.     def __init__(self, in_file):
7.         self.in_file = in_file  #Tiff或者ENVI文件
8.         dataset = gdal.Open(self.in_file)
9.         self.XSize = dataset.RasterXSize  #网格的X轴像素数量
10.         self.YSize = dataset.RasterYSize  #网格的Y轴像素数量
11.         self.GeoTransform = dataset.GetGeoTransform()  #投影转换信息
12.         self.ProjectionInfo = dataset.GetProjection()  #投影信息
13.
14.     def get_data(self, band):
15.         """
16.         band: 读取第几个通道的数据
17.         """
18.         dataset = gdal.Open(self.in_file)
19.         band = dataset.GetRasterBand(band)
20.         data = band.ReadAsArray()
21.         return data
22.
23.     def get_lon_lat(self):
24.         """
25.         获取经纬度信息
26.         """
27.         gtf = self.GeoTransform
28.         x_range = range(0, self.XSize)
29.         y_range = range(0, self.YSize)
30.         x, y = np.meshgrid(x_range, y_range)
31.         lon = gtf[0] + x * gtf[1] + y * gtf[2]
```

```
32.         lat = gtf[3] + x * gtf[4] + y * gtf[5]
33.         return lon, lat
34.
35. #读取tif数据集
36. def readTif(fileName):
37.     dataset = gdal.Open(fileName)
38.     if dataset == None:
39.         print(fileName+"文件无法打开")
40.     return dataset
41.
42. #提取原始图像经纬度和波段信息
43. #文件路径
44. dir_path = r"E:\\航天遥感\\图片"
45. filename = "jq.tif"
46. #读取图像数据获取波段数目
47. dataset = readTif(dir_path+'\\'+filename)
48. Tif_bands = dataset.RasterCount #波段数
49. file_path = os.path.join(dir_path, filename)
50. dataset = Dataset(file_path)
51. longitude, latitude = dataset.get_lon_lat()  #获取经纬度信息
52.
53. df1 = pd.DataFrame(longitude.flatten(), columns=['X'])
54. df1.insert(1, 'Y', pd.DataFrame(latitude.flatten(), columns=['Y']))
    #Pandas.DataFrame插入列
55.
56. for i in range(1, Tif_bands+1, 1):
57.     data = dataset.get_data(i)  #获取第1-3个通道的数据(根据实际情况改变通
        道的数量)
58.     df1.insert(i+1, 'B'+str(i), pd.DataFrame(data.flatten(), columns=
        ['B'+str(i)]))
```

1.2.3.4 读取语音数据

此处需要提前申请百度key信息及连接在线语音识别的API（即电脑必须是联网状态）

```
1. #导入库
2. import json  #用来转换JSON字符串
3. import base64  #用来做语音文件的Base64编码
4. import requests  #用来发送服务器请求
5.
6. #获得token
7. API_Key = 'DdOyOKo0VZBgdDFQnyhINKYDGkzBkuQr'  #从申请应用的key信息中获得
8. Secret_Key = 'oiIboc5uLLUmUMPws3m0LUwb00HQidPx'  #从申请应用的key信息中获得
9. token_url = "https://openapi.baidu.com/oauth/2.0/token?grant_
   type=client_credentials&client_id=%s&client_secret=%s"  #获得token的地址
10. res = requests.get(token_url % (API_Key, Secret_Key))  #发送请求
11. res_text = res.text  #获得请求中的文字信息
12. token = json.loads(res_text)['access_token']  #提取token信息
13.
14. #定义要发送的语音
15. voice_file = 'baidu_voice_test.pcm'  #要识别的语音文件
16. voice_fn = open(voice_file, 'rb')  #以二进制的方式打开文件
17. org_voice_data = voice_fn.read()  #读取文件内容
18. org_voice_len = len(org_voice_data)  #获得文件长度
19. base64_voice_data = base64.b64encode(org_voice_data)  #将语音内容转换为
    base64编码格式
20.
21. #发送信息
22. #定义要发送的数据主体信息
23. headers = {'content-type': 'application/json'}  #定义header信息
24. payload = {
25.     "format": "pcm",  #以具体要识别的语音扩展名为准
26.     "rate": 8000,  #支持8000或16000两种采样率
27.     "channel": 1,  #固定值，单声道
28.     "token": token,  #上述获取的token
```

```
29.     "cuid": "B8-76-3F-41-3E-2B",  #本机的MAC地址或设备唯一识别标志
30.     "len": org_voice_len,  #上述获取的原始文件内容长度
31.     "speech": base64_voice_data  #转码后的语音数据
32. }
33. data = json.dumps(payload)  #将数据转换为JSON格式
34. vop_url = 'http://vop.baidu.com/server_api'  #语音识别的API
35. voice_res = requests.post(vop_url, data=data, headers=headers)
    #发送语音识别请求
36. api_data = voice_res.text  #获得语音识别文字返回结果
37. text_data = json.loads(api_data)['result']
38. print (api_data)  #打印输出整体返回结果
39. print (text_data)  #打印输出语音识别的文字
```

1.2.3.5 读取视频数据

```
1. import cv2#导入图像处理库（安装命令为pip install opencv-python）
2. cap = cv2.VideoCapture("tree.avi")  #获得视频对象
3. status = cap.isOpened()  #判断文件知否正确打开
4. if status:  #如果正确打开，则获得视频的属性信息
5.     frame_width = cap.get(3)  #获得帧宽度
6.     frame_height = cap.get(4)  #获得帧高度
7.     frame_count = cap.get(7)  #获得总帧数
8.     frame_fps = cap.get(5)  #获得帧速率
9.     print ('frame width: ', frame_width)  #打印输出
10.     print ('frame height: ', frame_height)  #打印输出
11.     print ('frame count: ', frame_count)  #打印输出
12.     print ('frame fps: ', frame_fps)  #打印输出
13. success, frame = cap.read()  #读取视频第一帧
14. while success:  #如果读取状态为True
15.     cv2.imshow('vidoe frame', frame)  #展示帧图像
16.     success, frame = cap.read()  #获取下一帧
17.     k = cv2.waitKey(1000 / int(frame_fps))  #每次帧播放延迟一定时间，同时
        等待输入指令
```

```
18.     if k == 27:  #如果等待期间检测到按键ESC
19.         break  #退出循环
20. cv2.destroyAllWindows()  #关闭所有窗口
21. cap.release()  #释放视频文件对象
```

1.2.4 Oracle、MySQL数据读取

1.2.4.1 读取oracle数据

```
1. import os
2. #设置环境编码方式，解决读取数据库中文乱码问题
3. os.environ['NLS_LANG']='SIMPLIFIED CHINESE_CHINA.UTF8'
4. #数据库连接
5. import cx_Oracle
6. import pandas as pd
7. conn = cx_Oracle.connect('gps','gis','192.168.1.152:1521/ydgx2020')
8. #设置说明：gps为用户名，gis为密码，192.168.1.152为ip地址,1521为端口号，
   ydgx2020为数据库名称
9. cursor=conn.cursor()#使用cursor()方法获取操作游标
10.
11. #使用SQL语句提取数据
12. result = 'select * from ZL' #执行SQL语句，ZL为oracle数据库已经存在的表
13. result = pd.read_sql(result,conn)
14.
15. 注：使用pandas的read_sql函数可以直接将Oracle数据转化为pandas数据框，数据
    框各列类型与数据库中类型相同（如果数据库中指标类型含有CLOB类型，同样可以正
    常转换）。
```

1.2.4.2 数据导入到oracle中

```
1. import cx_Oracle
2. import pandas as pd
3. conn = cx_Oracle.connect('system/p158@ORCL')#设置说明：system为用户名，
   p158为密码，ORCL为数据库的名字
```

```
4. cursor = conn.cursor()#使用cursor()方法获取操作游标
5. #如果是建立新表并导入，提前执行下面的删除表代码（此处以表ABC为例）
6. sql='drop table  ABC '#删除表的SQL语句
7. try:
8.    #执行SQL语句
9.    cursor.execute(sql)
10.    #提交修改
11.    conn.commit()
12. except:
13.    #发生错误时回滚
14.    conn.rollback()
15. #此处注意，如果上述代码出现错误，并不是代码的问题，请用命令窗口执行下述命令，
    进行升级sqlalchemy操作
16. pip install -i https://pypi.tuna.tsinghua.edu.cn/simple --upgrade
    sqlalchemy --ignore-installed
17.
18. #将数据导入到数据库中
19. import cx_Oracle
20. import pandas as pd
21. from sqlalchemy import create_engine
22. conn=create_engine('oracle://system:p158@localhost:1522/ORCL?charset=
    utf8')
23. #此处注意：如果上述代码无法执行，可以去掉?charset=utf8编码格式的设置，如下述
    代码
24. #conn=create_engine('oracle://system:p158@localhost:1521/ORCL')
25. #设置说明：system为用户名，p158为密码，localhost为IP地址，1521为端口号，
    ORCL为数据库名称
26. #在导入数据过程中，如果数据量过大，导致导入时间过长，可利用下面的for循环进行
    （经笔者多次测算，数据量比较大的时候，for循环用时反而短，应该是和内存的使用机
    理有关）
27. #for循环示例代码如下：
28. a=int(len(result)/1000)
29. if a==0:#导入数据小于1000
```

```
30.     pd.io.sql.to_sql(result,'ABC',con=conn,if_exists='replace')
31. #if_exists='append'表示如果表不存在，就建立新表，否则进行数据插入操作
32. #if_exists='fail'表示如果表存在，就不进行任何操作
33. else: #导入数据大于等于1000
34.     for i in range(a):
35.         result1=result.iloc[i*1000:(i+1)*1000,:]
36.         pd.io.sql.to_sql(result1,'ABC',con=conn,if_exists='append')
            #追加1000的整数倍数行
37.     result1=result.iloc[a*1000:len(result),:]
38.     pd.io.sql.to_sql(result1,'ABC',con=conn,if_exists='append')
        #追加剩余行
```

在数据导入到Oracle中还需注意：如果数据中某列存储大量文本（如超过了3000个汉字），本列在Oracle显示为CLOB类型；Oracle中CLOB类型转换为字符串类型，可以用dbms_lob.substr函数进行操作，示例如下：

```
select dbms_lob.substr(col,32767) from ABC#col表示列名，32767表示提取全部数据
```

1.2.4.3 读取MySQL数据

MySQL具体设置如图2-1所示。

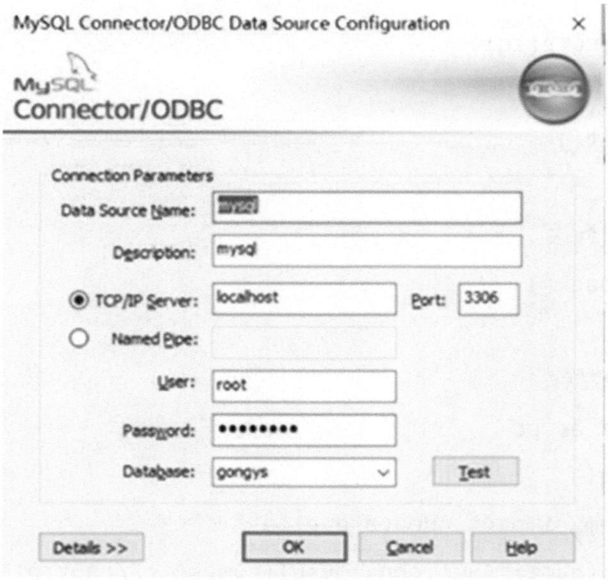

图2-1 MySQL设置

```
1. import pandas as pd
2. import pymysql
3. conn = pymysql.connect(host='localhost',user='root',passwd='p158',
4.     db='gongys',port=3306,charset='utf8') #设置说明：root为用户名，p158为密码，localhost为IP地址，3306为端口号，gongys为数据库名称
5. result = pd.read_sql('select * from ZL',conn)#使用pandas 的read_sql函数，可以直接将MySQL数据转化为pandas数据框，数据框各指标类型与数据库中类型相同。
```

1.2.4.4 数据导入到 MySQL 中

```
1. import pandas as pd
2. import pymysql
3. conn = pymysql.connect(host='localhost',user='root',passwd='p158',
4.     db='gongys',port=3306,charset='utf8') #设置说明：root为用户名，p158为密码，localhost为IP地址，3306为端口号，gongys为数据库名称
5. cursor = conn.cursor()#使用cursor()方法获取操作游标
6. #如果是建立新表并导入，提前执行下面的删除表代码（此处以表ABC为例）
7. sql='drop table  ABC '#删除表的SQL语句
8. try:
9.    #执行SQL语句
10.    cursor.execute(sql)
11.    #提交修改
12.    conn.commit()
13. except:
14.    #发生错误时回滚
15.    conn.rollback()
16.
17. #将数据导入到数据库中
18. import pandas as pd
19. import pymysql
20. from sqlalchemy import create_engine
21. result.to_sql(name='ABC',con='mysql+pymysql://root:p158@localhost:3306/gongys?charset=utf8',if_exists='replace',index=False)
```

```
22. #设置说明：root为用户名，p158为密码，localhost为IP地址，3306为端口号，
    gongys为数据库名称，utf8表示编码格式（或者GBK、ANSI、unicode等格式）
23.
24. #数据追加
25. #result.to_sql(name='ABC',con='mysql+pymysql://root:p158@localhost:
    3306/gongys?charset=utf8',if_exists='append',index=False) #if_exists=
    'append'表示如果表不存在，就建立新表，如果表存在，把数据追加
26. conn.close() #关闭数据库连接
27. #如果数据太大，直接导入往往导致内存溢出，使上述代码无法执行，可以利用下面for
    循环进行操作
28. #与Oracle相比，数据量过大时，Oracle仅仅是耗时长（但可以执行），MySQL则无法
    执行
29. #for循环示例代码如下：
30. from pandas import read_csv
31. result=read_csv('E:\\result7.txt',sep=",")
32. #此处示例数据量为2000多万，直接导入超出内存限制
33.
34. #如果是建立新表并导入，提前执行下面的删除表SQL语句（示例表明为ABC）
35. import pandas as pd
36. import pymysql
37. conn = pymysql.connect(host='localhost',user='root',passwd='p158',
38.     db='gongys',port=3306,charset='utf8')
39. cursor = conn.cursor()#使用cursor()方法获取操作游标
40. sql='drop table  ABC '
41. try:
42.     #执行SQL语句
43.     cursor.execute(sql)
44.     #提交修改
45.     conn.commit()
46. except:
47.     #发生错误时回滚
48.     conn.rollback()
49.
```

```
50. import pandas as pd
51. import pymysql
52. from sqlalchemy import create_engine
53. a=int(len(result)/1000000)#此处设置每次导入数据量为100万，可以根据电脑性能
    酌情调整
54. if a==0:#导入数据小于1百万 result.to_sql(name='ABC',con='mysql+pymysql:
    //root:p158@localhost:3306/gongys?charset=utf8',if_exists='replace',
    index=False)#
55. else: #导入数据大于等于1百万
56.     for i in range(a):
57.         result1=result.iloc[i*1000000:(i+1)*1000000,:]
58.         result1.to_sql(name='ABC',con='mysql+pymysql://root:p158@
            localhost:3306/gongys?charset=utf8',if_exists='append',
            index=False)#设置说明：ABC为表名，root为用户名，p158为密码，
            localhost为IP地址，3306为端口号，gongys为数据库名称，utf8表示
            编码格式（或者GBK、ANSI、unicode等格式）
59.     result1=result.iloc[a*1000000:len(result),:]
60. result1.to_sql(name='ABC',con='mysql+pymysql://root:p158@localhost:
    3306/gongys?charset=utf8',if_exists='append',index=False)#追加剩余行
```

1.2.5 读取Hive数据

Hive是基于Hadoop的一个数据仓库工具，用来进行数据提取、转化、加载，hive数据仓库工具能将结构化的数据文件映射为一张数据库表，并提供SQL查询功能，能将SQL语句转变为MapReduce任务来执行。hive的优点是学习成本低，可以通过类似SQL的语句实现快速MapReduce统计，使MapReduce变得更加简单，而不必开发专门的MapReduce应用程序。

Python中主要通过pyspark读取hive数据，Windows环境下需要提前安装pyspark相关包；Linux环境下需要安装spark工具并设置PATH环境变量，能在不同的目录下执行pyspark程序。

读取Hive数据主要分两个步骤：第一步读取数据，与Oracle和MySQL不同，此时读取的数据并非pandas的数据框，第二步将数据转换为pandas的数据框。

#读取Hive数据示例

```
1. #调取包
2. from pyspark.sql import SparkSession
3. spark = SparkSession.builder.enableHiveSupport().getOrCreate()
4. #执行spark.sql语句
5. df = spark.sql("select * from amls_xyd_ky_c_cntr limit 5")
6. df.show()#显示数据
7. #转化为pandas的数据框
8. df1=df.toPandas()
```

1.2.6 数据导出到本地

数据导出到本地是指把读入的数据导出到本地存储，可以存储为各种格式的文件，如文本格式的文件。示例代码如下：

```
from pandas import read_csv
to_csv(file_path,sep= ",",index=TRUE,header=TRUE,encoding='utf-8')
```

#函数说明

file_path：文件路径+文件名；

sep：分割符号（如逗号、空格间隔）；

index：是否导出行序号（TRUE或者FALSE），默认是TRUE，导出行序号；

header：是否导出列名（TRUE或者FALSE），默认TRUE，导出列名；

encoding：导出编码格式（指定utf-8、GBK、ANSI、unicode等格式中的一种）；

导出txt数据示例：

```
1. from pandas import read_csv
2. df.to_csv('D:\\a.txt' ,encoding='utf-8') #默认带上index
3. df.to_csv('D:\\a.txt',index=False ,encoding='utf-8')#无index
```

2 数据探索性分析

数据探索性分析是统计过程中的数据整理环节，在这一环节对数据资料进行初步的整理、归纳、特征描述，提供常见的统计量（例如均值、方差、均值等），产生所有个案或个案分组的综合统计量，明悉数据含义，理解数据结构，概括主要特征，初步找出数据内在规律（例如数据集中趋势、分散趋势、相关性），以便于进行数据的合并、清洗、预处理。

在Python的数据探索性分析部分，基本上不用调取包，Python自身或者pandas包含了大量的函数，可以对数据进行简单的查看、统计、分析。

在后面的代码示例中，df代表pandas数据框。

2.1 数据查看

```
1. #示例代码
2. df.head()#默认显示前五行
3. df.head(3)#显示前3行
4. df.tail()#默认显示后五行
5. df.tail(2)#查看后2行数据
6. df[['tr','score']].tail(2)#显示几个变量的后两行数据
7. df.index#查看索引
8. df.size#行乘列的数
9. df.columns.size#列数
10. df.iloc[:,0].size#行数
11. df.columns#查看列名,等价于df.keys()
12. df.iloc[:,0:3].columns#查看1到3列的列名
13. df.values#查看数据值
14. df.iloc[:,0:3].values#查看1到3列的数据值
15. df.info()#简单查看数据的特征
16. df.describe()#查看描述性统计，只显示数值型的列
17. df.describe(include='all')#查看描述性统计，显示所有列
18. df.count() #查看每一列有效值（非缺失值）的记录数
```

2.2 数据统计

在Python中，如果列是字符串类型，是可以进行求和、平均值等计算的，但显然这不是我们期望的结果，因为没有报错机制，容易出现错误的结果。

```
1. #示例代码
2. df.sum()#求和
3. df.max()#最大值
4. df.min()#最小值
5. df.mean()#平均值
6. df.var()#方差
7. df.std()#标准差
8. df.mode()#众数
9. df.median()#中位数,
10. df.kew()#偏度,
11. df.kurt()#峰度
12. df.count()#非空值数量
13. df.mad()#平均绝对利差，公式为(∑|xi-x¯|/n)；df.mad(axis=0)表示按列进行
    计算；df.mad(axis=1)表示按行进行计算；默认缺失值不参与运算，注意：列的类型为
    数值，否则报错
14. df.idxmin() #最小值的行位置
15. df.idxmax() #最大值的行位置
16. df.idxmin(axis=1) #最小值的列位置
17. df.idxmax(axis=1) #最大值的列位置
18. df.quantile(0.1) #10%分位数
19. df.quantile([0,0.25,0.5,0.75,1])#最小值、上四分位数、中位数、下四分位数、
    最大值
20. df['收入'].agg('mean') )#对'收入'列进行均值计算
21. df['收入'].agg(['mean','sum']) #对'收入'列进行均值、求和计算
22. df[['收入','年龄']].agg(['mean','sum'])#对'收入'、'年龄'两列分别进行均值、
    求和计算
```

```
23. df.agg({'收入':np.mean, '年龄':sum})#对'收入'、'年龄'两列分别进行均值、求
    和计算
24.
25. #在Python中进行简单的数据统计，只能按列进行，如果对整个数据框进行统计，可以利
    用下面的for循环进行
26. #对整个数据框进行统计示例代码（以均值为例）
27. import pandas as pd
28. cols=df.columns#获得数据框的列名
29. a=pd.DataFrame()#新建数据框
30. b=pd.DataFrame()
31. for col in cols: #循环读取每列
32.     a['合并']=df[col]
33.     b=pd.concat([b, a],axis=0)
34. df.mean()#求各列的均值
35. b.mean()#求整个数据框均值
```

2.3 数据分组分析

在数据分组分析中，最常用的是pivot_table函数：

pd.pivot_table(data,values=None,index=None,columns= None,aggfunc='mean',fill_value=None,margins=False, dropna=True, margins_name='All')

#函数说明

data:pandas中的数据框；

index、columns、values：分别对应分组分析中的行、列、值；

aggfunc：指定汇总的函数，默认为mean函数，可以使用多个函数，一般利用numpy函数（调用方法：import numpy as np），在笔者的使用过程中，利用pandas函数不知道为什么结果是错的；

margins：用于增加分类汇总和总计；

margins_name：分类汇总和总计的名称；

fill_value：用于指定缺失值的填补；

dropna：指定是否包含都是缺失值的列；

```
1. #示例代码
2. import pandas as pd
3. pd.pivot_table(df,values=['收入'],columns=['婚姻状况'],index=['居住地'],
   aggfunc='count')#分析表中，行是['婚姻状况']，列是['居住地']，对['收入']求数量
4. pd.pivot_table(df, values=['收入'],index=['居住地'],columns=['婚姻状况'],
   aggfunc='mean',margins=True,margins_name='All')#加入分类汇总
5. pd.pivot_table(df, values=['收入'],index=['婚姻状况'],columns=['居住地'],
   aggfunc='mean',dropna=False,fill_value=0) #保留全部为缺失值的列，把缺失值
   改为0
6. #行、列、值使用多列，分析函数为多个函数示例
7. import pandas as pd
8. import numpy as np
9. pd.pivot_table(df,values=['收入','年龄'],
10. index=['居住地','婚姻状况'],
11. columns=['教育水平','性别'],
12. aggfunc=[np.sum,np.mean,np.std]
13. ,margins=True)
```

2.4 相关性分析

在相关性分析中，最常用的相关系数为皮尔逊相关系数（Pearson相关系数），用于表示横向两个连续随机变量间的相关性。在聚类模型中，如果涉及连续变量进行样本聚类，一般采用皮尔逊相关性分析方法，只有当两个变量的标准差都不为零时，相关系数才有定义。皮尔逊相关系数适用于：

（1）两个变量之间是线性关系，都是连续数据。

（2）两个变量的总体呈正态分布，或接近正态的单峰分布。

（3）两个变量的观测值是成对的，每对观测值之间相互独立。

值得注意的是：数据越少，皮尔逊相关系数波动性越大，因此当数据很少时不建议使用。

皮尔逊相关系数定义：

$$r=\frac{\sum_{i=1}^{n}(x_i-\overline{x})(y_i-\overline{y})}{\sqrt{\sum_{i=1}^{n}(x_i-\overline{x})^2}\sqrt{\sum_{i=1}^{n}(y_i-\overline{y})^2}}$$

示例代码：

```
1. #示例代码（基于皮尔逊相关系数）
2. #两列之间的相关度计算
3. df['收入'].corr(df['年龄'])
4. #多列之间的相关度计算
5. df.corr()#整个数据框的相关系数矩阵
6. df.corr().round(2)##整个数据框的相关系数矩阵,结果保留两位小数
7. df.loc[:,'年龄':'教育水平'].corr()#多列（此处指'年龄'到'教育水平'的所有列）
   相关系数矩阵
8. df.loc[:,['年龄','收入','教育水平']].corr()#多列（此处指'年龄','收入','教育
   水平'三列）相关系数矩阵
9. df.corr()['收入']#某列（此处指'收入'列）与其他列相关系数矩阵
```

2.5 典型案例

在时间序列中，需要用到互相关分析，通过互相关分析构建用于建模的合适指标。互相关是两个时间序列在任意两个不同时刻的相关程度。设有两列时间序列X、Y，X延迟一定的阶数后和Y做相关分析，同样，Y延迟一定的阶数后和X做相关分析，可以考察延迟的相关性。例如收入和消费之间就有一定的延迟性，收入提高了消费水平不一定立即提高，可能在未来某个时期（例如三个月后）才会提高，因此收入和消费的相关性就有一定的延迟性。

假设有时间序列X_t、Y_t，t=1, 2, 3 …，X在时刻t和Y在时刻t+n之间的相关关系为n阶互相关：

$$f(X_t,Y_{t+n})=\frac{\sum(x_t-\overline{x}_t)(y_{t+n}-\overline{y_{t+n}})}{\sum(x_t-\overline{x}_t)^2(y_{t+n}-\overline{y_{t+n}})^2}$$

scipy.signal的correlate函数可以计算两个N维数组间的互相关关系，但该函数不便直接使用，可以封装成下面的ccf函数，核心代码如下。

#核心代码

```
1. import scipy.signal as sg
2. def ccf(x, y, lag_max = 100):
3.     result = sg.correlate(y - np.mean(y), x - np.mean(x), method='direct')/
       (np.std(y) * np.std(x) * len(x))# method：计算相关性的方法；direct：直
       接从相关性的定义中确定
```

```
4.      length = int((len(result) - 1) / 2)
5.      low = length - lag_max
6.      high = length + (lag_max + 1)
7.      return result[low:high]
8.
9.
10. import matplotlib.pyplot as plt
11. import pandas as pd
12. import numpy as np
13. ##读取数据
14. from pandas import read_excel
15. df=read_excel('hxg.xlsx')
16. x,y = df.miles,df.level
17. ##互相关分析
18. ##得出互相关系数
19. cor= ccf(x,y)
20. cor=pd.DataFrame(cor)
21. l=int((len(cor)-1)/2)
22. lag=np.arange(-l,l+1,1)
23. lag=pd.DataFrame(lag)
24. hxg=pd.concat([cor,lag],axis=1)
25. hxg.columns=['相关系数','延迟数']
26. ##画图展现互相关系数
27. out = ccf(x,y)
28. plt.figure(figsize = (15,4))
29. for i in range(len(out)):
30.      plt.plot([i,i],[0,out[i]],'k-')
31.      plt.plot(i,out[i],'ko')
32.
33. plt.xlabel("lag",fontsize=14)
```

```
34. l=int((len(out)-1)/2)
35. plt.xticks(range(len(out)),range(-l,l+1,1))
36. plt.ylabel("ccf",fontsize=14)
37. plt.show()
```

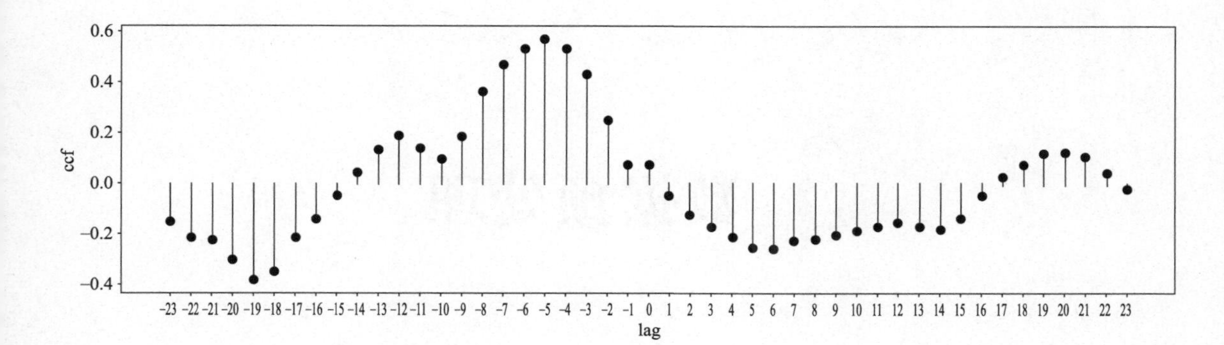

3 数据预处理

在具体的工程实践或者项目中，大部分数据是不完整或者不准确的，数据质量达不到数据挖掘标准，无法直接用于数据挖掘和建模；为了提升分析结果准确性，提高数据挖掘模型质量，缩短计算过程，必须对这些数据进行预处理。

数据预处理没有标准的流程，通常随任务不同或数据集属性不同而不同。

数据预处理主要包括三类：数据清理、数据变换、样本变换等。

数据清理主要包括缺失值填充、数据平滑处理、异常值检测和处理，主要达到数据填充和清除、错误纠正等目的。

- 缺失值填充：指的是对缺失的样本数据根据一定的方法或者模型进行填充；但在笔者具体实践中，不建议填充缺失值，建议直接删除，因为多数情况下填充的缺失值准确度较低，而且准确性验证方法有限，填充成本太高，只有在有特殊要求的情况下才需要填充。
- 异常值检测和处理：异常值又叫偏离值，指的是偏离大部分数据的值；采用某种数学方法寻找出异常值，并按照业务需求判断是否真的属于异常值，并分析异常的原因；如果真的属于异常值，必须进行处理。虽然异常值所占比重较低，但它会对模型构建、模型评估验证等产生比较大的影响（有时是致命的影响）。
- 数据平滑处理：部分情况下数值是极不稳定的，数据分布会出现阶梯状的情况，会出现凸出、凹沉等“毛刺”点、跃升点，尤其在数据分布不均匀的时候更为明显。在这种情况下，必须进行平滑处理，在最大程度保留原始信息的前提下保持数值稳定，消除不规则的突变点，减少偏离点。

数据变换主要包括数据标准化、规范化、正则化，为了消除量纲对数据结构尤其是建模分析的影响，需将数据转换成适用于数据挖掘的形式。

样本变换主要包括样本不均衡的处理、样本降维、样本切分。样本变换的目的是在保持原始数据完整性的同时，使得样本符合建模的标准。

- 样本不均衡的处理：样本不均衡问题主要出现在与分类相关的建模问题上；样本不均衡的主要原因是训练集类别不均衡，导致对新数据集预测不准确。样本不均衡将导致样本量少的分类所包含的特征过少，很难从中提取规律，即使得到分类模型，也容易因过度依赖于有限的数据样本而导致过拟合，当模型应用到新的数据上时，模型的准确性和健壮性将很差。针对不同的具体场景，应选择最合适的样本均衡解决方案，选择过程中既要考虑到每个类别样本的分布情况及总体样本情况，又要考虑后续数据建模算法的适应性及整个数据模型计算的数据时效性。
- 样本降维：样本降维主要是因为数据中多个指标相关系数较高，直接建模会导致模型效果较差。数据降维会丢弃部分信息，但是它有时候在接下来的评估器学习阶段能获得更加好的性能。
- 样本切分：在建模之前，需要将数据集切分为训练集和验证集（也可以切分为训练集、验证集、测试集），因为在实际的建模实践中，很多模型出现过拟合（训练集模型效果良好，验证集或者测试集效果较差），通过切分，将使模型评估更有实际意义，模型准确性得到进一步提高，误差较小，更符合现实情况。

3.1 注意问题

在预处理过程所采用的方法很多，具体实施起来比较复杂，使用不当会出现一定的问题，对后面建模分析产生一定的影响，以下是笔者在实践中的一些经验总结，供读者参考。

1）缺失值填充

- 如果样本属性的距离是可度量的（如身高、体重等），则该属性的缺失值通常以该属性有效值的平均值来插补填充。
- 如果样本属性的距离是不可度量的（如性别、国籍等），则该属性的缺失值通常以该属性有效值的众数（出现频率最高的值）来插补填充。
- 可以先进行聚类，然后以该类中样本的均值来插补填充缺失值。
- 如果数据符合正态分布（均值=众数=中位数），可直接用均值替代缺失值（缺失值比重不大的情况）。
- 凡是能用于预测的模型都可以用于缺失值预测，虽然这种方法的效果较好，但是该方法有个根本的缺陷：如果其他属性和缺失属性无关，则预测的结果毫无意义；但是如果预测结果相当准确，则说明这个缺失属性是没必要考虑纳入数据集中的。在实际的工程实践中，宜谨慎利用预测模型来进行缺失值填充。

2）异常值检测

大部分聚类算法是基于数据特征的分布来做的，因此基于聚类的方法可用于异常点检测。比如BIRCH聚类算法和DBSCAN密度聚类算法都可以用于异常点的检测。

3）数据标准化变换

在笔者实际的使用过程中，调取sklearn.preprocessing中的StandardScaler进行scale标准化变换，和直接采用公式计算的结果不同，有兴趣的读者可以试试。

4）样本不均衡的处理

根据笔者的经验，在样本不均衡的处理中，如果不同分类间的样本量差异超过10倍，就需要引起警觉并考虑处理该问题，超过20倍就一定要解决了。

5）数据降维

数据降维主要包括两种方法：因子分析和主成分分析。因子分析是主成分分析的拓展，可以很好地进行维度分析，而且降维后数据真实意义容易确定，因此数据降维一般采用因子分析方法。

6）样本切分

在样本切分过程中，可以先用交叉验证法测试过拟合现象，如果过拟合现象不明显，再用留出法划分训练集和验证集。

3.2 核心代码

3.2.1 缺失值检测和处理

在数据量比较大的情况下，数据是否缺失，难于用肉眼看出，需要通过一定的函数进行检测；在缺失值填充过程中，缺失值的模型预测其实就等同于普通的连续变量或类别预测。在缺失值填充过程中，邻近元素填充是非常特殊的一种，因此单独列出进行说明。

3.2.1.1 检测

缺失值检测主要利用pandas自带的函数进行，过程简单，结果清晰。

```
1. ###示例代码
2. import pandas as pd#调取函数
3. pd.isnull(df)#判断缺失,等同于df.isnull()，所有列判断结果全部列出
4. df.isnull().any()#获得含有缺失值的列
5. df.isnull().all()#获得全部数据为缺失值的列
6. df.isnull().any().sum()#查找数据框中含有缺失值列的总和
7. sum(df.YWXT.isnull())#判断某列缺失值的数量
8. sum(df.YWXT.notnull())#判断某列非缺失值的数量
9. sum(df.YWXT.isnull())/len(df.YWXT)#判断某列缺失值的比重
10. sum(df.YWXT.notnull())/len(df.YWXT)#判断某列非缺失值的比重
```

3.2.1.2 处理

缺失值处理方法主要包括三种：删除法、替代法、插值法。如前面所述，根据笔者的经验，在具体实践中不建议填充缺失值，建议直接将其删除，因为多数情况下填充的缺失值准确度较低，而且准确性验证方法有限，填充成本太高，只有在有特殊要求的情况下才需要填充。

1）删除法

```
1. #注意：在删除法中，结果传递给新数据框，原数据框没有发生改变
2. df.dropna()#删除数据为空所对应的行，等同于df.dropna(axis=0)
3. df.dropna(axis=0,how='all')#删除所有数值都为缺失值的行
4. df.dropna(axis=0,how='any')#删除数值含有缺失值的行，how='any'为默认值，等同于df.dropna()
5. df.dropna(axis=1) #删除数据为空所对应的列
6. df.dropna(axis=1,how='all')#删除所有数值都为缺失值的列
7. df.dropna(axis=1,how='any')#删除数值含有缺失值的列，how='any'为默认值，等同于df.dropna(axis=1)
```

2）替代法

在替代法中，主要利用replace和fillna两种函数。

#replace 函数

#结果传递给新数据框，原数据框没有发生改变

```
1. import numpy as np
2. df.replace(np.nan,0)#用0代替缺失值
3. df.replace(np.nan,'A')#用A代替缺失值
4. df.replace(np.nan,'?')#用?代替缺失值
```

#fillna 函数

df1['居住地'].fillna('北京')#如果是类别特征，用众数（出现频率最高的特征值）来填充缺失值，可以相对减少误差，此处众数为'北京'。

df.fillna('?')#用？替代缺失值。

df.fillna(method='pad')#用前一个数据值替代缺失值。method参数如果等于pad或者ffill，表示用前一个数据值替代缺失值（默认）；如果等于backfill或者bfill，表示用后一个数据代替缺失值。

```
1. df.fillna(df.mean())#用各列描述性统计量（此处为平均数）分别代替各列缺失值，缺失值在默认情况下不参与运算和数据分析过程。
2. df.fillna(df.mean()['math'])#列'math'平均值替代该列缺失值
```

```
3. df.fillna(df.mean()['math':'physical']) # 'math'到'physical'各列平均值分别代替各列缺失值
4. df.fillna(df.mean()[['math','physical']]) #'math'、'physical'两列平均值分别代替各列缺失值
5. df['年龄'].fillna(df['收入'].mean())#用收入的列的平均值填充年龄列的缺失值（如果有意义的话）
6. df.fillna({'居住地':df['居住地'].max(),
7.             '年龄':df['年龄'].median(),
8.             '收入':df['收入'].mean()})#用不同的函数填充各自的列
9. #以上所有的处理结果传递给新数据框，原数据框没有发生改变，如果要原数据框发生改变，可以添加inplace=True，其他用法和上面代码完全相同，例如下面代码：
10. df.fillna('?',inplace=True)#用?替代缺失值
11. df.fillna(method='pad',inplace=True)#用前一个数据值替代缺失值
12. df.fillna(df.mean(),inplace=True)#用平均值替代缺失值
```

3）插值法

插值即利用已有数据对数值型缺失值进行估计，并用估计结果来替换缺失值。

Pandas中interpolate方法可以实现诸多改进的插值方法，这些插值方法可以通过参数method来指定；参数值主要有：linear（默认）、time、index、values、nearest、zero、slinear、quadratic、cubic、barycentric、krogh、polynomial、spline、piecewise_polynomial、from_derivatives、pchip、akima等，这些参数值都对应到缺失值处理中相应的插值方法名称（具体含义请查询interpolate函数解释）。

```
1. #示例代码
2. import numpy as np
3. from scipy import interpolate#调包
4. df.interpolate(method='nearest')#用前一个数据值替代
5. df.interpolate(method='linear')#用前一个数据值和后一个数据值的均值替代
```

3.2.1.3 邻近元素填充

在缺失值填充中有一种特殊的情况，就是利用邻近元素来进行填充，在Python中没有邻近元素填充函数，下面以笔者自创的自定义函数进行填充：

```
1. #邻近元素缺失值填充自定义函数
2. def qszknn(k,lie): #k为指定的邻居元素的数值，lie是数据框的列
3.     a=lie[0:k]
4.     a[a.isnull()]= a.mean()
5.     c=lie[(len(lie)-k):len(lie)]
6.     c[c.isnull()]= c.mean()
7.     import numpy as np
8.     b1=np.where(lie.isnull())[0]
9.     b1=b1[b1>=k]
10.     b1=b1[b1<(len(lie)-k)]
11.     for i in b1:
12.         b2=lie[(i-k):i]
13.         b3=lie[(i+1):(i+1+k)]
14.         b2=b2.append(b3)
15.         lie[i]=b2.mean()
16.     b=lie[k:(len(lie)-k)]
17.     #合并
18.     lie=a.append(b)
19.     lie=lie.append(c)
20.     return lie
21. #调取自定义函数
22. for i in range(len(df.columns)):
23.     df.iloc[:,i]=qszknn(3,df.iloc[:,i])#此处邻近元素数值是3，即上下6个数
    的均值填充缺失值
```

3.2.2 异常值检测和处理

在实际的项目中，进行异常值的检测和处理时，需要结合实际的业务，通过规则或者模型判断处理异常值；通常所谓的异常值只是偏离值，属于可疑值，需要业务人员进行确认后

才能对其进行处理。

下面的所有异常值的检测和处理方法都是基于规则和模型的，在实际使用中，请结合具体业务谨慎使用。

3.2.2.1 异常值检测

第一种方法：标准化处理后大于2（或者大于3）。

```
1. #异常值处理
2. import pandas as pd  #导入pandas库
3. #生成异常数据
4. df = pd.DataFrame({'col1': [1, 120, 3, 5, 2, 12, 13],
5.                    'col2': [12, 17, 31, 53, 22, 32, 43]})
6. #print (df)  #打印输出
7. #通过Z-Score方法判断异常值
8. df_zscore = df.copy()  #复制一个用来存储Z-score得分的数据框
9. cols = df.columns  #获得数据框的列名
10. for col in cols:  #循环读取每列
11.     df_col = df[col]  #得到每列的值
12.     z_score = (df_col - df_col.mean()) / df_col.std()  #计算每列的Z-score得分
13.     df_zscore[col] = z_score.abs() > 2  #判断Z-score得分是否大于2(可以是2.2或者是3)，如果是则是True，否则为False
14. print (df_zscore)  #打印输出
```

第二种方法：根据分位数进行判断（也叫箱式图法）。具体判断规则：设上四分位数为QU，下四分位数为QL，一般认为超过QU+1.5(QU-QL)或者低于QL-1.5(QU-QL)则为异常点。

```
1. #具体代码
2. a=df['年龄'].quantile(0.75)#上四分位数QU
3. b=df['年龄'].quantile(0.25) #下四分位数QL
4. c=1.5*(a-b)#计算1.5IQR
```

```
5. a1=a+c#计算QU+1.5IQR
6. b1=b-c#计算QL-1.5IQR
7. df[(df.年龄>a1)|(df.年龄<b1)]#找出异常值
```

第三种方法：OneClassSVM方法。OneClassSVM方法是识别新的或未知的数据模式和规律的检测方法，采用OneClassSVM方法的前提是已知训练数据集是“纯净”的，即未被真正的“噪声”数据或真实的“离群点”数据污染，针对这些数据训练完成之后，再对新的数据进行训练，以寻找新奇模式；如果经过一段时间后新奇模式被证实为正常模式，那么新奇模式将被合并到正常模式之中，新奇数据就不再属于异常点的范畴。

特别需要注意训练数据必须是不包含噪声的干净数据，否则新奇点可能无法监测出来。

函数定义

```
class sklearn.svm.OneClassSVM(kernel='rbf', degree=3, gamma='auto',
coef0=0.0, tol=0.001, nu=0.5, shrinking=True,cache_size=200,
verbose=False,max_iter=1,random_state=None)
```

重要参数：

kernel：核函数（一般用高斯核），linear、poly、rbf、sigmoid和precomputed检测内核可供使用。

nu：设定训练误差，范围在0～1。

方法：

fit(x)：根据训练样本和上面两个参数探测边界（此处是无监督，训练集中没有类别）。

predict(x)：返回预测值，+1为正常样本，-1为异常样本。

decision_function(X)：返回各样本点到超平面的函数距离（signed distance）,正的为正常样本，负的为异常样本。

#示例代码

```
1. #导入库
2. from sklearn.svm import OneClassSVM  #导入OneClassSVM
3. import numpy as np  #导入numpy库
4. import pandas as pd
5. #数据准备
6. raw_data = np.loadtxt('F://BaiduYunDownload//outlier.txt')#读取数据文件
7. raw_data=pd.DataFrame(raw_data)#变为数据框
8. train_set = raw_data.iloc[0:900,:]#训练集，此处只是示例，前900行数据为训练集
9. test_set = raw_data.iloc[900:1000,:]#测试集，此处只是示例，后100行数据为测
   试集
```

原始数据、训练集、测试集数据情况部分截图如图3-1所示。

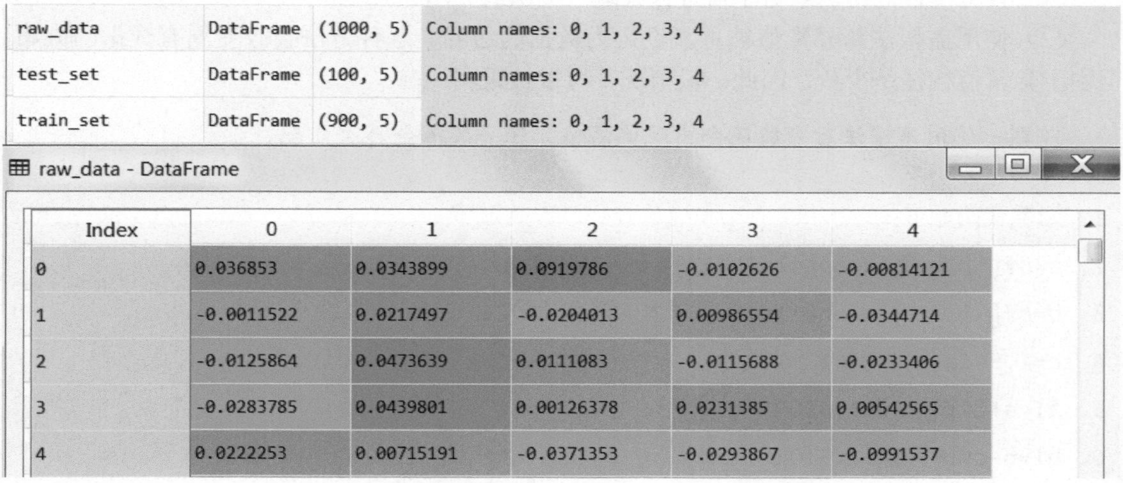

raw_data	DataFrame	(1000, 5)	Column names: 0, 1, 2, 3, 4
test_set	DataFrame	(100, 5)	Column names: 0, 1, 2, 3, 4
train_set	DataFrame	(900, 5)	Column names: 0, 1, 2, 3, 4

raw_data - DataFrame

Index	0	1	2	3	4
0	0.036853	0.0343899	0.0919786	-0.0102626	-0.00814121
1	-0.0011522	0.0217497	-0.0204013	0.00986554	-0.0344714
2	-0.0125864	0.0473639	0.0111083	-0.0115688	-0.0233406
3	-0.0283785	0.0439801	0.00126378	0.0231385	0.00542565
4	0.0222253	0.00715191	-0.0371353	-0.0293867	-0.0991537

图3-1 原始数据、训练集、测试集数据情况部分截图

```
1. #异常数据检测
2. model_onecalsssvm =OneClassSVM(nu=0.1,kernel="rbf", random_state=0)#创建异常检测算法模型对象
3. model_onecalsssvm.fit(train_set)#训练模型
4. test_set['异常']= model_onecalsssvm.predict(test_set)#异常检测，+1就是正常样本，-1为异常样本
5. #数据框拆分
6. normal_test_data = test_set[test_set.异常==1]#获得异常检测结果中正常数据集
7. outlier_test_data =test_set[test_set.异常==-1]#获得异常检测结果中异常数据
```

3.2.2.2 异常值处理

```
1. #异常值最简单的处理，删除法
2. a=df['年龄'].quantile(0.75)#上四分位数QU
3. b=df['年龄'].quantile(0.25) #下四分位数QL
4. c=1.5*(a-b)#计算1.5IQR
5. a1=a+c#计算QU+1.5IQR
6. b1=b-c#计算QL-1.5IQR
7. df=df[(df.年龄<=a1)&(df.年龄>=b1)]#提取出非偏离值
```

对异常值的处理方法通常还包括以下几种：

（1）视为空值，待后期对空值进行处理（删除或者填充）。

（2）使用盖帽法，异常值被重新设定为数据的边界。这种方法会改变原有数据的分布，但由于异常值往往是少数，因此一般情况下可以被采用。

注意：使用盖帽法后可能还会出现偏离值，但一般不会再次处理。

```
1. 示例代码如下：
2. a=df['年龄'].quantile(0.75)#上四分位数QU
3. b=df['年龄'].quantile(0.25) #下四分位数QL
4. c=1.5*(a-b)#计算1.5IQR
5. a1=a+c#计算QU+1.5IQR
6. b1=b-c#计算QL-1.5IQR
7. df.loc[df.年龄>a1,'年龄']=a1#大于上限的变为上限
8. df.loc[df.年龄<b1,'年龄']=b1#小于下限的变为下限
```

（3）变量转换，通过一定的变换改变原有数据的分布，使得异常值不再“异常”。常用的转换是对数变换，这对那些严重右偏的数据非常有用，变换后的数据能够更接近正态分布。

（4）考虑分段建模或离散化。

3.2.3 数据标准化规范化正则化

如前所述，数据标准化、规范化、正则化的主要目的是最大程度上消除数据量纲或者偏离值对数据建模的影响，方法很多，没有所谓的通用方法，读者可以根据数据及建模的实际情况选择使用。

3.2.3.1 scale标准化

#公式

$$xs=\frac{x-mean}{std}$$

xs代表转换后数据，x代表转换前的数据，$mean$代表x平均值，std代表x标准偏差。

scale标准化方法一般适用于数据符合（或者近似符合）正态分布的情况。

#示例代码

```
1. import pandas as pd#调包
2. cols = df.columns  #获得数据框的列名
```

```
3. z_score=pd.DataFrame()#新建数据框，承接标准化得分
4. for col in cols:  #循环读取每列
5.     df_col=df[col]#得到每列的值，这句话可以省略，下面直接引用df[col]也可以
6.     z_score[col] = (df_col - df_col.mean()) / df_col.std() #计算Z-score
       每列标准化得分
```

3.2.3.2 最大最小值极差法标准化

#公式

$$xs=\frac{x-min}{max-min}$$

xs代表转换后数据，x代表转换前的数据，min代表x最小值，max代表x最大值。

#示例代码

```
1. import pandas as pd#调包
2. cols=df.columns#获得数据框的列名
3. z_score=pd.DataFrame()#新建数据框，承接标准化得分
4. for col in cols: #循环读取每列
5.     z_score[col]=(df[col]-df[col].min())/(df[col].max()-df[col].min())
       #计算Z-score每列标准化得分
```

3.2.3.3 绝对值最大值法标准化

#公式

$$xs=\frac{x}{|x_{max}|}$$

xs代表转换后数据，x代表转换前的数据，$|x_{max}|$代表x最大值的绝对值。

#示例代码

```
1. import pandas as pd#调包
2. cols=df.columns#获得数据框的列名
3. z_score=pd.DataFrame()#新建数据框，承接标准化得分
4. for col in cols: #循环读取每列
5.     z_score[col]=(df[col])/(abs(df[col]).max())#计算Z-score每列标准化得分
```

3.2.3.4 数据正则化

#公式

首先计算l_p范数

$$l_p(\overrightarrow{x_l})=(|x_i^{(1)}|^p+|x_i^{(2)}|^p+\cdots+|x_i^{(d)}|^p)^{1/p}$$

正则化的结果为每个属性值除以其l_p范数：

$$\hat{x}_l=\left(\frac{x_i^{(1)}}{l_p(\overrightarrow{x_l})},\frac{x_i^{(2)}}{l_p(\overrightarrow{x_l})},\cdots,\frac{x_i^{(d)}}{l_p(\overrightarrow{x_l})}\right)^T$$

p=1，则为L1范数；p=2，则为L2范数……以此类推。

#示例代码

```
1. import pandas as pd#调包
2. n=2#设置范数的值，此处可以修改
3. cols=df.columns#获得数据框的列名
4. z_score=pd.DataFrame()#新建数据框，承接标准化得分
5. for col in cols: #循环读取每列
6.     z_score[col]=(df[col])/(sum((abs(df[col]))**n)**(1/n))#计算Z-score
       每列标准化得分
```

3.2.3.5 RobustScaler方法

如果数据有离群点，数据的偏度、峰度较大，数据严重不符合正态分布，此时对数据进行均差和方差标准化的效果并不好，这种情况下可以使用RobustScaler方法。

采用RobustScaler方法做数据特征值缩放时，会利用到数据特征的分位数分布，用中位数代替均值，一般使用25%分位数到75%分位数距离（可根据实际情况使用其他分位数距离）代替方差来进行标准化。

公式如下：

$$xs=\frac{x-med}{75u-25u}$$

xs代表转换后的数据，x代表转换前的数据，med代表x中位数，$75u$代表75%分位数，$25u$代表25%分位数。

异常点往往在标准化之后容易失去离群特征，此时，可以使用RobustScaler针对离群点做标准化处理，该方法最大限度地保留了异常数据。

#示例代码

```
1. import pandas as pd
2. cols = df.columns  #获得数据框的列名
3. RoZ=pd.DataFrame()#新建数据框，承接标准化得分
4. for col in cols:  #循环读取每列
5.     import numpy as np
6.     df[col]=np.array(df[col]) #必须提前把要变化的数据框转为矩阵的形式，否则
       结果不正确
7.     RoZ[col]= (df[col] - df[col].quantile(0.5)) /(df[col].quantile(0.75)-
       df[col].quantile(0.25)) #计算每列标准化得分，此时50%分位数就是中位数，
       使用25%分位数到75%分位数距离
```

3.2.4 数据平滑处理

在很多情况下，数值是极不稳定的，数据分布不均匀，数据出现突变点，在这种情况下，必须进行平滑处理，在最大程度保留原始信息的情况下保持数值稳定，消除不规则点，减少偏离点。

3.2.4.1 贝塞尔曲线变换

贝塞尔曲线变换优点

若输入数据的误差在计算过程中迅速增长而得不到控制，那么数值将是极不稳定的。贝塞尔曲线变换算法是一个使数值稳定的方法，具有很多优点，如几何直观、灵活（控制点操纵）、统一（与形状无关）和平移、旋转不变等，具有数值稳定性。

实验证明，在采用贝塞尔曲线变换对数据降噪时，可最大限度保持原数据所包含的特征信息。

贝塞尔曲线变换的原理也比较直观，依次连接每个控制点，形成多个线段，每个线段在比例u:（$1-u$）处获取新控制点，在新的控制点基础上再进行划分，当控制点数仅剩一个时，该点就是系数u对应的$C(u)$点。

参数方程可以表示空间中的曲线，也可以表示空间中的曲面。如半径长为r、圆心在(a,b)的平面圆，其参数方程为：

$$x=a+r\cos\theta$$
$$y=b+r\sin\theta$$

θ从0变化到2π，直线按顺时针方向变化。

又如球心在坐标原点、半径为R的球面，参数方程：

$$x=R\sin\phi\cos\theta$$
$$y=R\sin\phi\sin\theta$$
$$z=R\cos\phi$$

给定空间上n+1个点P_0、P_1、P_2、…、P_n，则贝塞尔曲线

最终生成的点$C(u)$与每个点均有关系，这些点控制了曲线的最终走向，因此也称为控制点；设贝塞尔阶数为n,则贝塞尔曲线由n+1个控制点控制，它具有以下特点：

- $u \in [0,1]$，当u=0时位于起点，u=1时位于终点；
- 凸包性：曲线在凸包之内，可预测曲线行进方向。

#python实现及效果示例

```
1. import matplotlib.pyplot as plt
2. import numpy as np
3. import math
4. from mpl_toolkits.mplot3d import Axes3D
5. #自定义函数
6. class Bezier:
7.     #输入控制点，Points是一个array,num是控制点间的插补个数
8.     def __init__(self,Points,InterpolationNum):
9.         self.demension=Points.shape[1]   #点的维度
10.        self.order=Points.shape[0]-1      #贝塞尔阶数=控制点个数-1
11.        self.num=InterpolationNum         #相邻控制点的插补个数
12.        self.pointsNum=Points.shape[0]    #控制点的个数
13.        self.Points=Points
14.    #获取Bezeir所有插补点
15.    def getBezierPoints(self,method):
16.        if method==0:
17.            return self.DigitalAlgo()
18.        if method==1:
19.            return self.DeCasteljauAlgo()
20.    #数值解法
21.    def DigitalAlgo(self):
22.        PB=np.zeros((self.pointsNum,self.demension))#求和前各项
```

```
23.         pis =[]                                       #插补点
24.         for u in np.arange(0,1+1/self.num,1/self.num):
25.             for i in range(0,self.pointsNum):
26. PB[i]=(math.factorial(self.order)/(math.factorial(i)*math.factorial
    (self.order-i)))*(u**i)*(1-u)**(self.order-i)*self.Points[i]
27.             pi=sum(PB).tolist()          #求和得到一个插补点
28.             pis.append(pi)
29.         return np.array(pis)
30.
31.     #德卡斯特里奥解法
32.     def DeCasteljauAlgo(self):
33.         pis =[]                          #插补点
34.         for u in np.arange(0,1+1/self.num,1/self.num):
35.             Att=self.Points
36.             for i in np.arange(0,self.order):
37.                 for j in np.arange(0,self.order-i):
38.                     Att[j]=(1.0-u)*Att[j]+u*Att[j+1]
39.             pis.append(Att[0].tolist())
40.         return np.array(pis)
41.
42. class Line:
43.     def __init__(self,Points,InterpolationNum):
44.         self.demension=Points.shape[1]   #点的维数
45.         self.segmentNum=InterpolationNum-1 #段数
46.         self.num=InterpolationNum        #单段插补(点)数
47.         self.pointsNum=Points.shape[0]   #点的个数
48.         self.Points=Points               #所有点信息
49.
50.     def getLinePoints(self):
51.         #每一段的插补点
52.         pis=np.array(self.Points[0])
```

```
53.         #i是当前段
54.         for i in range(0,self.pointsNum-1):
55.             sp=self.Points[i]
56.             ep=self.Points[i+1]
57.             dp=(ep-sp)/(self.segmentNum)#当前段每个维度最小位移
58.             for i in range(1,self.num):
59.                 pi=sp+i*dp
60.                 pis=np.vstack((pis,pi))
61.         return pis
62.
63. #正式变换
64. points=np.array([[1,3,0],[1.5,1,0],[4,2,0],[4,3,4],[2,3,11], [5,5,9]])
    #创建要变换的序列
65. #变换
66. if points.shape[1]==3:
67.         fig=plt.figure()
68.         ax = fig.gca(projection='3d')
69.         #标记控制点
70.         for i in range(0,points.shape[0]):     ax.scatter(points[i][0],
            points[i][1],points[i][2],marker='o',color='r') ax.text
            (points[i][0],points[i][1],points[i][2],i,size=12)
71.         #直线连接控制点
72.         l=Line(points,1000)
73.         pl=l.getLinePoints()
74.         ax.plot3D(pl[:,0],pl[:,1],pl[:,2],color='k')
75.         #贝塞尔曲线连接控制点
76.         bz=Bezier(points,1000)
77.         matpi=bz.getBezierPoints(0)
78.         ax.plot3D(matpi[:,0],matpi[:,1],matpi[:,2],color='r')
79.         plt.show()
80. if points.shape[1]==2:
```

```
81.         #标记控制点
82.         for i in range(0,points.shape[0]):
83.     plt.scatter(points[i][0],points[i][1],marker='o',color='r')
84.               plt.text(points[i][0],points[i][1],i,size=12)
85.
86.          #直线连接控制点
87.         l=Line(points,1000)
88.         pl=l.getLinePoints()
89.         plt.plot(pl[:,0],pl[:,1],color='k')
90.         #贝塞尔曲线连接控制点
91.         bz=Bezier(points,1000)
92.         matpi=bz.getBezierPoints(1)
93.         plt.plot(matpi[:,0],matpi[:,1],color='r')
94.         plt.show()
```

贝塞尔曲线变换实现的效果示例如图3-2所示。

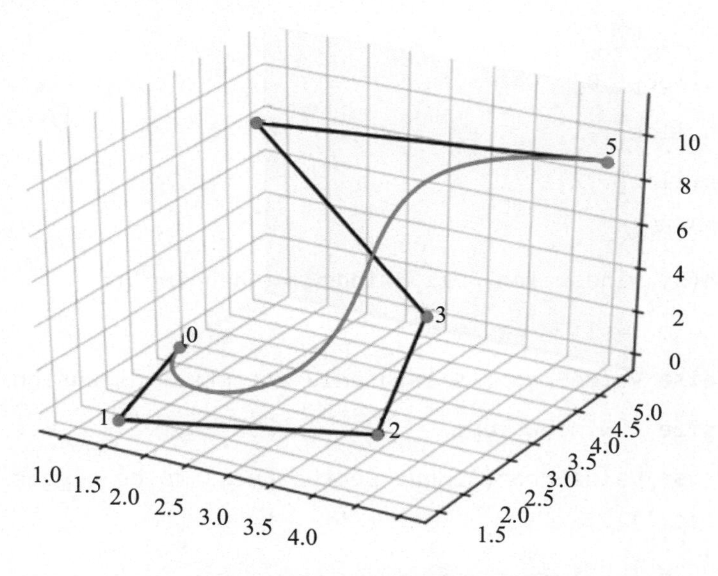

图3-2 贝塞尔曲线变换实现的效果图

3.2.4.2 窗口卷积平滑

窗口平滑算法主要有三种：

第一种是最简单朴素的做法，对窗口求平均值，然后仅仅根据平均值进行平滑，这种平滑算法简单，但是如果对变化比较大的数据进行平滑，容易掩盖主要突出点，显得太过于平滑。

第二种是中值过滤，即逐项遍历，并用相邻项中的中值代替当前项，这种路线平滑算法主要考虑相邻的一项，在相邻项规律比较强的数据中平滑效果比较好，应用广泛。

第三种是基于数据点的窗口的卷积（函数的总和）进行平滑。此种方法利用核函数进行平滑处理，生成一个长度为N的窗口，进行移动计算，向数据中插入随机噪声并绘制噪声等高线，去除原始数据的特征，可以更准确地对频率相应进行调整，从而得到更平滑的数据输出。

下面代码采用第三种平滑算法。

```
1. #示例代码
2. #此处需要平滑的数据为数据框DataFrame前三列，列名为['Lon','Lat','Alt']
3. #注意：在平滑处理中，只能一列一列进行平滑，此处三列，分别对三列进行平滑，然后合
   并（可以用for循环，此处未用）
4. #导入包
5. import matplotlib.pyplot as plt
6. import numpy as np
7. import pandas as pd
8. #前三列拆分
9. path0=path.iloc[:,0]
10. path1=path.iloc[:,1]
11. path2=path.iloc[:,2]
12. #平滑的自定义函数
13. def smooth(x, window_len = 11, window = 'hanning'):
14.     if x.ndim != 1:
15.         raise ValueError('smooth only accepts 1 dimension arrays.')
16.     if x.size < window_len:
17.         raise ValueError('Input vector needs to be bigger than window
            size.')
18.     if window_len < 3:
19.         return x
20.     if not window in WINDOWS:
21.         raise ValueError('Window is one of "flat", "hanning", "hamming",
            "bartlett", "blackman"')
```

```
22.     s = np.r_[x[window_len-1:0:-1], x, x[-1:-window_len:-1]]
23.     if window == 'flat':
24.         w = np.ones(window_len, 'd')
25.     else:
26.         w = eval('np.' + window + '(window_len)')
27.     y = np.convolve(w/w.sum(), s, mode='valid')
28.     return y
29. #分别对三列进行平滑，然后合并（可以用for循环，此处未用）
30. WINDOWS = ['flat', 'hanning', 'hamming', 'bartlett', 'blackman']
    #不同的卷积函数，根据实际效果使用
31. #此处使用的卷积函数为flat，根据实际效果选择使用
32. paths0 =pd.DataFrame(smooth(path0,int(len(path0)*0.1),'flat'))
33. paths1 = pd.DataFrame(smooth(path1,int(len(path1)*0.1),'flat'))
34. paths2 = pd.DataFrame(smooth(path2,int(len(path2)*0.1),'flat'))
35. paths=pd.concat([paths0,paths1,paths2],axis=1)
36. paths=round(paths,5)#保留小数点5位
37. #第一个数和最后一个数变为原始数据第一个数和最后一个数（如果不需要，此处可以
    省略）
38. for i in range(3):
39.     paths.iloc[0,i]=path.iloc[0,i]
40.     paths.iloc[len(paths)-1,i]=path.iloc[len(path)-1,i]
41. #添加列名，和原来的数据列名相同
42. paths.columns=['Lon','Lat','Alt']
```

3.2.5 样本类别分布不均衡处理

所谓的不均衡，指的是不同类别的样本量差异非常大。样本类别分布不均衡主要出现在与分类相关的建模问题上。

样本分布不均衡将导致样本量少的类别所包含的特征过少，并很难从中提取规律；即使得到分类模型，也容易因过度依赖于有限的数据样本而导致过拟合的问题，当模型应用到新的数据上时，模型的准确性和健壮性将很差。

从实践经验看，如果不同分类间的样本量差异超过10倍，就需要引起警觉并考虑处理该问题，超过20倍就一定要解决了。

需要考虑的关键点是：如何针对不同的具体场景选择最合适的样本均衡解决方案。选择过程中既要考虑到每个类别样本的分布情况及总样本情况，又要考虑后续数据建模算法的适应性及整个数据模型计算的数据时效性。

样本类别分布不均衡处理方法主要包括抽样法、模型法、GMM法等。

3.2.5.1 抽样法

（1）过抽样：又称上采样（over-sampling），其通过增加分类中少数类样本的数量来实现样本均衡，最直接的方法是简单复制少数类样本，形成多条记录。这种方法的缺点是：如果样本特征少，则可能导致过拟合问题发生。经过改进的过抽样方法（例如SMOTE算法）通过在少数类中加入随机噪声、干扰数据，根据一定规则产生新的合成样本。

（2）欠抽样：又称下采样（under-sampling），其通过减少分类中多数类样本的数量来实现样本均衡，最直接的方法是随机去掉一些多数类样本来减小多数类的规模，缺点是会丢失多数类样本中的一些重要信息。

总体上，过抽样和欠抽样方法更适合大数据分布不均衡的情况，尤其是过抽样方法，应用极为广泛。

```
1. #示例代码
2. import pandas as pd
3. from imblearn.over_sampling import SMOTE#过抽样处理库SMOTE
4. from imblearn.under_sampling import RandomUnderSampler#欠抽样处理库
5. from sklearn.svm import SVC  #SVM中的分类算法SVC
6. from imblearn.ensemble import EasyEnsemble  #简单集成方法EasyEnsemble
7. #导入数据文件
8. df = pd.read_table('F://BaiduYunDownload//data2.txt', sep=' ', names=
   ['col1', 'col2', 'col3', 'col4', 'col5', 'label'])  #读取数据文件
9. x = df.iloc[:, :-1]  #切片，得到输入x
10. y = df.iloc[:, -1]  #切片，得到标签y，此处y在最后一列
11. groupby_data_orgianl = df.groupby('label').count()  #对label做分类汇总
12. print (groupby_data_orgianl)  #打印输出原始数据集样本分类分布
```

```
    ...: print (groupby_data_orgianl)  # 打印输出原始数据集样本分类分布
       col1  col2  col3  col4  col5
label
0.0     942   942   942   942   942
1.0      58    58    58    58    58
```

#此处原始数据集各列0的类别为942,1的类别为58

#1使用SMOTE方法进行过抽样处理

```
1. model_smote = SMOTE()  #建立SMOTE模型对象
2. x_smote_resampled, y_smote_resampled = model_smote.fit_sample(x, y)
   #输入数据并作过抽样处理
3. x_smote_resampled = pd.DataFrame(x_smote_resampled, columns=['col1',
   'col2', 'col3', 'col4', 'col5'])#将数据转换为数据框并命名列名（和原来列名
   相同）
4. y_smote_resampled = pd.DataFrame(y_smote_resampled, columns=['label'])
   #将数据转换为数据框并命名列名（和原来列名相同）
5. smote_resampled =pd.concat([x_smote_resampled, y_smote_resampled], axis=1)
   #按列合并新数据框,新数据框通过SMOTE方法进行过均衡处理
6. groupby_data_smote = smote_resampled.groupby('label').count()#对label
   做分类汇总
7. print (groupby_data_smote)#打印输出经过SMOTE处理后的数据集样本分类分布
```

```
   ...: print (groupby_data_smote)  # 打印输出经过SMOTE处理后的数据集样本分类分布
       col1  col2  col3  col4  col5
label
0.0     942   942   942   942   942
1.0     942   942   942   942   942
```

#改进过抽样SMOTE方法，增加少数类样本，此处各列中两类的数量都是942

#2 使用RandomUnderSampler（随机下采样）方法进行欠抽样处理

```
1. model_RandomUnderSampler = RandomUnderSampler()#建立RandomUnderSampler
   模型对象
2. x_RandomUnderSampler_resampled,y_RandomUnderSampler_resampled =model_
   RandomUnderSampler.fit_sample(x,y)#输入数据并进行欠抽样处理
3. x_RandomUnderSampler_resample=pd.DataFrame(x_RandomUnderSampler_resampled,
   columns=['col1', 'col2', 'col3', 'col4', 'col5'])#将数据转换为数据框并命名
   列名（和原来列名相同）
4. y_RandomUnderSampler_resampled=pd.DataFrame(y_RandomUnderSampler_
   resampled, columns=['label'])#将数据转换为数据框并命名列名（和原来列名相同）
5. RandomUnderSampler_resampled = pd.concat([x_RandomUnderSampler_resampled,
   y_RandomUnderSampler_resampled],axis=1)#按列合并新数据框,新数据框通过
   RandomUnderSampler方法进行过均衡处理
6. groupby_data_RandomUnderSampler = RandomUnderSampler_resampled.groupby
   ('label').count()#对label做分类汇总
```

```
7. print (groupby_data_RandomUnderSampler)#打印输出经过RandomUnderSampler
   处理后的数据集样本分类分布
```

```
   ...: print (groupby_data_RandomUnderSampler)  # 打印输出经过RandomUnderSampler处理后的数据集样
本分类分布
         col1  col2  col3  col4  col5
label
0.0        58    58    58    58    58
1.0        58    58    58    58    58
```

#随机下采样方法，减少多数类样本，此处各列两类的数量都是58

3.2.5.2 模型法

很多模型和算法中都有基于类别参数的调整设置，如果算法本身支持样本不均衡处理（逻辑回归、分类树、随机森林、支持向量机等），模型法是更加简单且高效的方法。

以scikit-learn中的SVM为例，通过在class_weight:{dict，'balanced'}中针对不同类别来手动指定权重。如果使用其默认的方法balanced，那么SVM会将权重设置为与不同类别样本数量呈反比，自动进行均衡处理。

```
1. ##示例代码
2. #使用SVM的权重调节处理不均衡样本
3. model_svm = SVC(class_weight='balanced')  #创建SVC模型对象并指定类别权重
4. model_svm.fit(x, y)  #输入x和y并训练模型
```

3.2.5.3 GMM法

GMM即高斯混合模型。高斯混合模型基于高斯概率密度函数，是多个高斯分布函数的线性组合；高斯分布具备很好的数学性质及良好的计算性能，因此理论上GMM可以拟合出任何类型的分布；GMM通常用于解决同一集合下数据包含多个不同类型的分布（或同一类分布但参数不同）的情况，可以生成与少量分类样本具有相同分布的样本，以增加少量分类样本的数量，达到解决样本不均衡问题的目的。

```
1. #示例代码
2. from sklearn.datasets import make_moons
3. from sklearn.mixture import GaussianMixture as GMM
4. #读取数据
5. from pandas import read_excel
6. df=read_excel('E://BaiduYunDownload//Telephone.xlsx')#此处假设df为少量分
   类样本
7. df=df.iloc[:,[1,3,7,9,10]]#提取需要变换的特征列（不包括类别所在的列）
```

```
8. #利用GMM函数生成分布相同的样本
9. gmm10 = GMM(n_components=10,covariance_type='full', random_state=0)
   .fit(df)
10. Xnew=gmm10.sample(200)[0]#此处生成200个样本
11. #生成的新样本变成数据框并添加列名
12. import pandas as pd
13. Xnew1=pd.DataFrame(Xnew)
14. Xnew1.columns=df. columns
15. #生成的数据与老数据相比：分布相同，数据不同
16. #Xnew1[ ‘lb’ ]=’ 0’ #根据实际情况添加类别标签
```

3.2.5.4 其他方法

也可通过组合/集成方法解决样本不均衡问题，在每次生成训练集时使用所有分类中的小样本量数据，并从大样本量中样本中随机抽取数据来与小样本量数据合并构成训练集，这样反复多次，得到很多训练集和训练模型，最后在应用时使用组合方法（例如投票、加权投票等）产生分类预测结果。这种解决问题的思路类似于随机森林，在随机森林中虽然每个小决策树的分类能力很弱，但是通过大量的“小树”组合形成的“森林”具有良好的模型预测能力。

3.2.6 数据降维

采取数据降维主要是因为数据中多个指标相关系数较高，直接建模会导致模型效果较差，数据降维会丢弃部分信息，但是它有时候在接下来的评估器学习阶段能获得更加好的性能。

基于特征选择的数据降维方法有四种：

- 经验法：根据业务专家或数据专家以往的经验、实际数据情况及业务理解程度等综合考虑实施。业务专家经验依靠的是业务背景，从众多维度特征中选择对结果影响较大的特征；数据专家经验依靠的是数据工作经验，基于数据的基本特征以及对后期数据处理和建模的影响来选择或排除维度（例如去掉缺失值较多的特征）。
- 测算法：通过不断测试并选择多种维度参与计算，通过结果来反复验证和调整，最终找到最佳特征方案。
- 基于统计分析的方法：分析不同维度间的线性相关性，对相关性高的维度进行人工筛选或去除；或者通过计算不同维度间的互信息量，找到具有较高互信息量的特征集，然后把其中的一个特征去除或留下。基于统计分析的方法主要有主成分分析法和因子分析法，可以很好地进行维度分析。因子分析法是主成分分析法的拓展。

- 机器学习算法：通过机器学习算法得到不同特征的特征值或权重，然后再根据权重来选择较大的特征。例如通过模型得到不同变量的重要程度（基于原来输入的指标），然后根据实际权重值进行选择。

这里主要讲解基于统计分析的主成分分析和因子分析方法。

3.2.6.1 主成分分析

主成分分析是设法将原来具有一定相关性的指标重新组合成无相关性的综合指标，即从原始变量中导出少数几个主成分，使它们尽可能保留原始变量的信息，且彼此之间不相关，通常数学上的处理方法是将原来多个指标做线性组合，构成新的综合指标。这是一种线性降维方式。最经典的做法就是用F1（选取的第一个线性组合，即第一个综合指标）方差来表达，方差越大，F1包含的信息越多，因此在所有的线性组合中选取的F1应该是方差最大的，故称F1为第一主成分。如果第一主成分不足以代表原来多个指标的信息，再考虑选取F2，即选第二个线性组合，为了有效反映原来的信息，F1已有信息就不需要出现在F2中,F2和F1的协方差矩阵为0，则称F2为第二主成分，依次类推，构造第三、第四…主成分。

主成分分析降维的准则主要有两个，一是最近重构性，即样本集中所有的点重构后距原来位置的距离误差之和最小；二是最大可分性，样本点在低维空间的投影尽可能分开。

#函数

class sklearn.decomposition.PCA(n_components=None,copy=True,whiten=False)

#参数

n_components：一个整数，指定降维后的维数：

- 如果为None，则选择它的值为min(n_samples，n_features)；
- 如果为字符串mle，则使用Minka's MLE算法来猜测降维后维数；
- 如果为大于0、小于1的浮点数，则指定的是降维后的维数占原始维数的百分比。

copy：一个布尔值。如果为False，则直接使用原始数据来训练，结果会覆盖原始数据所在的数组。

whiten：一个布尔值。如果为True，则会将特征向量除以n_samples倍的特征值，从而保证非相关输出的方差为1。

#属性

components_：主成分数组。

explained_variance_ratio_：一个数组，元素是每个主成分的explained variance（解释方差）的比例。每个元素的解释方差的和就是累计贡献率，一般取累计贡献率大于80%。

mean_：一个数组，元素是每个特征的统计平均值。

n_components_：一个整数，指示主成分有多少个元素。

#方法

fit(X[，y])：训练模型。

transform(X)：执行降维。

fit_transform(X[，y])：训练模型并且降维。

inverse_transform(X)：执行升维(逆向操作)，将数据从低维空间逆向转换到原始空间。

注意：decomposition.PCA基于scipy.linalg来实现SVD分解，因此它不能应用于稀疏矩阵，并且无法适用于超大规模数据(因它要求所有的数据一次加载进内存)。

```
1. #示例代码
2. from sklearn.decomposition import  PCA
3. import numpy as np
4. import pandas as pd
5. #读取数据
6. from pandas import read_excel
7. df=read_excel('F://BaiduYunDownload//Telephone.xlsx')
8. df=df.iloc[:,[1,3,7,9,10]]#得到要降维的列
9. #数据标准化处理
10. cols = df.columns  #获得数据框的列名
11. zdf=pd.DataFrame()#新建数据框，承接标准化得分
12. for col in cols:  #循环读取每列
13.     df_col=df[col]#得到每列的值
14.     zdf[col] = (df_col - df_col.mean()) / df_col.std() #计算Z-score每列
        标准化得分
15. #查看各指标的解释方差
16. pca=PCA(n_components= None) #使用默认的n_components
17. pca.fit(zdf)#用标准化后数据进行拟合
18. print('explained variance ratio : %s'% str(pca.explained_variance_
    ratio_))#输出各指标的解释方差占比
19. print('ratio_cumsm:%s'%np.cumsum(pca.explained_variance_ratio_))
    #输出指标的解释方差累计占比
20. #根据累计贡献率超过80%提取主成分
21. ratio_cumsm = np.cumsum(pca.explained_variance_ratio_)#得到所有主成分方
    差占比的累积数据
```

```
22. component=len(ratio_cumsm)-len(ratio_cumsm[ratio_cumsm>0.8])+1#目标维度，
    公式=所有主成分个数-累计贡献率超过80%主成分个数+1
23. pca=PCA(n_components=component)#n_components为目标维度数
24. pca.fit(zdf)#用标准化后数据进行拟合
25. df1=pca.transform(zdf)#用标准化后数据提取主成分，等同于下面一行代码
26. #df1=pca.fit_transform(zdf)
27. df1=pd.DataFrame(df1)#转换为数据框
28. #df2=pca.inverse_transform(df1)#执行升维(逆向操作)，将数据从低维空间逆向转
    换到原始空间。
29. #注意执行升维后得到的数据和原始数据有一定的不同
30. df=df.join(df1)#原始数据和主成分合并
```

3.2.6.2 因子分析

因子分析法是主成分分析法的拓展，在主成分分析上加入了旋转功能（因子分析旋转一般用最大方差法）；主成分分析只具有线性降维功能，因子分析除了降维功能，还有分类功能，即能分析出各主成分的意义；在遇到强相关性变量时，因子分析法一般排在主成分分析、岭回归、LASSO方法的前面。

因子分析法主要具备以下三点特征：

- 因子分析法是主成分分析法的拓展，可以更好地进行维度分析。
- 因子分析法可以通过观察每个原始变量在因子上的权重绝对值来给因子命名，因此因子分析法的要点是变量的转换方式和旋转方式。
- 因子分析法是构造合理聚类模型的必要步骤，而主成分分析法只是在建模时间紧张和缺乏业务经验情况下的替代办法。

#函数

```
class sklearn.decomposition.FactorAnalysis(n_components=None, tol=
0.01, copy=True, max_iter=1000, noise_variance_init=None, svd_method=
'randomized', iterated_power=3, random_state=0)
```

```
1. #示例代码
2. from sklearn.decomposition import  PCA
3. from fa_kit import FactorAnalysis
4. from fa_kit import plotting as fa_plotting
5. import numpy as np
```

```
6. import pandas as pd
7. #读取数据
8. from pandas import read_excel
9. sj=read_excel('D://city.xlsx')
10. df=sj.iloc[:,1:10]#用来进行因子分析的数据必须全部都是数值型，非数值型提前剔除
11. #注意，下面有两种标准化处理方法，目的不同，少一不可
12. #第一步：为获取因子得分进行数据标准化处理（公式法）
13. cols = df.columns  #获得数据框的列名
14. zdf=pd.DataFrame()#新建数据框，承接标准化得分
15. for col in cols:  #循环读取每列
16.     df_col=df[col]#得到每列的值
17.     zdf[col] = (df_col - df_col.mean()) / df_col.std() #计算Z-score每列
        标准化得分
18. #第二步：为获取因子权重进行的数据标准化（调用包FactorAnalysis进行标准化）
19. #此处注意：如果不用下面的形式进行标准化（例如用公式标准化，得出数据框），无法
    进行下一步。
20. fa=FactorAnalysis.load_data_samples(
21.         df,#此处是原始数据
22.         preproc_demean=True,
23.         preproc_scale=True
24.         )
25. fa.extract_components()
26. #第三步：设定提取主成分的方法及个数
27. fa.find_comps_to_retain(method='top_n',num_keep=2)#此处通过先前的主成分
    分析，主成分个数为2
28. #method参数说明：默认为“broken_stick”方法(自动确定主成分的个数），建议使用
    “top_n”法（先使用主成分分析方法，通过累计贡献率确定主成分的个数）
29. #第四步：通过最大方差法进行因子旋转，得到因子权重
30. fa.rotate_components(method='varimax')
31. pd.DataFrame(fa.comps["rot"])#查看因子权重（因子载荷矩阵，确定每个因子代表
    的含义，即在那些变量上权重绝对值高，代表性越强），rot代表因子旋转后的数据
32. fa_plotting.graph_summary(fa)#通过图像看因子权重（权重绝对值高，代表性越强）
33. #第五步：获取因子得分
```

```
34. #到目前还没有与PCA中fit_transform类似的函数，因此只能利用公式，手工计算因子
35. #矩阵相乘的方式计算因子：因子=原始数据（n*k）*权重矩阵(k*num_keep)
36. #函数np.dot(a,b)表示矩阵a、b的乘积
37. import numpy as np
38. fas=pd.DataFrame(fa.comps["rot"])#因子权重数据框
39. zdf=pd.DataFrame(zdf)#注意：此时数据需要标准化(此处使用前面公式法进行标准化
    变换)
40. fa_score=pd.DataFrame(np.dot(zdf,fas))#得到因子得分，即降维后的列
41. #第六步：把因子得分和原始数据框合并
42. a=fa_score.rename(columns={0: "Gross", 1: "avg"})#根据因子实际代表的含义，
    对因子得分的列进行命名，此处是两列
43. df1=df.join(a)#把因子得分和原始数据框合并
```

3.2.7 训练集验证集切分

很多机器学习的过程实际上就是模型选择的过程，在此过程中，需要对模型进行训练和度量，因此需要将数据集切分为训练集和验证集（也可以切分为训练集、验证集、测试集）；训练集用于模型拟合和模型训练；验证集或测试集用于调整模型参数及用于对模型能力进行评估。

数据集切分主要包括留出法、交叉验证法、留一法、自助法。

3.2.7.1 留出法

留出法(hold-out)：直接将数据切分为两个互斥的部分(也可以切分成三部分)，然后在训练集上训练模型，在验证集或者测试集上选择模型和模型评估。

数据集的划分要尽可能保持数据分布的一致性，如在分类任务中至少要保持样本的类别比例相似。此时可以使用分层采样来保留各个集合中的类别比例。若训练集、验证集、测试集中类别比例差别很大，将会导致误差估计上出现偏差。

即使进行了分层采样，仍然存在多种划分方式，从而产生不同的训练集/验证集/测试集。在使用留出法时，通常采用多次随机划分，并取平均值作为留出法的评估结果。

#函数

sklearn.cross_validation.train_test_split(*arrays, **options)

#参数

*arrays：一个或者多个数据集。

test_size：一个浮点数，整数或者None，指定测试集的大小。

- 浮点数：必须是0.0到1.0之间的数，代表测试集占原始数据集的比例。
- 整数：代表测试集大小。
- None：代表测试集大小就是原始数据集大小减去训练集大小。如果训练集大小也指定为None，则test_size设为0.25。

train_size：一个浮点数，整数或者None，指定训练集大小。

- 浮点数：必须是0.0到1.0之间的数，代表训练集占原始数据集的比例。
- 整数：训练集大小。
- None：训练集大小就是原始数据集大小减去测试集大小。

random_state：一个整数，或者一个RandomState实例，或者None。

- 如果为整数，则它指定了随机数生成器的种子。
- 如果为RandomState实例，则指定了随机数生成器。
- 如果为None，则使用默认的随机数生成器。

stratify：一个数组对象或者None。如果它不是None，则原始数据会分层采样，采样的标记数组就由该参数指定。

返回值：为一个列表，依次给出一个或者多个数据集的划分的结果。每个数据集都划分为两部分：训练集和测试集。

```
1. #示例代码
2. #准备数据
3. from pandas import read_excel
4. df=read_excel('F://BaiduYunDownload//Telephone.xlsx')
5. #分出X和Y值
6. x=df.iloc[:,1:15]#得到输入x
7. y=df.iloc[:,0]#得到标签y，此处y在第一列
8. #分割训练数据和测试数据
9. #根据Python版本不同有两种调包方法
10. from sklearn.model_selection import train_test_split#第一种
11. #from sklearn.cross_validation import train_test_split#第二种
12. #根据y分层抽样，25%作为测试 75%作为训练
13. x_train, x_test, y_train, y_test =train_test_split(x,y,test_size=0.25,
    random_state=0,stratify=y)#如果缺失stratify参数，则为随机抽样,分层采样保证
    了训练集和测试集中各类别样本的比例与原始数据集一致。random_state=0指定随机数
    生成器的种子,保证每次结果一致。
```

3.2.7.2 交叉验证法

S折交叉验证法(S-Fold Cross Validation，S-Fold CV)：数据随机划分为S个互不相交且大小相同的子集，利用S-1个子集训练模型，利用余下的一个子集测试模型，一共有S种组合,对S种组合依次重复进行，获取测试误差的均值,将这个均值作为泛化误差的估计值。

将数据集划分为S个子集同样存在多种划分方式。S折交叉验证通常需要随机使用不同的划分方式重复p次，最终的测试误差均值是这p次S折交叉验证的测试误差的均值。

第一种：K折交叉切分。

#函数

```
sklearn.model_selection.KFold(n_splits=3, shuffle=False, random_state=None)
```

#参数

n_splits：一个整数，即k(要求该整数值大于或等于2)。
shuffle：一个布尔值。如果为True，则在切分数据集之前先混洗数据集。
random_state：一个整数，或者一个RandomState实例，或者None。

- 如果为整数，则它指定了随机数生成器的种子。
- 如果为RandomState实例，则指定了随机数生成器。
- 如果为None，则使用默认的随机数生成器。

#方法:

get_n_splits([X，y，groups])：用于保持接口的兼容性。它返回的是n_splits参数。

split(X[，y，groups])：X为训练数据集，形状为(n_samples，n_features)，y为标记信息，形状为(n_samples，)。它切分数据集为训练集和测试集。

KFold首先将0 ～ (n–1)之间的整数从前到后均匀划分成n_folds份，每次迭代时依次挑选一份作为测试集的下标。

```
1. #示例代码
2. #准备数据
3. from pandas import read_excel
4. df=read_excel('F://BaiduYunDownload//Telephone.xlsx')
5. #分出X和Y值
6. x1=df.iloc[:,1:15]#得到输入
7. y1=df.iloc[:,0]#提取标签
8. #分割训练数据和测试数据
9. from sklearn.model_selection import KFold
```

```
10. a=[]#创建空列表
11. b=[]#创建空列表
12. import numpy as np
13. x=np.array(x1)#数据框转为矩阵，必须转化，否则无法进行交叉验证
14. y=np.array(y1)#数据框转为矩阵，必须转化，否则无法进行交叉验证
15. shuffle_folder=KFold(n_splits=3,random_state=0,shuffle=True) #切分之前混
    洗数据集。此处是3折验证，random_state=0指定随机数生成器的种子,保证每次结果一致。
16. for train_index,test_index in shuffle_folder.split(x,y): #此处是3折验证，
    for循环三次
17.     x_train=x[train_index]
18.     x_test=x[test_index]
19.     y_train =y[train_index]
20.     y_test=y[test_index]
21.     from sklearn.tree import DecisionTreeClassifier#下面以分类决策树为例
        进行训练
22.     clf=DecisionTreeClassifier(random_state=0)#random_state=0指定随机数
        生成器的种子,保证每次结果一致，使用默认配置初始化分类决策树模型
23.     clf.fit(x_train,y_train)#训练集进行训练
24.     y_train_pred=clf.predict(x_train) #预测，为性能度量做准备
25.     y_test_pred=clf.predict(x_test) #预测，为性能度量做准备
26.     a.append(clf.score(x_train,y_train))#合并训练集整体准确率(accuracy)
27.     b.append(clf.score(x_test,y_test))#合并验证集整体准确率(accuracy)
28.
29. import pandas as pd
30. a=pd.DataFrame(a)#变成数据框
31. b=pd.DataFrame(b) #变成数据框
32. score=pd.concat([a,b],axis=1)#合并数据框
33. score.columns=['训练集整体准确率', '验证集整体准确率']#定义数据框的列名
34. score.mean()#所有列平均值
35. score['训练集整体准确率'].mean()#训练集整体准确率平均值
36. score['验证集整体准确率'].mean()#验证集整体准确率平均值
```

第二种：分层K折交叉切分。

它的用法类似于K折交叉切分，但是分层K折交叉切分执行的是分层采样，确保训练集、测试集中各类别样本的比例与原始数据集中相同（分类样本不均衡时尤为有效）。

#函数

sklearn.model_selection.StratifiedKFold(n_splits=3, shuffle=False, random_state=None)

#参数

n_splits：一个整数，即k(要求该整数值大于或等于2)。
shuffle：一个布尔值。如果为True，则在切分数据集之前先混洗数据集。
random_state：一个整数，或者一个RandomState实例，或者None。

- 如果为整数，则它指定了随机数生成器的种子。
- 如果为RandomState实例，则指定了随机数生成器。
- 如果为None，则使用默认的随机数生成器。

#方法

get_n_splits([X，y，groups])：用于保持接口的兼容性。它返回的是n_splits参数。

split(X[，y，groups])：X为训练数据集，形状为(n_samples，n_features)，y为标记信息，形状为(n_samples，)。它切分数据集为训练集和测试集。

StratifiedKFold首先将0 ～ (n-1)之间的整数从前到后均匀划分成n_folds份，每次迭代时依次挑选一份作为测试集的下标。

```
1. #示例代码
2. #准备数据
3. from pandas import read_excel
4. df=read_excel('F://BaiduYunDownload//Telephone.xlsx')
5. #分出X和Y值
6. x1=df.iloc[:,1:15]#得到输入
7. y1=df.iloc[:,0]#提取标签
8. #分割训练数据和测试数据
9. from sklearn.model_selection import StratifiedKFold
10. a=[]#创建空列表
11. b=[]#创建空列表
12. import numpy as np
13. x=np.array(x1)#数据框转为矩阵，必须转化，否则无法进行交叉验证
```

```
14. y=np.array(y1)#数据框转为矩阵，必须转化，否则无法进行交叉验证
15. shuffle_folder=StratifiedKFold(n_splits=3,random_state=0,shuffle=True) #切
    分之前混洗数据集。此处是3折验证，random_state=0指定随机数生成器的种子,保证
    每次结果一致。
16. for train_index,test_index in shuffle_folder.split(x,y): #此处是3折验证，
    for循环三次
17.     x_train=x[train_index]
18.     x_test=x[test_index]
19.     y_train =y[train_index]
20.     y_test=y[test_index]
21.     from sklearn.tree import DecisionTreeClassifier#下面以分类决策树为例
        进行训练
22.     clf=DecisionTreeClassifier(random_state=0)#random_state=0指定随机数
        生成器的种子,保证每次结果一致,使用默认配置初始化分类决策树模型
23.     clf.fit(x_train,y_train)#训练集进行训练
24.     y_train_pred=clf.predict(x_train) #预测，为性能度量做准备
25.     y_test_pred=clf.predict(x_test) #预测，为性能度量做准备
26.     a.append(clf.score(x_train,y_train))#合并训练集整体准确率(accuracy),
        越大越好
27.     b.append(clf.score(x_test,y_test))#合并验证集整体准确率(accuracy),
        越大越好
28.
29. import pandas as pd
30. a=pd.DataFrame(a)#变成数据框
31. b=pd.DataFrame(b) #变成数据框
32. score=pd.concat([a,b],axis=1)#合并数据框
33. score.columns=['训练集整体准确率', '验证集整体准确率']#定义数据框的列名
34.
35. score.mean()#所有列平均值
36. score['训练集整体准确率'].mean()#训练集整体准确率平均值
37. score['验证集整体准确率'].mean()#验证集整体准确率平均值
```

3.2.7.3 留一法

#原理

留一法（Leave-One-Out，LOO）是S折交叉验证的一个特例，留出一个样本作为验证集，由于训练集与初始数据集只少了一个样本，因此训练出来的模型与真实模型比较近似。留一法评估的结果往往比较准确。

留一法的缺点是：在数据集比较大时计算量太大。比如数据集有一千万个样本，则留一法需要训练一千万个模型。而对S折交叉，假设S=100，p=100，则只需要训练一万个模型。

#函数

```
class sklearn.model_selection.LeaveOneOut(n)
```

#参数

n：一个整数，表示数据集大小。

LeaveOneOut的用法很简单，它每次迭代时，测试集依次取样本的下标为0、1、…、n-1。

```
1. #示例代码
2. #准备数据
3. from pandas import read_excel
4. df=read_excel('F://BaiduYunDownload//Telephone.xlsx')
5. #分出X和Y值
6. x1=df.iloc[:,1:15]#得到输入
7. y1=df.iloc[:,0]#提取标签
8. #分割训练数据和测试数据
9. from sklearn.model_selection import LeaveOneOut
10. a=[]#创建空列表
11. b=[]#创建空列表
12. import numpy as np
13. x=np.array(x1)#数据框转为矩阵，必须转化，否则无法进行交叉验证
14. y=np.array(y1)#数据框转为矩阵，必须转化，否则无法进行交叉验证
15. lo=LeaveOneOut()
16. lo.get_n_splits(x)#观察切分的次数，也就是行数
17. for train_index,test_index in lo.split(x): #因为是留一切分，有多少行，
    循环多少次
18.     x_train=x[train_index]
19.     x_test=x[test_index]
```

```
20.     y_train =y[train_index]
21.     y_test=y[test_index]
22.     from sklearn.tree import DecisionTreeClassifier#下面以分类决策树为例
        进行训练
23.     clf=DecisionTreeClassifier(random_state=0)#random_state=0指定随机数
        生成器的种子,保证每次结果一致,使用默认配置初始化分类决策树模型
24.     clf.fit(x_train,y_train)#训练集进行训练
25.     y_train_pred=clf.predict(x_train) #预测，为性能度量做准备
26.     y_test_pred=clf.predict(x_test) #预测，为性能度量做准备
27.     a.append(clf.score(x_train,y_train))#合并训练集整体准确率(accuracy)
28.     b.append(clf.score(x_test,y_test))#合并验证集整体准确率(accuracy)
29. import pandas as pd
30. a=pd.DataFrame(a)#变成数据框
31. b=pd.DataFrame(b) #变成数据框
32. score=pd.concat([a,b],axis=1)#合并数据框
33. score.columns=['训练集整体准确率', '验证集整体准确率']#定义数据框的列名
34.
35. score.mean()#所有列平均值
36. score['训练集整体准确率'].mean()#训练集整体准确率平均值
37. score['验证集整体准确率'].mean()#验证集整体准确率平均值
```

3.2.7.4 自助法

#原理

自助法以自助采样法为基础。给定包含N个样本的原始数据集T，自助采样法是这样进行的：先从T中随机取出一个样本放入采样集Ts中，再把该样本放回T中（有放回的重复独立采样）。经过N次随机采样操作，得到包含N个样本的采样集Ts。注意：数据集T中可能有的样本在采样集Ts中出现多次，但是T中也可能有样本在Ts中从未出现。一个样本始终不在采样集中出现的概率是$\left(1-\frac{1}{N}\right)^N$。根据：

$$\lim_{N\to\infty}\left(1+\frac{1}{N}\right)^N=\frac{1}{\mathrm{e}}\approx 0.368$$

T中约有63.2%的样本出现在了Ts中。我们将Ts用作训练集，T-Ts用作测试集。这样的测试称为包外（Out-Of-Bag，OOB）估计。

自助法在数据集较小时比较好用，它能从初始数据集中产生多个不同的训练集，这对集成学习等方法有很大的吸引力。自助法产生的数据集改变了初始数据集的分布，从而引入估计偏差。

#函数

sklearn.model_selection.cross_val_score(estimator, X, y=None, groups=None, scoring=None, cv=None, n_jobs=1, verbose=0, fit_params=None, pre_dispatch='2*n_jobs')

#参数

estimator：指定的评估器，该评估器必须由.fit方法来进行训练。

X：数据集中的样本集。

y：数据集中的标记集。

scoring：一个字符串，或者可调用对象，或者None。它指定了评分函数，其原型是：scorer(estimator，X，y)。如果为None，则默认采用estimator评估器的.score方法。如果为字符串，可以为下列字符串。

- 'accuracy'：采用的是metrics.accuracy_score评分函数。
- 'average_precision'：采用的是metrics.average_precision_score评分函数。

f1系列：采用的是metrics.f1_score评分函数，包括如下：

- 'f1'：用于二类分类
- 'f1_micro':micro-averaged
- 'f1_macro':macro-averaged
- 'f1_weighted':weighted average
- 'f1_samples':by multilabel sample

其他系列：

- 'log_loss'：采用的是metrics.log_loss评分函数。
- 'precision'系列：采用的是metrics.precision_score评分函数，具体形式类似f1系列。
- 'recall'系列：采用的是metrics.recall_score评分函数，具体形式类似f1系列。
- 'roc_auc'：采用的是metrics.roc_auc_score评分函数。
- 'adjusted_rand_score'：采用的是metrics.adjusted_rand_score评分函数。
- 'mean_absolute_error'：采用的是metrics.mean_absolute_error评分函数。
- ‘mean_squared_error’'：采用的是metrics.mean_squared_error评分函数。
- 'median_absolute_error'：采用的是metrics.median_absolute_error评分函数。
- 'r2'：采用的是metrics.r2_score评分函数。

cv：一个整数，或一个k折交叉生成器，或一个迭代器，或者None。分以下几个情况：

➢ 如果为None，则使用默认的3折交叉生成器。
➢ 如果为整数，则指定了k折交叉生成器的k值。
➢ 如果为k折交叉生成器，则直接指定了k折交叉生成器。
➢ 如果为迭代器，则迭代器的结果就是数据集划分的结果。

fit_params：一个字典，指定了estimator执行.fit方法时的关键字参数。
n_jobs：一个整数。任务并行时指定的CPU数量。如果为-1则使用所有可用的CPU。
verbose：一个整数，用于控制输出日志。
pre_dispatch：一个整数或者字符串，用于控制并行执行时分发的总的任务数量。
自助法称为便利函数，因此完全可以凭借现有的函数手动完成这个功能，步骤如下：

➢ 采用k 折交叉划分数据集；
➢ 对每次划分结果执行验证；
➢ 在训练集上训练评估器；
➢ 用评估器预测测试集，返回测试性能得分。
➢ 收集所有的测试性能得分，返回一个浮点数的数组。每个浮点数都是针对某次k折交叉的数据集的esti-mator预测性能的得分。

```
1. #示例代码
2. #准备数据
3. from pandas import read_excel
4. df=read_excel('F://BaiduYunDownload//Telephone.xlsx')
5. #分出X和Y值
6. x1=df.iloc[:,1:15]#得到输入
7. y1=df.iloc[:,0]#提取标签
8. import numpy as np
9. x=np.array(x1)#数据框转为矩阵，必须转化，否则无法进行交叉验证
10. y=np.array(y1)#数据框转为矩阵，必须转化，否则无法进行交叉验证
11. #分割训练数据和测试数据
12. from sklearn.model_selection import cross_val_score
13. from sklearn.tree import DecisionTreeClassifier#以分类决策树为例进行训练
14. result=cross_val_score(DecisionTreeClassifier(random_state=0),x,y,cv=10)
    #random_state=0指定随机数生成器的种子,保证每次结果一致,使用默认配置初始化分
    类决策树模型，此处默认得分是score，评判依据的多样性，根据实际需要调整得分评价
    函数。
```

```
15. import pandas as pd
16. result=pd.DataFrame(result)
17.
18. print("验证集得分:",result)#依次选择第0~9折的数据作为验证数据集，并得出得分
19. print("验证集得分均值:",result.mean())
```

3.3 典型案例

数据预处理的目的不只是消除错误、冗余和数据噪声，还应尽可能减少人工干预和用户的编程量，而且要容易扩散到其他数据源，因此数据预处理除了上面章节的方法外，还有专门用于数据处理的复杂的模型或者算法，即基于数据挖掘和机器学习的算法。

孤立森林（Isolation Forest）算法是周志华团队研究开发的算法，一般用于结构化数据的异常检测。异常的数据量都是很少的一部分，因此诸如SVM、逻辑回归等分类算法都不适用。

本章节主要介绍了异常值的详细定义、孤立森林算法的原理、主要优势、使用场景等等，并给出了核心代码，供读者参考。

3.3.1 原理

针对不同类型的异常，要用不同的算法来进行检测，而孤立森林算法主要针对的是连续型结构化数据中的异常点。

使用孤立森林的前提是将异常点定义为“容易被孤立的离群点”，可以理解为分布稀疏且距离高密度群体较远的点。从统计学来看，在数据空间里，若一个区域内只有分布稀疏的点，则数据点落在此区域的概率很低，因此可以认为这些区域的点是异常的。

孤立森林算法的理论基础有两点：

- 异常数据占总样本量的比例很小；
- 异常点的特征值与正常点的差异很大。

孤立森林算法是基于集成（Ensemble）的异常检测方法，具有线性时间复杂度，且精准度较高，在处理大数据时速度快，在工业界的应用范围比较广。常见的使用场景包括网络安全中的攻击检测、金融交易欺诈检测（信用卡诈骗）、疾病检测、制造业产品异常检测、数据中心机器异常检测、噪声数据过滤（数据清洗）等。

孤立森林中的“孤立” (isolation) 指的是“把异常点从所有样本中孤立出来”，其原文中的英文表达是“separating an instance from the rest of the instances”。

大多数基于模型的异常检测算法会先“规定”正常点的范围或模式，如果某个点不符合这个模式，或者说不在正常范围内，那么模型会将其判定为异常点。

孤立森林的创新点包括以下四个：

- Partial models：在训练过程中，每棵孤立树都是随机选取部分样本；
- No distance or density measures：不同于KMeans、DBSCAN等算法，孤立森林不需要计算有关距离、密度的指标，可大幅度提升速度，减小系统开销；
- Linear time complexity：因为基于ensemble，所以有线性时间复杂度。通常树的数量越多，算法越稳定；
- Handle extremely large data size：由于每棵树都是独立生成的，因此可部署在大规模分布式系统上来加速运算。

算法思想：想象在某个场景中用一个随机超平面对一个数据空间进行切割，切一次可以生成两个子空间，接下来继续随机选取超平面来切割第一步得到的两个子空间，直到每子空间里面只包含一个数据点为止。直观上来看，那些密度很高的簇要被切很多次，即每个点都单独存在于一个子空间内，而那些分布稀疏的点大都很早就停到一个子空间内了。

异常得分：

- 如果一个点的异常得分接近1，那么一定是异常点；
- 如果一个点的异常得分远小于0.5，那么一定不是异常点；
- 如果所有点的异常得分都在0.5左右，那么样本中很可能不存在异常点。

孤立森林算法总共分两步：

- 训练iForest：从训练集中进行采样，构建孤立树，对森林中的每棵孤立树进行测试，记录路径长度；
- 计算异常分数：根据异常分数计算公式，计算每个样本点的anomaly score。

注意注意的问题：

- 若训练样本中异常样本的比例较高，可能会导致最终结果不理想，因为这违背了该算法的理论基础；
- 异常检测跟具体的应用场景紧密相关，因此该算法检测出的“异常”不一定是实际场景中的真正异常，所以在特征选择时要尽量过滤不相关的特征。
- 孤立森林不适用于特别高维的数据。由于每次切数据空间都是随机选取一个维度，建完树后仍然有大量的维度信息没有被使用，导致算法可靠性降低。高维空间还可能存在大量噪声维度或无关维度，影响树的构建。孤立森林算法具有线性时间复杂度，因为采用集成的方法，所以可以用在含有海量数据的数据集上面。通常树的数量越多，算法越稳定。由于每棵树都是互相独立生成的，因此可以部署在大规模分布式系统上来加速运算。

3.3.2 代码

```
1. #调取包
2. from sklearn.ensemble import IsolationForest
3. from scipy import stats
4. import numpy as np
5. rng = np.random.RandomState(42)#随机数
6. from pandas import read_excel
7. #读取数据
8. df=read_excel('D://Telephone.xlsx')
9. X_train = df.iloc[:500,1:4]
10. X_test = df.iloc[:1000,1:4]
11. #模型拟合
12. clf=IsolationForest(max_samples=256,random_state=rng)#没有加入异常比
    contamination，Python3中异常比重默认值为'auto'（自动即模型根据数据情况，
    自动调整），Python2中异常比重默认值为0.1（10%）
13. #clf=IsolationForest(max_samples=256,random_state=rng,contamination=
    0.2)#加入异常比重contamination
14. clf.fit(X_train)
15. clf.get_params#展示模型参数
16. #模型预测
17. y_pred_train = clf.predict(X_train)
18. y_pred_test = clf.predict(X_test)
19. X_train['yc']=y_pred_train#添加列
20. X_test['yc']=y_pred_test#添加列
21. #基本分类器对样本X的计算得到的平均异常分数，越低越可能是异常
22. X_train['yc1']=clf.decision_function(X_train)
23. X_test['yc1']=clf.decision_function(X_test)
```

4 特征选择

在实际的工程实践中，分析对象往往具有很多属性（以下称为特征），这些特征基本上可以分为三类：

（1）相关特征：对于学习任务有帮助，可以提升学习算法的效果；

（2）无关特征：对于我们的算法没有任何帮助，不会给算法的效果带来任何提升；

（3）冗余特征：不会对我们的算法带来新的信息，或者这种特征的信息可以由其他的特征推断出。

在机器学习的实际应用中，存在的无关特征或者冗余特征容易导致如下的后果：

- 特征个数越多，分析特征、训练模型所需的时间就越长。
- 特征个数过多，容易引起“维度灾难”，模型会非常复杂，其推广能力会下降。

特征选择目的是从所有特征中选择出对于学习算法有益的相关特征，降低学习任务的难度，提升模型的效率和精确度，使模型获得更好的解释性，减少模型过拟合，减少运行时间。特征选择不涉及对特征值的修改，只是筛选出对模型性能提升较大的少量特征。

特征选择主要包括四个过程：

（1）生成过程：生成候选的特征子集；

（2）评价函数：评价特征子集的好坏；

（3）停止条件：决定什么时候该停止；

（4）验证过程：特征子集是否有效。

停止条件有以下四种选择：

（1）达到预定义的最大迭代次数；

（2）达到预定义的最大特征数；

（3）增加（删除）任何特征不会产生更好的特征子集；

（4）根据评价函数，产生最优特征子集。

验证过程并不是特征选择本身的一部分，但是选择出的特征必须是有效的，因此需要使用不同的测试集、学习方法验证选择出来的特征子集，然后比较这些验证结果。

特征选择需要注意问题：

- 特征选择模型的稳定性非常重要，稳定性差的模型很容易导致错误的结果。
- 过滤式特征提取方法要慎用，一般利用算法中的变量重要性进行选取。

特征选择的方法很多，下面讲解几种常见方法。

4.1 过滤式特征提取

这种方法根据一定的统计指标（例如方差、相关系数等），通过设立一定的阈值（例如方差大于1，相关系数大于0.5等）对特征进行过滤筛选。该方法一般用在特征选择前，用于预处理工作，即先去掉取值变化小的特征，然后再使用其他的特征选择方法选择特征。根据方差、相关系数筛选特征：

➢ 根据方差：如果一个特征不发散，例如方差接近于0，样本在这个特征上基本没有差异，即这个特征对于样本的区分并没有什么用，则在特征选择中过滤掉，反之则选择保留。

➢ 根据相关系数：这点比较显而易见，与目标相关性高的特征应当优选选择。

第一种情况：没有目标变量

```
1. #示例代码（移除低方差的特征）
2. #读取数据
3. from pandas import read_excel
4. df=read_excel('F://BaiduYunDownload//Telephone.xlsx')
5. #筛选特征
6. import pandas as pd
7. df1=pd.DataFrame()#新建数据框
8. cols = df.columns
9. for col in cols:  #循环读取每列
10.     if df[col].var()>1: #此处方差阈值设为1，大于1指标保留
11.         df1[col]=df[col]
```

第二种情况：有目标变量

在Python的sklearn包中，有专门的函数SelectKBest和SelectPercentile用来进行特征筛选，这类函数也是根据统计指标进行特征的选择和筛选，它通过指标和目标变量之间的关系进行删选。

➢ SelectKBest：从选取特征指标的数量出发，可以保留在该统计指标上得分最高的k个特征。

➢ SelectPercentile：从选择特征数量占总特征数量的比重出发，可以保留在该统计指标上得分最高的百分之k的特征。

#函数

class sklearn.feature_selection.SelectKBest(score_func= < function f_classif > ,k=10)

class sklearn.feature_selection.Selectpercentile(score_func= < function f_classif > , percentile=10)

#参数

score_func：给出统计指标的函数，其参数为数组X和数组y，返回值为(scores，pvalues)。sklearn提供的常用函数（5种）如下：

➢ sklearn.feature_selection.f_regression：基于线性回归分析来计算统计指标。适用于回归问题。
➢ sklearn.feature_selection.chi2：计算卡方统计量，适用于分类问题。
➢ sklearn.feature_selection.f_classif：根据方差分析(Analysis of variance，ANOVA)的原理，以F分布为依据，利用由平方和与自由度所计算的组间与组内均方值，估计出F值，适用于分类问题。
➢ mutual_info_classif:Mutual information for a discrete target，基于多分类分析来计算统计指标。适用于多分类问题。
➢ mutual_info_regression: Mutual information for a continuous target，基于连续性变量目标分析来计算统计指标。适用于回归问题。

#特征选择

➢ 如果是SelectKBest，则为一个整数或者字符串all，整数指定要保留的最佳几个特征，all则保留所有的特征。
➢ 如果是SelectPercentile，则percentile（一个整数）指定要保留最佳的百分之几的特征，如10表示保留最佳的百分之十的特征。

#属性

scores_：一个数组，给出了所有特征的得分。
pvalues_：一个数组，给出了所有特征得分的p-values。

#方法

fit(X，y)：从样本数据中学习统计指标得分。
transform(X)：执行特征选择。
fit_transform(X，y)：从样本数据中学习统计指标得分，然后执行特征选择。
get_support([indices])：如果indices=True，则返回被选出的特征的下标；如果indices=False，则返回一个由布尔值组成的数组，该数组指示哪些特征被选择。
inverse_transform(X)：根据被选出来的特征还原原始数据(特征选取的逆操作)，但是对于被删除的属性值全部用0代替。

```
1. #示例代码
2. #读取数据
3. from pandas import read_excel
4. df=read_excel('F://BaiduYunDownload//Telephone.xlsx')
```

```
5. ##提取x,y
6. x=df.iloc[:,1:15]#设置自变量X
7. y=df.iloc[:,0]#设置因变量Y
8. #根据统计指标的函数，选择特征
9. from sklearn.feature_selection import SelectKBest
10. from sklearn.feature_selection import SelectPercentile
11. from sklearn.feature_selection import f_regression
12. from sklearn.feature_selection import f_classif
13. from sklearn.feature_selection import chi2
14. from sklearn.feature_selection import mutual_info_classif
15. from sklearn.feature_selection import mutual_info_regression
16. from sklearn.feature_selection import SelectKBest
17. from sklearn.feature_selection import f_classif
18. selector=SelectKBest(score_func=f_classif,k=3) #此处利用是方差分析（适用
    于分类问题），选择的特征为3
19. print("scores_:",selector.scores_)#所有特征的得分
20. print("pvalues_:",selector.pvalues_)#所有特征得分的p-values
21. #根据选择特征的下标剔除掉不被选择的列，并加入列名
22. cols=selector.get_support(True)#读取选择特征的下标
23. x1=pd.DataFrame()#新建数据框
24. a=pd.DataFrame()#新建数据框
25. for col in cols:#循环读取每列
26.     a= x.iloc[:,col]
27.     x1=pd.concat([x1,a],axis=1)#列合并
```

4.2 递归特征消除

递归特征消除法(Recursive Feature Elimination)使用一个基模型来进行多轮训练，每轮训练后移除若干权值系数的特征，再基于新的特征集进行下一轮训练。

递归特征消除的主要思想是反复构建模型（如SVM或者回归模型），然后选出最好的（或者最差的）特征（可以根据系数来选），把选出来的特征放到一边，再在剩余的特征上重复这个过程，直到所有特征都遍历了。这个过程中特征被消除的次序就是特征的排序，因此

递归特征消除法属于一种寻找最优特征子集的贪心算法。

sklearn提供了RFE包，可以用于特征消除，还提供了RFECV，可以通过交叉验证来对特征进行排序。

在sklearn官方解释中，对特征含有权重的预测模型(例如，线性模型对应参数coefficients)，RFE通过递归方式减少考察的特征集规模，首先将预测模型在原始特征上训练，每个特征指定一个权重,之后那些拥有最小绝对值权重的特征被剔出特征集，如此往复递归，直至剩余的特征数量达到所需值。

RFECV通过交叉验证的方式执行RFE，以此来选择最佳数量的特征：对于一个数量为d的feature集合，它的所有子集的个数是2的d次方减1(包含空集)。指定一个外部的学习算法，比如SVM之类的算法，通过该算法计算所有子集的validation error，选择error最小的那个子集作为所挑选的特征。

RFE的稳定性很大程度上取决于在迭代的时候底层用哪种模型。假如RFE采用的是普通的回归，而没有经过正则化的回归是不稳定的，那么RFE就是不稳定的；假如采用的是Ridge，而用Ridge正则化的回归是稳定的，那么RFE就是稳定的。

```
1. #示例代码
2. from sklearn.feature_selection import RFE
3. from sklearn.linear_model import LinearRegression
4. from sklearn.datasets import load_boston
5. boston = load_boston()
6. X = boston["data"]
7. Y = boston["target"]
8. names=boston["feature_names"]
9. lr = LinearRegression()#此处以线性回归为模型
10. rfe =RFE(lr,n_features_to_select=2)#lr为基模型,n_features_to_select为选
    择的特征个数
11. rfe.fit(X,Y)
12. print(rfe.ranking_)#显示特征重要性排名
```

4.3 嵌入式特征提取

先使用某些机器学习算法和模型进行训练，得到各个特征的权值系数，根据系数从大到小选择特征，类似于Filter方法，只是它通过模型训练来确定特征的优劣。这种方法的思路是直接使用机器学习算法，基于模型的特征排序。

Sklearn提供了SelectFromModel函数，使用外部提供的estimator来工作。estimator必须有coef_或者feature_importances_属性。当某个特征对应的coef_或者feature_importances_低于某个阈值时，该特征将被移除。

#函数

class sklearn.feature_selection.SelectFromModel(estimator,threshold=None, prefit=False,norm_order=1)

#参数

estimator：一个评估器，可以是未训练的(prefit=False)，或者是已经训练好的(prefit=True)。

threshold：一个字符串或者浮点数，或者None，指定特征重要性的一个阈值，低于此阈值的特征将被剔除。如果为浮点数，则指定阈值的绝对大小。若为mean，则阈值均值；若为median，则阈值为中值；若为1.5*mean，则阈值为1.5倍的均值；若为None，且estimator有一个penalty参数，并且该参数设置为11，则阈值默认为1e-5；其他情况下阈值默认为mean。

prefit：一个布尔值，表示estimator是否已经训练好了。如果prefit=False，则estimator是未训练的。

norm_order：非零整数，用于过滤系数向量的范数阶数，默认为1。

#属性

threshold_：一个浮点数，存储了用于特征选取的阈值。

#方法

fit(X，y)：训练SelectFromModel模型。

transform(X)：执行特征选择。

fit_transform(X，y)：从样本数据中学习RFE模型，然后执行特征选择。

get_support([indices])：如果indices=True，则返回被选出的特征的下标；如果indices=False，则返回一个由布尔值组成的数组，该数组指示哪些特征被选择。

inverse_transform(X)：根据被选出来的特征还原原始数据(特征选取的逆操作)，但对于被删除的属性值，全部用0代替。

partial_fit(X[，y])：只训练SelectFromModel模型一次。

```
1. #示例代码
2. #读取数据
3. from pandas import read_excel
4. df=read_excel('F://BaiduYunDownload//Telephone.xlsx')
5. x=df.iloc[:,1:15]#设置自变量X
6. y=df.iloc[:,0]#设置因变量Y
```

```
7. #根据不同算法（必须有coef_或者feature_importances_属性）建立estimator
8. from sklearn.feature_selection import  SelectFromModel
9. from sklearn.ensemble import RandomForestClassifier
10. estimator=RandomForestClassifier()#随机森林模型
11. #from sklearn.svm import LinearSVC
12. #estimator=LinearSVC()#支持向量机模型
13. #执行特征选择
14. selector=SelectFromModel(estimator=estimator,threshold='mean')#此处特征
    选取的阈值是特征重要性均值，详见参数threshold设置部分median
15. selector.fit(x,y)#模型拟合
16. df1= selector.transform(x)#执行特征选择
17. #df1= selector.fit_transform (x,y)#上两步可以直接由这一步代替
18. import pandas as pd
19. df1=pd.DataFrame(df1)#转化为数据框
20. print("Threshold %s"%selector.threshold_)#特征选择的阈值
21. #根据选择特征的下标剔除掉不被选择的列，并加入列名
22. cols=selector.get_support(True)#读取选择特征的下标
23. x1=pd.DataFrame()#新建数据框
24. a=pd.DataFrame()#新建数据框
25. for col in cols:  #循环读取每列
26.     a= x.iloc[:,col]
27.     x1=pd.concat([x1,a],axis=1)#列合并
```

4.4 典型案例

当判断一个特征是否重要时，有一种简单的方法，即将该特征进行置换，比较置换前后该模型在同一个测试集上的预测精度是否有明显下降，如果下降非常明显，那么该特征是重要的，否则，该特征不重要（通过预测精度的下降程度来度量特征的重要程度），可广泛应用于分类、回归等诸多模型。

注意：这种方法虽然简单可靠，但是运行时间一般较长，适用于数据量比较小且指标比较少的样本。

##代码

```
1. from sklearn import tree
2. from sklearn.metrics import confusion_matrix
3. from sklearn.model_selection import train_test_split
4. import numpy as np
5. import random
6. import pandas as pd
7. import numpy as np
8. df = pd.read_csv('wine.data', header = None)
9. df.columns = ['Class label', 'Alcohol', 'Malic acid', 'Ash',
10.              'Alcalinity of ash', 'Magnesium', 'Total phenols',
11.              'Flavanoids', 'Nonflavanoid phenols', 'Proanthocyanins',
12.              'Color intensity', 'Hue', 'OD280/OD315 of diluted wines',
             'Proline']
13. X, y = df.drop(columns='Class label'),df['Class label']
14. def eval_func(xtrain,ytrain,ytest,xtest):
15.     clf = tree.DecisionTreeClassifier()
16.     clf = clf.fit(xtrain, ytrain)
17.     C2= confusion_matrix(ytest, clf.predict(xtest))
18.     return np.sum(np.diag(C2))/xtest.shape[0]
19.
20. out = []
21. for i in range(10000):#为了增加模型的稳定性，进行1000次迭代，再将对应特征的
    精度变化值汇总求平均值
22.     X_train, X_test, y_train, y_test = train_test_split(X, y, test_size
        = 0.3, random_state=i)
23.     org_ratio = eval_func(X_train,y_train,y_test,X_test)
24.     eval_list = []
25.     for col in X_train.columns:
26.         new_train = X_train.copy()
27.         new_train[col] = random.choice(range(new_train.shape[0]))
28.         decrease = org_ratio - eval_func(new_train,y_train,y_test,
            X_test)
```

```
29.         eval_list.append(decrease if decrease > 0 else 0)
30.     out.append(eval_list)
31. 
32. importances = pd.DataFrame(np.array(out)).apply(lambda x:np.mean(x),
    axis=0).values
33. indices = np.argsort(importances)[::-1]
34. for e in range(X.shape[1]):
35.     print("%2d) %-*s %f" % (e + 1, 30, X_train.columns[indices[e]],
        importances[indices[e]])) #依次随机置换这13个特征，通过置换前后的精度
        变化来评估特征的重要性
36. 
37. #将特征重要性得分通过条形图进行展现
38. import matplotlib.pyplot as plt
39. plt.title('Feature Importance')
40. plt.bar(range(X_train.shape[1]), importances[indices], color='black',
    align='center')
41. plt.xticks(range(X_train.shape[1]), X_train.columns[indices], rotation=
    90)
42. plt.xlim([-1, X_train.shape[1]])
43. plt.tight_layout()
44. plt.show()
```

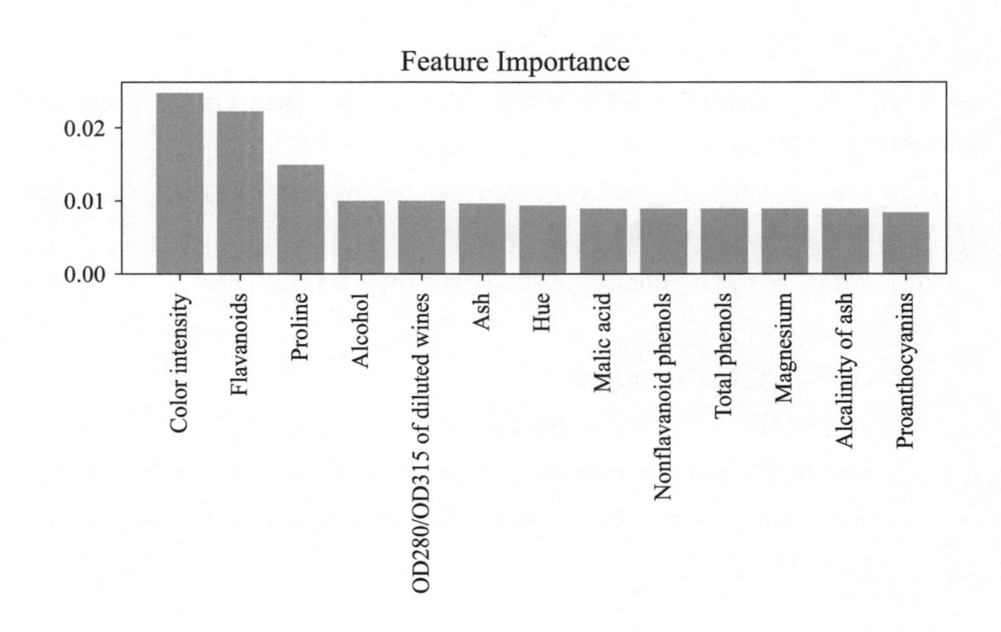

5 算法建模

在进行完数据采集、探索性分析、数据预处理、特征选择之后，就到了很关键的一步，即利用算法解决问题。

在算法建模中，第一步是明确需求，如果有目标变量，使用的算法为有监督学习算法（如随机森林，KNN等），如果没有目标变量，使用的算法为无监督学习算法（如K-means等）。

1）建模使用的主要模块

第一：sklearn模块。sklearn（全称scikit-learn）是基于Python语言的机器学习工具，是机器学习和算法建模中最常用的第三方模块。它建立在numpy、scipy、pandas和matplotlib之上，对象接口简单，含有大量的数据分析及挖掘所需要的包（包括分类、聚类、回归等），是高效的数据挖掘和数据分析工具，并且开源，可在各种环境中重复使用。

sklearn各算法建模基本思路一致，一般算法步骤如下：

- 首先创建估计器，需要设置一些参数，也可以全部使用默认参数；
- 其次是拟合估计器，在有监督学习中是fit(X[, y])，在无监督学习中是fit(X)；
- 拟合之后可以访问model里面的参数，如线性回归模型中的特征参数coef_，K-means聚类标签labels_等等；
- 如果是有监督学习，利用predict(x)返回预测值。

特别说明：本章所有的示例代码中，若无特殊说明，所用模块均是sklearn模块。

第二：pyspark模块。如果数据量比较庞大，需要在Hadoop和spark环境中运行。spark是用Scala语言编写的，是一个高效率的实时处理框架,在运算时将中间产生的数据暂存在内存中，spark命令在内存中的运行速度比Hadoop MapReduce命令运行速度快100倍，即便是运行于硬盘上，spark的速度也能快上10倍；spark支持多种语言，包括Scala、Python、Java等，更具弹性，更符合开发时的需求；spark提供了Hadoop storage API，支持Hadoop的HDFS存储系统，并且支持Hadoop yarn，可共享存储资源，而且几乎与hive完全兼容；spark程序可以在本地端机器上运行，也可以在自有的集群上运行，对于更大规模的计算工作，可以将spark程序送至AWS的ec2平台上运行。

为了使spark支持Python，Apache spark社区发布了工具pyspark，使用pyspark，可以高效率地进行数据处理分析与算法设计。在数据挖掘过程中sklearn模块往往需要经过转换，效率较低，此时可以调用pyspark模块进行并发式运行。其中spark MLlib是一个可扩充的spark机器学习库，可使用许多常见的机器学习算法，包括线性回归、支持向量机、决策树、朴素贝叶斯、聚类分析等，简化大规模机器学习的时间。spark MLlib pipeline在机器学习的每一个阶段建立pipeline流程，减轻程序设计的负担。

pyspark模块和sklearn模块思路相同，但调取函数略有不同。

2）算法说明

本章节介绍的所有算法以实用为主，算法原理只谈基本概念，没有过多深入，有兴趣的读者可自行查阅。数据挖掘算法很多，而且随着时间的发展层出不穷，下面列出了数据挖掘应用最为广泛的10大经典算法，基本上在学习和工作中能帮助解决很大一部分问题（在笔者的实际实践中，确实如此）。10大经典算法分类：

- 有监督算法：朴素贝叶斯、决策树、随机森林、Adaboost、GBDT、KNN、支持向量机。
- 无监督算法：K-means聚类（含K-means++）、Apriori关联规则算法、PageRank。

10大经典算法中，根据笔者的实践经验，有些问题需要注意，特别说明如下：

- 朴素贝叶斯算法具有高准确率和高速度等优点，但是要求各特征之间没有相关性（或者相关性很低）。
- sklearn模块中使用伯努利贝叶斯分类器时，各个自变量必须是二元化的，但笔者在实践中发现，各个自变量不是二元化时，竟然也能得出结果（当然是错误的结果），这点尤其注意，这是一个隐藏很深的致命的错误，而且不容易察觉。
- 支持向量机在小规模数据上表现优异，在解决小样本、非线性、高维模式识别问题方面有特殊优势，但是模型训练复杂度高，难以适应多分类问题。在工程实践中，核函数的选择一般并不会导致结果准确率出现很大差别（当然也有特例），而高斯核函数最流行且易用。
- 支持向量机算法中，部分情况下非线性回归的线性核要比线性回归支持向量机LinearSVR的预测效果更佳。

3）模型性能评估

（1）分类器的性能评估。分类器的性能评估主要以混淆矩阵为主。

一级指标：

- TP：真实值是positive，模型认为是positive的数量；
- FN：真实值是positive，模型认为是negative的数量；
- FP：真实值是negative，模型认为是positive的数量；
- TN：真实值是negative，模型认为是negative的数量。

二级指标：

- 整体正确率(ACC)= $\frac{TP+TN}{TP+TN+FP+FN}$
- 查准率(PPV)= $\frac{TP}{TP+FP}$
- 查全率(灵敏度或者召回率，TPR)= $\frac{TP}{TP+FN}$
- 调和均值(F)= $\frac{2}{\frac{1}{PPV}+\frac{1}{TPR}}$

（2）回归模型性能评估。如果模型是回归模型，一般采用残差进行回归问题的性能度量，主要根据下面四个指标进行性能评估：

- MAE（平均绝对误差，Mean Absolute Error）：回归预测误差（残差）的绝对值的平均值，计算方法是mean(abs(预测值－观测值))。
- MSE（均方差，Mean Square Error）：回归预测误差的平方的平均值，计算方法是mean((预测值－观测值)^2)。MSE损失函数能够加大对异常值的惩罚，在高分段和低分段能获得更好的表现，而MAE在中分段能获得更好的表现，因此在实际使用时，可以根据实际情况对不同分段的因变量y使用不同的损失函数。
- 标准化平均方差，计算方法是mean((预测值 - 观测值)^2)/mean((mean(观测值) - 观测值)^2)，此指标不常用。
- score(X, y[, sample_weight])：返回预测性能得分。score不超过1，但是可能为负值(预测效果太差)。score越大，预测性能越好。score也叫R2决定系数（拟合优度），表征回归方程在多大程度上解释了因变量的变化，或者说方程对观测值的拟合程度如何。如果单纯用残差平方和，会受到因变量和自变量绝对值大小的影响，不利于在不同模型之间进行相对比较.而用拟合优度就可以解决这个问题。score公式如下：

$$\text{score} = 1 - \frac{\sum_{\text{test}} (y_i - \hat{y}_i)^2}{(y_i - \overline{y})^2}$$

5.1 主流数据挖掘算法

5.1.1 有监督学习

5.1.1.1 朴素贝叶斯

1）原理

朴素贝叶斯分类法属于统计学分类方法，在特征条件独立性假定下，基于贝叶斯定理预测类隶属关系，有着坚实的数学理论依据和稳定的分类效率，分类模型所需估计的参数很少，对缺失数据不太敏感，算法也比较简单。

理论上，朴素贝叶斯分类法与其他分类法相比具有最小的误差率，但是实际上并非总是如此，这是因为朴素贝叶斯分类法基于属性之间相互独立的假设，而这个假设在实际应用中往往是不成立的，从而给模型的正确分类带来了一定影响。

朴素贝叶斯分类法被广泛用于文本分类任务，主要特点有：

➢ 属性可以离散，也可以连续；
➢ 数学理论牢固，分类效率稳定；
➢ 对缺失和噪声数据不太敏感；

朴素贝叶斯不能用于回归。朴素贝叶斯分类法包含三种：

➢ GaussianNB，是高斯贝叶斯分类器，它假设特征向量的条件概率分布满足高斯分布：

$$P(X^j|y=C_k)=\frac{1}{\sqrt{2\pi\sigma_k^2}}\exp\left(-\frac{(X^j-\mu_k)^2}{2\sigma_k^2}\right)$$

➢ MultinomialNB，是多项式贝叶斯分类器。它假设特征向量的条件概率分布满足多项式分布：

$$P(X^j=a_{sj}|y=C_k)=\frac{N_{kj}+\alpha}{N_k+\alpha n}$$

➢ BernoulliNB，是伯努利贝叶斯分类器。它假设特征向量的条件概率分布满足二项分布：

$$P(X^j|y=C_k)=pX^j+(1-p)(1-X^j)$$

2）函数及代码

（1）高斯贝叶斯分类器：
class sklearn.naive_bayes.GaussianNB

#参数

GaussianNB没有参数，因此不需要调参。

#属性

class_prior_：一个数组，形状为(n_classes，)，是每个类别的概率。
class_count_：一个数组，形状为(n_classes，)，是每个类别包含的训练样本数量。
theta_：一个数组，形状为(n_classes，n_features)，是每个类别上每个特征的均值。
sigma_：一个数组，形状为(n_classes，n_features)，是每个类别上每个特征的标准差。

#方法

fit(X ,y[, sample_weight])：训练模型。

partial_fit(X,y[,classes,sample_weight])：追加训练模型。该方法主要用于大规模数据集的训练，可以将大数据集划分成若干个小数据集，然后在这些小数据集上连续调用partial_fit方法来训练模型。

predict(X)：用模型进行预测，返回预测值。

predict_log_proba(X)：返回一个数组，数组的元素是X预测为各个类别的概率的对数值。

predict_proba(X)：返回一个数组。数组的元素是X预测为各个类别的概率值。

score(X,y[,sample_weight])：返回在(X,y)上预测的整体准确率(accuracy)，越大越好。

```
1. #示例代码
2. from sklearn.naive_bayes import GaussianNB
3. #准备数据
4. from pandas import read_excel
5. df=read_excel('F://BaiduYunDownload//Telephone.xlsx')
6. #分出X和Y值
7. x=df.iloc[:,1:15]
8. y=df.iloc[:,0]
9. #分割训练数据和测试数据
10. #根据y分层抽样，25%作为测试 75%作为训练
11. from sklearn.model_selection import train_test_split
12. x_train, x_test, y_train, y_test =train_test_split(x,y,test_size=0.25,
    random_state=0,stratify=y)#如果缺失stratify参数，则为随机抽样
13.
14. #使用高斯贝叶斯模型
15. #使用默认配置初始化高斯贝叶斯模型
16. cls=GaussianNB()
17. #训练
18. cls.fit(x_train,y_train)
19. #对训练集预测，为性能度量做准备
20. y_pred=cls.predict(x_train)
21. y_true= y_train
22. #对测试集预测，保存预测结果
23. cls_y_predict=cls.predict(x_test)#如果把预测值加入数据中，x_
test['predict']= cls.predict(x_test)
24.
25. #输出模型评估（以训练集为例）
26. print('Score: %.2f' % cls.score(x_train,y_train))#返回整体准确率(accuracy),
    越大越好
27. #分类问题性能度量
28. from sklearn.metrics import accuracy_score,precision_score,recall_
    score,f1_score,classification_report,confusion_matrix
```

```
29. accuracy_score(y_true,y_pred,normalize=True)#整体正确率
30. accuracy_score(y_true,y_pred,normalize=False)#整体正确数量
31. confusion_matrix(y_true,y_pred,labels=[1,2,3])#混淆矩阵，labels指定混淆
    矩阵出现的类别
32. precision_score(y_true,y_pred,average=None)#所有类别查准率
33. recall_score(y_true,y_pred, average=None)#所有类别查全率
34. f1_score(y_true,y_pred,average=None)#所有类别查准率、查全率及调和均值
```

（2）多项式贝叶斯分类器：

class sklearn.naive_bayes.MultinomialNB(alpha=1.0, fit_prior=True, class_prior=None)

#参数

alpha：一个浮点数。

fit_prior：布尔值。如果为True，则不去学习$P(y=C_k)$，代以均匀分布；如果为False，则去学习$P(y=C_k)$。

class_prior：一个数组。它指定了每个分类的先验概率$P(y=C_k)$。如果指定了该参数，则每个分类的先验概率不再从数据集中学得。

#属性

class_log_prior_：一个数组对象，形状为（n_classes,）。给出了每个类别调整后的经验概率分布的对数值。

feature_log_prob_：一个数组对象，形状为（n_classes,n_features）。给出了$P\left(\frac{X^j}{y}=C_k\right)$的经验概率分布的对数值。

class_count_：一个数组对象，形状为（n_classes,）。是每个类别包含的训练样本数量。

feature_count_：一个数组对象，形状为（n_classes,n_features）。训练过程中，每个类别的每个特征遇到的样本数。

#方法

fit(X , y[, sample_weight])：训练模型。

partial_fit(X，y[，classes，sample_weight])：追加训练模型。该方法主要用于大规模数据集的训练，此时可以将大数据集划分成若干个小数据集，然后在这些小数据集上连续调用partial_fit方法来训练模型。

Predict(X)：用模型进行预测，返回预测值。

predict_log_proba(X)：返回一个数组。数组的元素是X预测为各个类别的概率的对数值。

predict_proba(X)：返回一个数组。数组的元素是X预测为各个类别的概率值。

score(X,y[,sample_weight])：返回在(X,y)上预测的整体准确率(accuracy)，越大越好。

```
1. #示例代码
2. from sklearn.naive_bayes import MultinomialNB
3. #准备数据
4. from pandas import read_excel
5. df=read_excel('F://BaiduYunDownload//Telephone.xlsx')
6. #分出X和Y值
7. x=df.iloc[:,1:15]
8. y=df.iloc[:,0]
9. #分割训练数据和测试数据
10. #根据y分层抽样，25%作为测试 75%作为训练
11. from sklearn.model_selection import train_test_split
12. x_train, x_test, y_train, y_test =train_test_split(x,y,test_size=0.25,
    random_state=0,stratify=y)#如果缺失stratify参数，则为随机抽样
13.
14. #使用多项式贝叶斯模型
15. cls=MultinomialNB()#使用默认配置初始化多项式贝叶斯模型
16. #训练
17. cls.fit(x_train,y_train)
18. #对训练集预测，为性能度量做准备
19. y_pred=cls.predict(x_train)
20. y_true= y_train
21. #对测试集预测，保存预测结果
22. cls_y_predict=cls.predict(x_test)#如果把预测值加入数据中，x_test['predict']=
    cls.predict(x_test)
23.
24. #输出模型评估（以训练集为例）
25. print('Score: %.2f' % cls.score(x_train, y_train))#返回整体准确率
    (accuracy)，越大越好
26. #分类问题性能度量
27. from sklearn.metrics import accuracy_score,precision_score,recall_
    score,f1_score,classification_report,confusion_matrix
28. accuracy_score(y_true,y_pred,normalize=True)#整体正确率
29. accuracy_score(y_true,y_pred,normalize=False)#整体正确数量
```

```
30. confusion_matrix(y_true,y_pred,labels=[1,2,3])#混淆矩阵，labels指定混淆
    矩阵出现的类别
31. precision_score(y_true,y_pred,average=None)#所有类别查准率
32. recall_score(y_true,y_pred, average=None)#所有类别查全率
33. f1_score(y_true,y_pred,average=None)#所有类别查准率、查全率及调和均值
34.
35. #检验不同的数alpha值对于预测性能的影响,找出最佳alpha值
36. #alpha值和score组成数据框，寻找得分最大的最佳alpha值
37. from sklearn.naive_bayes import MultinomialNB
38. import numpy as np
39. alphas=np.logspace(-2,5,num=200) #用于创建等比数列，开始点和结束点是10的-2
    幂（即0.01）和10的5幂（即100000）采样200个数据点
40. a=[]#创建空列表
41. b=[]#创建空列表
42. a1=[]#创建空列表
43. for alpha in alphas:
44.     cls=MultinomialNB(alpha=alpha)
45.     cls.fit(x_train,y_train)
46.     a.append(cls.score(x_train, y_train))#合并整体准确率
47.     b.append(alpha)#合并alpha值
48.     y_pred=cls.predict(x_train)
49.     y_true= y_train
50.     a1.append(recall_score(y_true,y_pred,average=None))#所有类别查全率
51. import pandas as pd
52. a=pd.DataFrame(a)#变成数据框
53. b=pd.DataFrame(b) #变成数据框
54. a1=pd.DataFrame(a1) #变成数据框
55. score=pd.concat([a,a1,b],axis=1)#合并数据框
56. score.columns=['scores',"class_1","class_2","class_3",'alpha']#定义数据
    框的列名,此处有三类。
57. score[score.scores==max(score.scores)]#根据整体准确率条件选择alpha值最优
    数据框，根据实际情况选择判断标准
58. alpha1=score[score.scores==max(score.scores)]['alpha']#最优alpha值
```

```
59. #根据最佳的alpha值做多项式贝叶斯
60. cls=MultinomialNB(alpha=alpha1.values[0])
61. #训练
62. cls.fit(x_train,y_train)
63. #对训练集预测，为性能度量做准备
64. y_pred=cls.predict(x_train)
65. y_true= y_train
66. #对测试集预测，保存预测结果
67. cls_y_predict= cls.predict(x_test)#如果把预测值加入数据中，x_test
    ['predict']= cls.predict(x_test)
68.
69. #输出模型评估（以训练集为例）
70. print('Score: %.2f' % cls.score(x_train, y_train))#返回整体准确率
    (accuracy)，越大越好
71. #分类问题性能度量
72. from sklearn.metrics import accuracy_score,precision_score,recall_
    score,f1_score,classification_report,confusion_matrix
73. accuracy_score(y_true,y_pred,normalize=True)#整体正确率
74. accuracy_score(y_true,y_pred,normalize=False)#整体正确数量
75. confusion_matrix(y_true,y_pred,labels=[1,2,3])#混淆矩阵，labels指定混淆
    矩阵出现的类别
76. precision_score(y_true,y_pred,average=None)#所有类别查准率
77. recall_score(y_true,y_pred, average=None)#所有类别查全率
78. f1_score(y_true,y_pred,average=None)#所有类别查准率、查全率及调和均值
```

（3）伯努利贝叶斯分类器：

class sklearn.naive_bayes.BernoulliNB(alpha=1.0, fit_prior=True, class_prior=None)

#参数

alpha：一个浮点数，指定α值，即贝叶斯估计中的λ。

binarize：一个浮点数或者None。如果为None，则假定原始数据已经二元化了。如果是浮点数，则以该数值为界，特征取值大于它的作为1，特征取值小于它的作为0，采取这种策略来二元化。

fit_prior：布尔值。如果为True，则不去学习$P(y=C_k)$，替代以均匀分布；如果为False，则去学习$P(y=C_k)$。

class_prior：一个数组。它指定了每个分类的先验概率$P(y=C_k)$。如果指定了该参数，则每个分类的先验概率不再从数据集中学得。

#属性

class_log_prior_：一个数组对象，形状为（n_classes,），给出了每个类别调整后的经验概率分布的对数值。

feature_log_prob_：一个数组对象，形状为（n_classes,n_features）。给出了$P\left(\frac{X^{(j)}}{y}=C_k\right)$的经验概率分布的对数值。

class_count_：一个数组对象，形状为（n_classes,）。是每个类别包含的训练样本数量。

feature_count_：一个数组对象，形状为（n_classes,n_features）。训练过程中，每个类别的每个特征遇到的样本数。

#方法

fit(X , y[, sample_weight]): 训练模型。

partial_fit(X，y[，classes，sample_weight])：追加训练模型。该方法主要用于大规模数据集的训练。此时可以将大数据集划分成若干个小数据集，然后在这些小数据集上连续调用partial_fit方法来训练模型。

Predict(X): 用模型进行预测，返回预测值。

predict_log_proba(X): 返回一个数组。数组的元素依次是X预测为各个类别的概率的对数值。

predict_proba(X): 返回一个数组。数组的元素依次是X预测为各个类别的概率值。

score(X,y[,sample_weight]): 返回在(X,y)上预测的整体准确率(accuracy)，越大越好

```
1. #示例代码
2. from sklearn.naive_bayes import BernoulliNB
3. #准备数据
4. from pandas import read_excel
5. df=read_excel('F://BaiduYunDownload//Telephone.xlsx')
6. #分出X和Y值
7. x=df.iloc[:,1:15]
8. y=df.iloc[:,0]
9. #分割训练数据和测试数据
10. #根据y分层抽样，25%作为测试 75%作为训练
11. from sklearn.model_selection import train_test_split
12. x_train, x_test, y_train, y_test =train_test_split(x,y,test_size=
    0.25,random_state=0,stratify=y)#如果缺失stratify参数，则为随机抽样
13. #使用伯努利贝叶斯模型
```

```
14. #使用默认配置初始化伯努利贝叶斯模型
15. cls=BernoulliNB()
16. #训练
17. cls.fit(x_train,y_train)
18. #对训练集预测，为性能度量做准备
19. y_pred=cls.predict(x_train)
20. y_true= y_train
21. #对测试集预测，保存预测结果
22. cls_y_predict=cls.predict(x_test)#如果把预测值加入数据中，x_test['predict']=
    cls.predict(x_test)
23. 
24. #输出模型评估（以训练集为例）
25. print('Score: %.2f' % cls.score(x_train, y_train))#返回整体准确率
    (accuracy)，越大越好
26. #分类问题性能度量
27. from sklearn.metrics import accuracy_score,precision_score,recall_
    score,f1_score,classification_report,confusion_matrix
28. accuracy_score(y_true,y_pred,normalize=True)#整体正确率
29. accuracy_score(y_true,y_pred,normalize=False)#整体正确数量
30. confusion_matrix(y_true,y_pred,labels=[1,2,3])#混淆矩阵，labels指定混淆
    矩阵出现的类别
31. precision_score(y_true,y_pred,average=None)#所有类别查准率
32. recall_score(y_true,y_pred, average=None)#所有类别查全率
33. f1_score(y_true,y_pred,average=None)#所有类别查准率、查全率及调和均值
34. 
35. #检验不同的alpha值对于预测性能的影响,找出最佳alpha值
36. #alpha值和score组成数据框，寻找得分最大的最佳alpha值
37. #注意：作为一个经验值，可以将binarize取“(所有特征的所有值的最小值+所有特征的
    所有值的最大值)/2”。
38. from sklearn.naive_bayes import BernoulliNB
39. import numpy as np
40. alphas=np.logspace(-2,5,num=20) #用于创建等比数列，开始点和结束点是10的-2
    幂（即0.01）和10的5幂（即100000）采样20个数据点
```

```
41. a=[]#创建空列表
42. b=[]#创建空列表
43. a1=[]#创建空列表
44. for alpha in alphas:
45.     cls=BernoulliNB(alpha=alpha)
46.     cls.fit(x_train,y_train)
47.     a.append(cls.score(x_train, y_train))#合并整体准确率
48.     b.append(alpha)#合并alpha值
49.     y_pred=cls.predict(x_train)
50.     y_true= y_train
51.     a1.append(recall_score(y_true,y_pred,average=None))#所有类别查全率
52. import pandas as pd
53. a=pd.DataFrame(a)#变成数据框
54. b=pd.DataFrame(b) #变成数据框
55. a1=pd.DataFrame(a1) #变成数据框
56. score=pd.concat([a,a1,b],axis=1)#合并数据框
57. score.columns=['scores',"class_1","class_2","class_3",'alpha']#定义数据
    框的列名,此处有三类
58. score[score.scores==max(score.scores)]#根据整体准确率条件选择alpha值最优
    数据框，根据实际情况选择判断标准
59. alpha1=score[score.scores==max(score.scores)]['alpha']#最优alpha值
60.
61. #根据最佳的alpha值做伯努利贝叶斯
62. cls=BernoulliNB(alpha=alpha1.values[0])
63. #训练
64. cls.fit(x_train,y_train)
65. #对训练集预测，为性能度量做准备
66. y_pred=cls.predict(x_train)
67. y_true= y_train
68. #对测试集预测，保存预测结果
69. cls_y_predict= cls.predict(x_test)#如果把预测值加入数据中，x_test['predict']=
    cls.predict(x_test)
70.
```

```
71. #输出模型评估（以训练集为例）
72. print('Score: %.2f' % cls.score(x_train, y_train))#返回整体准确率(accuracy)，越大越好
73. #分类问题性能度量
74. from sklearn.metrics import accuracy_score,precision_score,recall_
    score,f1_score,classification_report,confusion_matrix
75. accuracy_score(y_true,y_pred,normalize=True)#整体正确率
76. accuracy_score(y_true,y_pred,normalize=False)#整体正确数量
77. confusion_matrix(y_true,y_pred,labels=[1,2,3])#混淆矩阵，labels指定混淆
    矩阵出现的类别
78. precision_score(y_true,y_pred,average=None)#所有类别查准率
79. recall_score(y_true,y_pred, average=None)#所有类别查全率
80. f1_score(y_true,y_pred,average=None)#所有类别查准率、查全率及调和均值
```

#pyspark 模块示例代码

```
1. #读取数据
2. from pyspark.sql import SparkSession
3. df = spark.read.csv('/usr/local/hadoop/Telephone.csv',inferSchema=True,
   header=True)
4. df.show()
5. #数据预处理
6. #数据属性
7. print((df.count(),len(df.columns)))
8. df.printSchema()
9. df.describe().select('年龄','性别','收入').show()
10. df.groupBy('性别').count().show()
11. df.groupBy('居住地','性别').count().orderBy('居住地','性别','count',
    ascending=True).show()
12. df.groupBy('居住地').mean().show()
13. #特征处理
14. from pyspark.ml.feature import VectorAssembler
15. df_assembler = VectorAssembler(inputCols=['年龄', '收入', '家庭人数',
    '开通月数'], outputCol="features")  #把特征组装成一个list
```

```
16. df = df_assembler.transform(df)
17. df.printSchema()
18. df.show(5,truncate=False)
19. #数据集划分
20. train_df,test_df=df.randomSplit([0.75,0.25])
21. train_df.count()
22. train_df.groupBy('流失').count().show()
23. test_df.groupBy('流失').count().show()
24. #调包
25. from pyspark.ml.classification import NaiveBayes
26. from pyspark.ml.evaluation import BinaryClassificationEvaluator
27. from pyspark.ml.evaluation import MulticlassClassificationEvaluator
28. from pyspark.ml.classification import NaiveBayesModel
29. #模型构建
30. rf_classifier=NaiveBayes(labelCol='流失', modelType='multinomial').
    fit(train_df)#此处假设是多项式分布
31. rf_predictions=rf_classifier.transform(test_df)
32. rf_predictions.show()
33. #模型效果
34. #多分类模型—准确率
35. rf_accuracy=MulticlassClassificationEvaluator(labelCol='流失',
    metricName='accuracy').evaluate(rf_predictions)
36. print('The accuracy of RF on test data is {0:.0%}'.format(rf_accuracy))
37. print(rf_accuracy)
38. #多分类模型—精确率
39. rf_precision=MulticlassClassificationEvaluator(labelCol='流失',metricNam
    e='weightedPrecision').evaluate(rf_predictions)
40. print('The precision rate on test data is {0:.0%}'.format(rf_precision))
41. #AUC
42. rf_auc=BinaryClassificationEvaluator(labelCol='流失').evaluate(rf_
    predictions)
43. print(rf_auc)
```

5.1.1.2 决策树

决策树是一种类似于流程图的树结构图，其每个内部节点表示在某一个属性上的测试，每个分支代表该测试的一个输出，每个叶节点表示存放一个类标号，顶层节点是根节点。建立决策树时，一些分枝会反映训练数据中的噪声或离群点，可剪去这种分枝以提高泛化性。

常用的决策树模型有ID3、C4.5和CART，它们都采用贪心方法，用自顶向下递归的方式构造决策树；各算法模型间的差别在于创建树时如何选择属性和剪枝机制。图5-1展示了决策树的流程图。

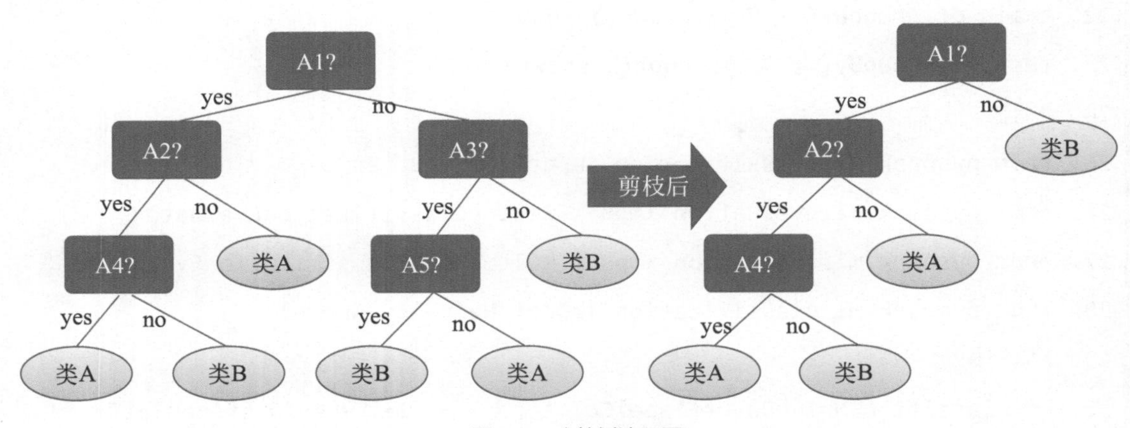

图5-1 决策树流程图

1）分类树

#函数

sklearn.tree.DecisionTreeClassifier(criterion='gini',splitter='best',max_depth=None,min_samples_split=2,min_samples_leaf=1,min_weight_fraction_leaf=0.0,max_features=None,random_state=None,max_leaf_nodes=None,class_weight=None,presort=False)

#参数

criterion：一个字符串，指定切分质量的评价准则。包含以下几种：

- gini，表示切分时评价准则是Gini系数；
- entropy，表示切分时评价准则是熵；
- criterion=gini，表明是CART模型；criterion=entropy，表明是ID3模型；两个模型其他参数、属性、方法完全一样。

splitter：一个字符串，指定切分原切分原则。包含两种：

- best，表示选择最优的切分；
- random，表示随机切分。

max_features：可以为整数、浮点数、字符串或者None，指定了寻找best split时考虑的特征数量，分以下几种情况：

- 如果是整数，则每次切分只考虑max_features个特征；
- 如果是浮点数，则每次切分只考虑max_features*n_features个特征(max_features指定了百分比)；
- 如果是字符串auto或者sqrt，则max_features等于sqrt(n_features)；
- 如果是字符串log2，则max_features等于log2(n_features)；
- 如果是None则max_features等于n_features；
- 如果已经考虑了max_features个特征，但是还没有找到一个有效的切分，那么还会继续寻找下一个特征，直到找到一个有效的切分为止。

max_depth：可以为整数或者None，指定树的最大深度。如果为None，则表示树的深度不限(直到每个叶子都是纯的，即叶节点中所有的样本点都属于一个类，或叶子中包含的样本点数量少于min_samples_split)；如果max_leaf_nodes非None，则忽略此选项。

min_samples_split：一个整数，指定了每个内部节点（非叶节点）包含的最少样本数。

min_samples_leaf：一个整数，指定了每个叶节点包含的最少样本数。

min_weight_fraction_leaf：一个浮点数，叶节点中样本的最小权重系数。

max_leaf_nodes：为整数或者None，指定最大叶节点数。

class_weight：一个字典，或者字典的列表，或者字符串balanced，或者None。指定每个分类的权重，权重的形式为：{class_label：weight}。分以下几种情况：

- 如果为字符串balanced，则每个分类的权重与该分类在样本集中出现的频率成反比；
- 如果sample_weight提供了权重（由fit方法提供），这些权重都会乘以sample_weight；
- 如果为None，则每个分类的权重都为1。

random_state：一个整数，或者一个RandomState实例，或者None。分以下几种情况：

- 如果为整数，则它指定了随机数生成器的种子；
- 如果为RandomState实例，则指定了随机数生成器；
- 如果为None，则使用默认的随机数生成器。

Presort：一个布尔值，指定是否需要提前对数据排序，从而加速寻找最优切分的过程。设置为True时，对于大数据集会减慢总体训练过程，对于小数据集会加速训练过程。

#属性

classes_：分类的标签值。

feature_importances_：给出了特征的重要程度。该值越高，则该特征越重要(也称为Gini importance)。

max_features_：max_features的推断值。

n_classes_：给出了分类的数量。

n_features_：执行fit之后，特征的数量。

n_outputs_：执行fit之后，输出的数量。

tree_：一个Tree对象，即底层的决策树。

#方法

fit(X , y[, sample_weight]): 训练模型。

Predict(X): 用模型进行预测，返回预测值。

predict_log_proba(X): 返回一个数组。数组的元素依次是X预测为各个类别的概率的对数值。

predict_proba(X): 返回一个数组。数组的元素依次是X预测为各个类别的概率值。

score(X,y[,sample_weight]): 返回在(X,y)上预测的整体准确率(accuracy)，越大越好

```
1. #示例代码
2. from sklearn.tree import DecisionTreeClassifier
3. #准备数据
4. from pandas import read_excel
5. df=read_excel('F://BaiduYunDownload//Telephone.xlsx')
6. #分出X和Y值
7. x=df.iloc[:,1:15]
8. y=df.iloc[:,0]
9. #分割训练数据和测试数据
10. #根据y分层抽样，25%作为测试 75%作为训练
11. from sklearn.model_selection import train_test_split
12. x_train, x_test, y_train, y_test =train_test_split(x,y,test_size=0.25,
    random_state=0,stratify=y)#如果缺失stratify参数，则为随机抽样
13.
14. #使用分类决策树模型
15. clf=DecisionTreeClassifier(random_state=0)#random_state=0指定随机数生成
    器的种子,保证每次结果一致，使用默认配置初始化分类决策树模型
16. #测试DecisionTreeClassifier的预测性能随criterion、splitter参数的影响
17. #clf = DecisionTreeClassifier(criterion='gini',random_state=0)
18. #clf = DecisionTreeClassifier(criterion='entropy',random_state=0)
19. #clf = DecisionTreeClassifier(splitter='best',random_state=0)
20. #clf = DecisionTreeClassifier(splitter='random',random_state=0)
```

```
21. #训练
22. clf.fit(x_train,y_train)
23. #对训练集预测，为性能度量做准备
24. y_pred=clf.predict(x_train)
25. y_true= y_train
26. #对测试集预测，保存预测结果
27. clf_y_predict=clf.predict(x_test)#如果把预测值加入数据中，x_test['predict']=
    clf.predict(x_test)
28. #输出模型系数重要性和评估
29. import pandas as pd
30. importance=pd.DataFrame(clf.feature_importances_)
31. columns=pd.DataFrame(x_train.columns)
32. importance=pd.concat([columns,importance],axis=1)
33. print(importance)#输出各自变量的重要性
34. print('Score: %.2f' % clf.score(x_train, y_train))#返回整体准确率
    (accuracy)，越大越好
35. #分类问题性能度量
36. from sklearn.metrics import accuracy_score,precision_score,recall_
    score,f1_score,classification_report,confusion_matrix
37. accuracy_score(y_true,y_pred,normalize=True)#整体正确率
38. accuracy_score(y_true,y_pred,normalize=False)#整体正确数量
39. confusion_matrix(y_true,y_pred,labels=[1,2,3])#混淆矩阵，labels指定混淆
    矩阵出现的类别
40. precision_score(y_true,y_pred,average=None)#所有类别查准率
41. recall_score(y_true,y_pred, average=None)#所有类别查全率
42. f1_score(y_true,y_pred,average=None)#所有类别查准率、查全率及调和均值
43. #检验不同的数depth值对于预测性能的影响,找出最佳depth值
44. #depth值和score组成数据框，寻找得分最大的最佳depth值
45. from sklearn.tree import DecisionTreeClassifier
46. from sklearn.metrics import accuracy_score,precision_score,recall_
    score,f1_score,classification_report,confusion_matrix
47. import numpy as np
```

```
48. depths=np.arange(1,100)#等差序列,100代表数的最大深度
49. a=[]#创建空列表
50. b=[]#创建空列表
51. a1=[]#创建空列表
52. for depth in depths:
53.     clf=DecisionTreeClassifier(max_depth=depth,random_state=0)
54.     clf.fit(x_train,y_train)
55.     a.append(clf.score(x_train, y_train))#合并整体准确率
56.     b.append(depth)#合并depth值
57.     y_pred=clf.predict(x_train)
58.     y_true= y_train
59.     a1.append(recall_score(y_true,y_pred,average=None))#所有类别查全率
60.
61. import pandas as pd
62. a=pd.DataFrame(a)#变成数据框
63. b=pd.DataFrame(b) #变成数据框
64. a1=pd.DataFrame(a1) #变成数据框
65. score=pd.concat([a,a1,b],axis=1)#合并数据框
66. score.columns=['scores',"class_1","class_2","class_3",'depth']#定义数据
    框的列名,此处有三类
67. score[score.scores==max(score.scores)]#根据整体准确率条件选择depth值最优
    数据框
68. depth1=score[score.scores==max(score.scores)]['depth']#最优depth值
69. #根据最佳的depth值做分类决策树
70. clf=DecisionTreeClassifier(max_depth=depth1.values[0],random_state=0)
71. #训练
72. clf.fit(x_train,y_train)
73. #对训练集预测，为性能度量做准备
74. y_pred=clf.predict(x_train)
75. y_true= y_train
76. #对测试集预测，保存预测结果
```

```
77. clf_y_predict= clf.predict(x_test)#如果把预测值加入数据中，x_test['predict']=
    clf.predict(x_test)
78. #输出模型系数重要性和评估
79. import pandas as pd
80. importance=pd.DataFrame(clf.feature_importances_)
81. columns=pd.DataFrame(x_train.columns)
82. importance=pd.concat([columns,importance],axis=1)
83. print(importance)#输出各自变量的重要性
84. print('Score: %.2f' % clf.score(x_train, y_train))#返回整体准确率
    (accuracy)，越大越好
85. #分类问题性能度量
86. from sklearn.metrics import accuracy_score,precision_score,recall_
    score,f1_score,classification_report,confusion_matrix
87. accuracy_score(y_true,y_pred,normalize=True)#整体正确率
88. accuracy_score(y_true,y_pred,normalize=False)#整体正确数量
89. confusion_matrix(y_true,y_pred,labels=[1,2,3])#混淆矩阵，labels指定混淆
    矩阵出现的类别
90. precision_score(y_true,y_pred,average=None)#所有类别查准率
91. recall_score(y_true,y_pred, average=None)#所有类别查全率
92. f1_score(y_true,y_pred,average=None)#所有类别查准率、查全率及调和均值
93. print('Classification Report:\n',classification_report(y_true,y_
94.
95. #画决策图
96. from sklearn.tree import export_graphviz
97. from sklearn.tree import DecisionTreeClassifier
98. elf = DecisionTreeClassifier()
99. elf.fit(x_train,y_train)
100. export_graphviz(elf,"F:/out")
101. #export_graphviz(elf,"F:/out.dot")#dot格式
```

如果没有安装相关的查看包，即Windows版Graphviz软件（此软件可将决策树图转为PDF或者图片格式），用TXT查看只能看到节点信息。

#pyspark模块示例代码

```
1. #读取数据
2. from pyspark.sql import SparkSession
3. df = spark.read.csv('/usr/local/hadoop/Telephone.csv',inferSchema=True,
   header=True)
4. df.show()
5. #数据预处理
6. #数据属性
7. print((df.count(),len(df.columns)))
8. df.printSchema()
9. df.describe().select('年龄','性别','收入').show()
10. df.groupBy('性别').count().show()
11. df.groupBy('居住地','性别').count().orderBy('居住地','性别','count',
    ascending=True).show()
12. df.groupBy('居住地').mean().show()
13. #特征处理
14. from pyspark.ml.feature import VectorAssembler
15. df_assembler = VectorAssembler(inputCols=['年龄', '收入', '家庭人数',
    '开通月数'], outputCol="features")#把特征组装成一个list
16. df = df_assembler.transform(df)
17. df.printSchema()
18. df.show(5,truncate=False)
19. #数据集划分
20. train_df,test_df=df.randomSplit([0.75,0.25])
21. train_df.count()
22. train_df.groupBy('流失').count().show()
23. test_df.groupBy('流失').count().show()
24. #调包
25. from pyspark.ml.classification import DecisionTreeClassifier
26. from pyspark.ml.evaluation import BinaryClassificationEvaluator
27. from pyspark.ml.evaluation import MulticlassClassificationEvaluator
28. from pyspark.ml.classification import DecisionTreeClassificationModel
```

```
29. #模型构建
30. rf_classifier=DecisionTreeClassifier(labelCol='流失',maxDepth=5,seed=1)
    .fit(train_df)
31. rf_predictions=rf_classifier.transform(test_df)
32. rf_predictions.show()
33. #结果查看
34. rf_classifier.featureImportances  #各个特征的权重
35. #模型效果
36. #多分类模型—准确率
37. rf_accuracy=MulticlassClassificationEvaluator(labelCol='流失',
    metricName='accuracy').evaluate(rf_predictions)
38. print('The accuracy of RF on test data is {0:.0%}'.format(rf_accuracy))
39. print(rf_accuracy)
40. #多分类模型—精确率
41. rf_precision=MulticlassClassificationEvaluator(labelCol='流失',metricNam
    e='weightedPrecision').evaluate(rf_predictions)
42. print('The precision rate on test data is {0:.0%}'.format(rf_precision))
43. #AUC
44. rf_auc=BinaryClassificationEvaluator(labelCol='流失').evaluate(rf_
    predictions)
45. print(rf_auc)
46. #参数调整
47. import numpy as np
48. maxDepths=np.arange(1,30,4) #等差序列，步长为4，注意根据数据提供最大深度，
    此处深度最高支持30
49. import pandas as pd
50. a=[]#创建空列表
51. b=[]#创建空列表
52. a1=[]#创建空列表
53. for maxDepth in maxDepths :
54.     rf_classifier=DecisionTreeClassifier(labelCol='流失',maxDepth=
        maxDepth, seed=1).fit(train_df)#seed=1指定随机数生成器的种子,保证
        每次结果一致
```

```
55.     rf_predictions=rf_classifier.transform(test_df)
56.     a.append(MulticlassClassificationEvaluator(labelCol='流失',
        metricName='accuracy').evaluate(rf_predictions))#合并整体准确率
57.     b.append(maxDepth)#合并maxDepth值
58.     a1.append(MulticlassClassificationEvaluator(labelCol='流失',metricNa
        me='weightedPrecision').evaluate(rf_predictions))#合并整体精确率
59. a=pd.DataFrame(a)#变成数据框
60. b=pd.DataFrame(b) #变成数据框
61. a1=pd.DataFrame(a1) #变成数据框
62. score=pd.concat([a,a1,b],axis=1)#合并数据框
63. score.columns=['scores', 'jql','maxDepth']#定义数据框的列名
64. score[score.scores==max(score.scores)]#根据整体准确率条件选择maxDepth、
numTrees值最优数据框
65. maxDepth1=score[score.scores==max(score.scores)]['maxDepth']
    #最优maxDepth值
66. #根据最佳的参数值做分类
67. rf_classifier=DecisionTreeClassifier(labelCol='流失', maxDepth=maxDepth1.
    values[0],seed=1).fit(train_df)#seed=1指定随机数生成器的种子,保证每次结果一致
68. rf_predictions=rf_classifier.transform(test_df)
69. rf_predictions.show()
70. #结果查看
71. rf_classifier.featureImportances#各个特征的权重
72. #模型效果
73. #多分类模型—准确率
74. rf_accuracy=MulticlassClassificationEvaluator(labelCol='流失',
    metricName='accuracy').evaluate(rf_predictions)
75. print('The accuracy of RF on test data is {0:.0%}'.format(rf_accuracy))
76. print(rf_accuracy)
77. #多分类模型—精确率
78. rf_precision=MulticlassClassificationEvaluator(labelCol='流失',metricNam
    e='weightedPrecision').evaluate(rf_predictions)
79. print('The precision rate on test data is {0:.0%}'.format(rf_precision))
80. #AUC
```

```
81. rf_auc=BinaryClassificationEvaluator(labelCol='流失').evaluate(rf_
    predictions)
82. print(rf_auc)
```

2）回归树

#函数

sklearn.tree.DecisionTreeRegressor(criterion='mse',splitter='best',max_depth=None,min_samples_split=2,min_samples_leaf=1,min_weight_fraction_leaf=0.0,max_features=None,random_state=None,max_leaf_nodes=None,presort=False)

#参数

criterion：一个字符串，指定切分质量的评价准则。默认为mse，且只支持该字符串，表示均方误差。

splitter：一个字符串，指定切分原切分原则。包含以下几种：

➢ best，表示选择最优的切分；
➢ random，表示随机切分。

max_features：可以为整数、浮点数、字符串或者None，指定了寻找best split时考虑的特征数量。如果是整数，则每次切分只考虑max_features个特征。如果是浮点数，则每次切分只考虑max_features*n_features个特征(max_features指定了百分比)。如果是字符串auto或者sqrt，则max_features等于sqrt(n_features)。如果是字符串log2，则max_features等于log2(n_features)。如果是None，则max_features等于n_features。如果已经考虑了max_features个特征，但是还没有找到一个有效的切分，那么还会继续寻找下一个特征，直到找到一个有效的切分为止。

max_depth：可以为整数或者None，指定树的最大深度。如果为None，则表示树的深度不限(直到每个叶子都是纯的，即叶节点中所有的样本点都属于一个类，或叶子中包含少于min_samples_split个样本点)；如果max_leaf_nodes非None，则忽略此选项。

min_samples_split：一个整数，指定了每个内部节点（非叶节点）包含的最少样本数。

min_samples_leaf：一个整数，指定了每个叶点包含的最少样本数。

min_weight_fraction_leaf：一个浮点数，叶节点中样本的最小权重系数。

max_leaf_nodes：为整数或者None，指定叶节点数量的最大值。

class_weight：一个字典，或者字典的列表，或者字符串balanced，或者None。指定每个分类的权重，权重的形式为：{class_label：weight}。如果为字符串balanced，则每个分类的权重与该分类在样本集中出现的频率成反比。如果sample_weight提供了权重（由fit方法提供)，这些权重都会乘以sample_weight。如果为None，则每个分类的权重都为1。

random_state：一个整数，或者一个RandomState实例，或者None。如果为整数，则它指定了随机数生成器的种子。如果为RandomState实例，则指定了随机数生成器。如果为

None，则使用默认的随机数生成器。

Presort：一个布尔值，指定是否需要提前对数据排序，从而加速寻找最优切分的过程。

#属性

feature_importances_：给出了特征的重要程度。该值越高，则该特征越重要(也称为Gini importance)。

max_features_：max_features的推断值。

n_features_：执行fit之后，特征的数量。

n_outputs_：执行fit之后，输出的数量。

tree_：一个Tree对象，即底层的决策树。

#方法

fit(X,y[, sample_weight])：训练模型。

Predict(X)：用模型进行预测,返回预测值。

score(X,y[,sample_weight])：返回预测性能得分，越大越好。

```
1. #示例代码
2. from sklearn.tree import DecisionTreeRegressor
3. #准备数据
4. from pandas import read_excel
5. df=read_excel('F://BaiduYunDownload//Telephone.xlsx')
6. #分出X和Y值
7. x=df.iloc[:,1:15]
8. y=df.iloc[:,0]
9. #分割训练数据和测试数据
10. #根据y分层抽样，25%作为测试 75%作为训练
11. from sklearn.model_selection import train_test_split
12. x_train, x_test, y_train, y_test =train_test_split(x,y,test_size=0.25,
    random_state=0,stratify=y)#如果缺失stratify参数，则为随机抽样
13. #使用回归决策树模型
14. regr=DecisionTreeRegressor(random_state=0)#random_state=0指定随机数生成
    器的种子,保证每次结果一致，使用默认配置初始化回归决策树模型
15. #测试DecisionTreeRegressor的预测性能随splitter参数的影响
16. #regr = DecisionTreeRegressor(splitter='best',random_state=0)
17. #regr = DecisionTreeRegressor(splitter='random',random_state=0)
18. #训练
```

```
19. regr.fit(x_train,y_train)
20. #对测试集预测，保存预测结果
21. regr_y_predict=regr.predict(x_test)#如果把预测值加入数据中，x_test
    ['predict']= regr.predict(x_test)
22. #输出模型系数重要性和评估
23. import pandas as pd
24. importance=pd.DataFrame(regr.feature_importances_)
25. columns=pd.DataFrame(x_train.columns)
26. importance=pd.concat([columns,importance],axis=1)
27. print(importance)#输出各自变量的重要性
28. import numpy as np
29. print( “mean absolute error: %.2f” %np.mean(abs(regr.predict(x_train)-
    y_train)))#平均绝对误差，越小越好
30. print("Residual sum of squares: %.2f"%np.mean((regr.predict(x_train)-y_
    train)**2))#均方根误差，越小越好
31. print('Score: %.2f' % regr.score(x_train, y_train))#输出模型得分，越大越好
32.
33. #检验不同的数depth值对于预测性能的影响,找出最佳depth值
34. #depth值和score组成数据框，寻找得分最大的最佳depth值
35. from sklearn.tree import DecisionTreeRegressor
36. import numpy as np
37. depths=np.arange(1,100)#等差序列,100代表数的最大深度
38. a=[]#创建空列表
39. b=[]#创建空列表
40. for depth in depths:
41.     regr=DecisionTreeRegressor(max_depth=depth,random_state=0)#random_
        state=0指定随机数生成器的种子,保证每次结果一致
42.     regr.fit(x_train,y_train)
43.     a.append(regr.score(x_train, y_train))#合并整体得分
44.     b.append(depth)#合并depth值
45.
46. import pandas as pd
```

```
47. a=pd.DataFrame(a)#变成数据框
48. b=pd.DataFrame(b) #变成数据框
49. score=pd.concat([a,b],axis=1)#合并数据框
50. score.columns=['scores','depth']#定义数据框的列名
51. score[score.scores==max(score.scores)]#根据整体得分选择depth值最优数据框
52. depth1=score[score.scores==max(score.scores)]['depth']#最优depth值
53. #根据最佳的depth值做回归决策树
54. regr=DecisionTreeRegressor(max_depth=depth1.values[0],random_state=0)
55. #训练
56. regr.fit(x_train,y_train)
57. #对测试集预测，保存预测结果
58. regr_y_predict= regr.predict(x_test)#如果把预测值加入数据中，x_test
    ['predict']= regr.predict(x_test)
59. #输出模型系数重要性和评估
60. import pandas as pd
61. importance=pd.DataFrame(regr.feature_importances_)
62. columns=pd.DataFrame(x_train.columns)
63. importance=pd.concat([columns,importance],axis=1)
64. print(importance)#输出各自变量的重要性
65. import numpy as np
66. print( “mean absolute error: %.2f” %np.mean(abs(regr.predict(x_train)-
    y_train)))#平均绝对误差，越小越好
67. print("Residual sum of squares: %.2f"%np.mean((regr.predict(x_train)-y_
    train)**2))#均方根误差，越小越好
68. print('Score: %.2f' % regr.score(x_train, y_train))#输出模型得分，越大越好
```

#pyspark模块示例代码

```
1. #读取数据
2. from pyspark.sql import SparkSession
3. df = spark.read.csv('/usr/local/hadoop/Telephone.csv',inferSchema=True,
   header=True)
4. df.show()
```

```
5. #数据预处理
6. #数据属性
7. print((df.count(),len(df.columns)))
8. df.printSchema()
9. df.describe().select('年龄','性别','收入').show()
10. df.groupBy('性别').count().show()
11. df.groupBy('居住地','性别').count().orderBy('居住地','性别','count',
    ascending=True).show()
12. df.groupBy('居住地').mean().show()
13. #特征处理
14. from pyspark.ml.feature import VectorAssembler
15. df_assembler = VectorAssembler(inputCols=['年龄','收入','家庭人数'],
    outputCol="features")#把特征组装成一个list
16. df = df_assembler.transform(df)
17. df.printSchema()
18. df.show(5,truncate=False)
19. #数据集划分
20. train_df,test_df=df.randomSplit([0.75,0.25])
21. train_df.count()
22. #调包
23. from pyspark.ml.regression import DecisionTreeRegressor
24. from pyspark.ml.evaluation import RegressionEvaluator
25. from pyspark.ml.regression import DecisionTreeRegressionModel
26. #模型构建
27. rf_Regressor=DecisionTreeRegressor(labelCol='开通月数',maxDepth=5,
    seed=1).fit(train_df)
28. rf_predictions=rf_Regressor.transform(test_df)
29. rf_predictions.show()
30. #结果查看
31. rf_Regressor.featureImportances  #各个特征的权重
32. #模型效果
33. #回归评估
```

```
34. rf_rmse=RegressionEvaluator(labelCol='开通月数', metricName="rmse")
    .evaluate(rf_predictions)
35. print(rf_rmse)
36. #参数调整
37. import numpy as np
38. maxDepths=np.arange(1,30,4) #等差序列，步长为4，注意根据数据提供最大深度，
    此处深度最高支持30
39. import pandas as pd
40. a=[]#创建空列表
41. b=[]#创建空列表
42. for maxDepth in maxDepths :
43.     rf_Regressor=DecisionTreeRegressor(labelCol='开通月数',maxDepth=
        maxDepth, seed=1).fit(train_df)#seed=1指定随机数生成器的种子,保证每次
        结果一致
44.     rf_predictions=rf_Regressor.transform(test_df)
45.     a.append(RegressionEvaluator(labelCol='开通月数', metricName="rmse")
       .evaluate(rf_predictions))#合并回归评估
46.     b.append(maxDepth)#合并maxDepth值
47. a=pd.DataFrame(a)#变成数据框
48. b=pd.DataFrame(b) #变成数据框
49. rmse=pd.concat([a,b],axis=1)#合并数据框
50. rmse.columns=['rmses','maxDepth']#定义数据框的列名
51. rmse[rmse.rmses==min(rmse.rmses)]#根据整体rmse条件选择maxDepth、numTrees
    值最优数据框
52. maxDepth1=rmse[rmse.rmses==min(rmse.rmses)]['maxDepth']#最优maxDepth值
53. #根据最佳的参数值做回归
54. rf_Regressor=DecisionTreeRegressor(labelCol='开通月数', maxDepth=
    maxDepth1.values[0],seed=1).fit(train_df)#此时rmses最大值时，maxDepth1 、
    subsamplingRate1、numTrees1是series（有可能是多个数），因此不能直接
    maxDepth=maxDepth1，只能等于maxDepth1的第一个数，seed=1指定随机数生成器
    的种子,保证每次结果一致
55. rf_predictions=rf_Regressor.transform(test_df)
```

```
56. rf_predictions.show()
57. #结果查看
58. rf_Regressor.featureImportances  #各个特征的权重
59. #模型效果
60. #回归评估
61. rf_rmse=RegressionEvaluator(labelCol='开通月数', metricName="rmse")
    .evaluate(rf_predictions)
62. print(rf_rmse)
```

5.1.1.3 随机森林

随机森林是利用多棵树对样本进行训练并预测的一种分类器，简单来说随机森林由诸多CART（Classification And Regression Tree）构成，每棵树使用的训练集是从总的训练集中通过有放回的采样取得，因此总训练集中有些样本可能多次出现在一棵树的训练集中，也可能从未出现在一棵树的训练集中。在训练每棵树的节点时，使用的特征是从所有特征中按照一定比例随机无放回地抽取的。

采用随机森林时，如果每个样本的特征维度为M，指定一个常数m＜M，随机地从M个特征中选取m个特征子集，每次对树进行分裂时，从这m个特征中选择最优的；随机森林中每棵树都尽最大程度生长，并且没有剪枝过程；随机性的引入对随机森林的分类性能至关重要，使得随机森林不容易陷入过拟合，并且具有很好的抗噪能力（比如：对缺省值不敏感）。

从直观角度来解释，每棵决策树都是一个分类器（假设现在针对的是分类问题），那么对于一个输入样本，N棵树会有N个分类结果。而随机森林集成了所有的分类投票结果，将投票次数最多的类别指定为最终的输出（使用组合方法，例如投票、加权投票等），这就是一种最简单的Bagging思想（最简单的最终类别标准：假设随机森林中有3棵子决策树，2棵子树的分类结果是A类，1棵子树的分类结果是B类，那么随机森林的分类结果就是A类）。

随机森林可以简单看做决策树加入随机属性，一般来说，随机森林的效果比一般的决策树效果好，它是组合算法（装袋法）中应用最广泛的算法，主要优势如下：

- 既可处理连续值，也可处理离散值；对离群点不敏感，并且能够很好地处理数据缺失，即使当很大一部分数据缺失时，仍能保持较好的精确度；
- 泛化误差随着树的棵数的增多而收敛，因此不易过度拟合；
- 计算速度快，而且能给出变量重要性估计，可以应用重要性来进行变量细筛，重新进行建模；
- 适用于数据集中存在大量未知特征的情况；
- 随机子空间选取，对特征缩放及其他单调转换不敏感；

随机森林也有一定的劣势，主要劣势如下：

- 相比单棵决策树，随机森林的输出更难解释；
- 特征重要性估计没有形式化的p值；在稀疏数据情形（比如文本输入、词袋）下，表现不如线性模型好；
- 在某些问题上容易过拟合，特别是处理高噪声数据时；
- 处理数量级不同的类别时，随机森林偏重数量级较高的变量，因为这能更好地提高精确度；
- 如果数据集包含对预测分类的重要度相近的相关特征分组，那么随机森林将偏重较小的分组；
- 所得模型较大，需要大量样本。

1）分类

#函数

class sklearn.ensemble.RandomForestClassifier(n_estimators=10, criterion='gini', max_depth=None, min_samples_split=2, min_samples_leaf=1, min_weight_fraction_leaf=0.0, max_features='auto', max_leaf_nodes=None, min_impurity_decrease=0.0, min_impurity_split=None, bootstrap=True, oob_score=False, n_jobs=1, random_state=None, verbose=0, warm_start=False, class_weight=None)

#参数

n_estimators：一个整数，指定了随机森林中决策树的数量。决策树的数目不应设置太小

criterion：一个字符串，指定了每棵决策树的criterion参数。

max_features：一个整数或者浮点数或者字符串或者None，指定了每棵决策树的 max features参数。

max_depth：一个整数或者None，指定了每棵决策树的max_depth参数。如果max_leaf_nodes不是None，则忽略本参数。

min_samples_split：一个整数，指定了每棵决策树的min_samples_split参数。

min_samples_leaf：一个整数，指定了每棵决策树的min_samples_leaf参数。

min_weight_fraction_leaf：一个浮点数，指定了每棵决策树的min_weight_fraction_leaf参数。

max_leaf_nodes：为整数或者None，指定了每个基础决策树模型的max_leaf_nodes参数。

boostrap：为布尔值。如果为True，则使用采样法bootstrap sampling来产生决策树的训练数据集。

oob_score：为布尔值。如果为True，则使用包外样本来计算泛化误差。

n_jobs：一个正数。任务并行时指定的CPU数量。如果为-1则使用所有可用的CPU。

random_state：一个整数，或者一个RandomState实例，或者None。如果为整数，则它指定了随机数生成器的种子。如果为RandomState实例，则指定了随机数生成器。如果为None，则使用默认的随机数生成器。

verbose：一个整数。如果为0则不输出日志信息；如果为1则每隔一段时间打印一次日志信息；如果大于1，则打印日志信息更频繁。

warm_start：布尔值。当为True时，则继续使用上一次训练的结果；否则重新开始训练。

class_weight：一个字典，或者字典的列表，或者字符串'balanced'和字符串'balanced subsample'，或者None。如果为字典，则字典给出了每个分类的权重，如{class_label: weight}。如果为字符串'balanced'，则每个分类的权重与该分类在样本集中出现的频率成反比。如果为字符串'balanced_subsample'，则样本集为采样法bootstrap sampling产生的决策树的训练数据集，每个分类的权重与该分类在采用的样本集中出现的频率成反比。如果为None，则每个分类的权重都为1。

#属性

estimators_：决策树的实例的数组，它存放的是所有训练过的决策树。

classes_：一个数组，形状为[n_classes]，为类别标签。

n_classes_：一个整数，为类别数量。

n_features_：一个整数，在训练时使用的特征数量。

n_outputs_：一个整数，在训练时输出的数量。

feature_importances_：一个数组，形状为[n_features]。如果base_estimator支持，则它给出了每个特征的重要性。

oob_score_：一个浮点数，训练数据使用包外估计时的得分。

#方法

fit(X，y[，sample_weight])：训练模型。

predict(X)：用模型进行预测，返回预测值。

predict_log_proba(X)：返回一个数组，数组的元素依次是X预测为各个类别的概率的对数值。

predict_proba(X)：返回一个数组，数组的元素依次是X预测为各个类别的概率值。

score(X，y[，sample_weight])：返回在(X，y)上预测的准确率(accuracy)。

```
1. #示例代码
2. from sklearn.ensemble import RandomForestClassifier
3. #准备数据
4. from pandas import read_excel
5. df=read_excel('F://BaiduYunDownload//Telephone.xlsx')
6. #分出X和Y值
```

```
7. x=df.iloc[:,1:15]
8. y=df.iloc[:,0]
9. #分割训练数据和测试数据
10. #根据y分层抽样，25%作为测试 75%作为训练
11. from sklearn.model_selection import train_test_split
12. x_train, x_test, y_train, y_test =train_test_split(x,y,test_size=0.25,
    random_state=0,stratify=y)#如果缺失stratify参数，则为随机抽样
13. #使用分类RANDOMFORESTCLASSIFIER模型
14. clf=RandomForestClassifier(random_state=0)#random_state=0指定随机数生成
    器的种子,保证每次结果一致
15. #训练
16. clf.fit(x_train,y_train)
17. #对训练集预测，为性能度量做准备
18. y_pred=clf.predict(x_train)
19. y_true= y_train
20. #对测试集预测，保存预测结果
21. clf_y_predict=clf.predict(x_test)#如果把预测值加入数据中，x_test
    ['predict']= clf.predict(x_test)
22. #输出模型系数重要性和评估
23. import pandas as pd
24. importance=pd.DataFrame(clf.feature_importances_)
25. columns=pd.DataFrame(x_train.columns)
26. importance=pd.concat([columns,importance],axis=1)
27. print(importance)#输出各自变量的重要性
28. print('Score: %.2f' % clf.score(x_train, y_train))#返回整体准确率
    (accuracy)，越大越好
29. #分类问题性能度量
30. from sklearn.metrics import accuracy_score,precision_score,recall_
    score,f1_score,classification_report,confusion_matrix
31. accuracy_score(y_true,y_pred,normalize=True)#整体正确率
32. accuracy_score(y_true,y_pred,normalize=False)#整体正确数量
```

```
33. confusion_matrix(y_true,y_pred,labels=[1,2,3])#混淆矩阵，labels指定混淆
    矩阵出现的类别
34. precision_score(y_true,y_pred,average=None)#所有类别查准率
35. recall_score(y_true,y_pred, average=None)#所有类别查全率
36. f1_score(y_true,y_pred,average=None)#所有类别查准率、查全率及调和均值
37. #检验不同max_depth、n_estimators、max_features值对于预测性能的影响,找出最
    佳值
38. #max_depth和 n_estimators、max_features值和score组成数据框，寻找得分最大的
    最佳max_depth、n_estimators、max_features值
39. #注意：如果运行速度较慢，可以对各个参数的数量或者范围进行适当缩小
40. from sklearn.ensemble import RandomForestClassifier
41. import numpy as np
42. max_depths=np.arange(1,20,4) #等差序列，步长为4
43. n_estimatorss=np.arange(1,1000,step=150)#创建等差序列，步长为150，决策树
    的数目不应设置太小
44. max_featuress=np.linspace(0.01,1.0,num=10) #用于创建等差数列，在x轴上从
    0.01至1均匀采样10个数，默认创建50个数
45. a=[]#创建空列表
46. b=[]#创建空列表
47. c=[]#创建空列表
48. d=[]#创建空列表
49. a1=[]#创建空列表
50. for n_estimators in n_estimatorss:
51.     for max_depth in max_depths :
52.         for max_features in max_featuress:
53.             clf=RandomForestClassifier(n_estimators=n_estimators,max_
                depth=max_depth,max_features=max_features,random_state=0)
                #random_state=0指定随机数生成器的种子,保证每次结果一致
54.             clf.fit(x_train,y_train)
55.             a.append(clf.score(x_train, y_train))#合并整体准确率
56.             b.append(max_depth)#合并max_depth值
57.             c.append(n_estimators)#合并n_estimators值
```

```
58.             d.append(max_features)#合并max_features值
59.             y_pred=clf.predict(x_train)
60.             y_true= y_train
61.             a1.append(recall_score(y_true,y_pred,average=None))
                #所有类别查全率
62. import pandas as pd
63. a=pd.DataFrame(a)#变成数据框
64. b=pd.DataFrame(b) #变成数据框
65. c=pd.DataFrame(c) #变成数据框
66. d=pd.DataFrame(d) #变成数据框
67. a1=pd.DataFrame(a1) #变成数据框
68. score=pd.concat([a,a1,b,c,d],axis=1)#合并数据框
69. score.columns=['scores',"class_1","class_2","class_3",'max_depth',
    'n_estimators','max_features']#定义数据框的列名,此处有三类
70. score[score.scores==max(score.scores)]#根据整体准确率条件选择max_depth、
    n_estimators值最优数据框
71. max_depth1=score[score.scores==max(score.scores)]['max_depth']
    #最优max_depth值
72. n_estimators1=score[score.scores==max(score.scores)]['n_estimators']
    #最优n_estimators值
73. max_features1=score[score.scores==max(score.scores)]['max_features']
    #最优n_estimators值
74.
75. #根据最佳的max_depth、n_estimators值做分类RANDOMFORESTCLASSIFIER
76. clf=RandomForestClassifier(n_estimators=n_estimators1.values[0],max_
    depth=max_depth1.values[0] ,max_features=max_features1.values[0] ,
    random_state=0)
77. #训练
78. clf.fit(x_train,y_train)
79. #对训练集预测，为性能度量做准备
80. y_pred=clf.predict(x_train)
81. y_true= y_train
```

```
82. #对测试集预测，保存预测结果
83. clf_y_predict= clf.predict(x_test)#如果把预测值加入数据中，x_test
    ['predict']= clf.predict(x_test)
84. #输出模型系数重要性和评估
85. import pandas as pd
86. importance=pd.DataFrame(clf.feature_importances_)
87. columns=pd.DataFrame(x_train.columns)
88. importance=pd.concat([columns,importance],axis=1)
89. print(importance)#输出各自变量的重要性
90. print('Score: %.2f' % clf.score(x_train, y_train))#返回整体准确率(accuracy),
    越大越好
91. #分类问题性能度量
92. from sklearn.metrics import accuracy_score,precision_score,recall_score,
    f1_score,classification_report,confusion_matrix
93. accuracy_score(y_true,y_pred,normalize=True)#整体正确率
94. accuracy_score(y_true,y_pred,normalize=False)#整体正确数量
95. confusion_matrix(y_true,y_pred,labels=[1,2,3])#混淆矩阵，labels指定混淆
    矩阵出现的类别
96. precision_score(y_true,y_pred,average=None)#所有类别查准率
97. recall_score(y_true,y_pred, average=None)#所有类别查全率
98. f1_score(y_true,y_pred,average=None)#所有类别查准率、查全率及调和均值
```

#pyspark模块示例代码

```
1. #读取数据
2. from pyspark.sql import SparkSession
3. df = spark.read.csv('/usr/local/hadoop/Telephone.csv',inferSchema=True,
   header=True)
4. df.show()
5. #数据预处理
6. #数据属性
7. print((df.count(),len(df.columns)))
```

```
8. df.printSchema()
9. df.describe().select('年龄','性别','收入').show()
10. df.groupBy('性别').count().show()
11. df.groupBy('居住地','性别').count().orderBy('居住地','性别','count',
    ascending=True).show()
12. df.groupBy('居住地').mean().show()
13. #特征处理
14. from pyspark.ml.feature import VectorAssembler
15. df_assembler = VectorAssembler(inputCols=['年龄', '收入', '家庭人数',
    '开通月数'], outputCol="features")  #把特征组装成一个list
16. df = df_assembler.transform(df)
17. df.printSchema()
18. df.show(5,truncate=False)
19. #数据集划分
20. train_df,test_df=df.randomSplit([0.75,0.25])
21. train_df.count()
22. train_df.groupBy('流失').count().show()
23. test_df.groupBy('流失').count().show()
24. #调包
25. from pyspark.ml.classification import RandomForestClassifier
26. from pyspark.ml.evaluation import BinaryClassificationEvaluator
27. from pyspark.ml.evaluation import MulticlassClassificationEvaluator
28. from pyspark.ml.classification import RandomForestClassificationModel
29. #模型构建
30. rf_classifier=RandomForestClassifier(labelCol='流失',numTrees=50,seed=1)
    .fit(train_df)
31. rf_predictions=rf_classifier.transform(test_df)
32. rf_predictions.show()
33. #结果查看
34. rf_classifier.featureImportances  #各个特征的权重
35. #模型效果
36. #多分类模型—准确率
```

```
37. rf_accuracy=MulticlassClassificationEvaluator(labelCol='流失',
    metricName='accuracy').evaluate(rf_predictions)
38. print('The accuracy of RF on test data is {0:.0%}'.format(rf_accuracy))
39. print(rf_accuracy)
40. #多分类模型—精确率
41. rf_precision=MulticlassClassificationEvaluator(labelCol='流失',metricName=
    'weightedPrecision').evaluate(rf_predictions)
42. print('The precision rate on test data is {0:.0%}'.format(rf_precision))
43. #AUC
44. rf_auc=BinaryClassificationEvaluator(labelCol='流失').evaluate(rf_predictions)
45. print(rf_auc)
46. #参数调整
47. import numpy as np
48. maxDepths=np.arange(1,20,4) #等差序列，步长为4
49. numTreess=np.arange(1,1000,step=150)#创建等差序列，步长为150，决策树的数目
    不应设置太小
50. subsamplingRates=np.linspace(0.01,1.0,num=10) #用于创建等差数列，在x轴上
    从0.01至1均匀采样10个数，默认创建50个数
51. import pandas as pd
52. a=[]#创建空列表
53. b=[]#创建空列表
54. c=[]#创建空列表
55. d=[]#创建空列表
56. a1=[]#创建空列表
57. for numTrees in numTreess:
58.     for maxDepth in maxDepths :
59.         for subsamplingRate in subsamplingRates:
60.             rf_classifier=RandomForestClassifier(labelCol='流失', numTrees=
                numTrees,maxDepth=maxDepth,subsamplingRate=subsamplingRate,
                seed=1).fit(train_df)#seed=1指定随机数生成器的种子,保证每
                次结果一致
61.             rf_predictions=rf_classifier.transform(test_df)
```

```
62.            a.append(MulticlassClassificationEvaluator(labelCol='流失',
               metricName='accuracy').evaluate(rf_predictions))#合并整体准确率
63.            b.append(maxDepth)#合并maxDepth值
64.            c.append(numTrees)#合并numTrees值
65.            d.append(subsamplingRate)#合并subsamplingRate值
66.            a1.append(MulticlassClassificationEvaluator(labelCol='流失',
               metricName='weightedPrecision').evaluate(rf_predictions))
               #合并整体精确率
67. a=pd.DataFrame(a)#变成数据框
68. b=pd.DataFrame(b) #变成数据框
69. c=pd.DataFrame(c) #变成数据框
70. d=pd.DataFrame(d) #变成数据框
71. a1=pd.DataFrame(a1) #变成数据框
72. score=pd.concat([a,a1,b,c,d],axis=1)#合并数据框
73. score.columns=['scores', 'jql','maxDepth','numTrees','subsamplingRate']
    #定义数据框的列名
74. score[score.scores==max(score.scores)]#根据整体准确率条件选择maxDepth、
    numTrees值最优数据框
75. maxDepth1=score[score.scores==max(score.scores)]['maxDepth']
    #最优maxDepth值
76. numTrees1=score[score.scores==max(score.scores)]['numTrees']
    #最优numTrees值
77. subsamplingRate1=score[score.scores==max(score.scores)]
    ['subsamplingRate']#最优numTrees值
78. #根据最佳的参数值做分类
79. rf_classifier=RandomForestClassifier(labelCol='流失', numTrees=numTrees1
    .values[0],maxDepth=maxDepth1.values[0] ,subsamplingRate=subsamplingRate1
    .values[0],seed=1).fit(train_df)#seed=1指定随机数生成器的种子,保证每次结果
    一致
80. rf_predictions=rf_classifier.transform(test_df)
81. rf_predictions.show()
82. #结果查看
83. rf_classifier.featureImportances   #各个特征的权重
```

```
84. #模型效果
85. #多分类模型—准确率
86. rf_accuracy=MulticlassClassificationEvaluator(labelCol='流失',
    metricName='accuracy').evaluate(rf_predictions)
87. print('The accuracy of RF on test data is {0:.0%}'.format(rf_accuracy))
88. print(rf_accuracy)
89. #多分类模型—精确率
90. rf_precision=MulticlassClassificationEvaluator(labelCol='流失',metricName=
    'weightedPrecision').evaluate(rf_predictions)
91. print('The precision rate on test data is {0:.0%}'.format(rf_precision))
92. #AUC
93. rf_auc=BinaryClassificationEvaluator(labelCol='流失').evaluate(rf_
    predictions)
94. print(rf_auc)
```

2）回归

#函数

class sklearn.ensemble.RandomForestRegressor(n_estimators=10, criterion='mse', max_depth=None, min_samples_split=2, min_samples_leaf=1, min_weight_fraction_leaf=0.0, max_features='auto', max_leaf_nodes=None, min_impurity_decrease=0.0, min_impurity_split=None, bootstrap=True, oob_score=False, n_jobs=1, random_state=None, verbose=0, warm_start=False)

#参数

n_estimators：一个整数，指定了随机森林中回归树的数量。回归树的数目不应设置太小

criterion：一个字符串，指定了每棵回归树的criterion参数。

max_features：一个整数，或者浮点数，或者字符串，或者None，指定了每棵回归树的max features参数。

max_depth：一个整数或者None，指定了每棵回归树的max_depth参数。如果max_leaf_nodes不是None，则忽略本参数。

min_samples_split：一个整数，指定了每棵回归树的min_samples_split参数。

min_samples_leaf：一个整数，指定了每棵回归树的min_samples_leaf参数。

min_weight_fraction_leaf：一个浮点数，指定了每棵回归树的min_weight_fraction_leaf参数。

max_leaf_nodes：为整数或者None，指定了每个基础回归树模型的max_leaf_nodes参数。

boostrap：为布尔值。如果为True，则使用采样法bootstrap sampling来产生回归树的训练数据集。

oob_score：为布尔值。如果为True，则使用包外样本来计算泛化误差。

n_jobs: 一个正数。任务并行时指定的CPU数量。如果为-1则使用所有可用的CPU。

random_state：一个整数，或者一个RandomState实例，或者None。如果为整数，则它指定了随机数生成器的种子。如果为RandomState实例，则指定了随机数生成器。如果为None，则使用默认的随机数生成器。

verbose：一个整数。如果为0则不输出日志信息；如果为1则每隔一段时间打印一次日志信息；如果大于1，则打印日志信息更频繁。

warm_start：布尔值。当为True时，则继续使用上一次训练的结果，否则重新开始训练。

#属性

estimators_：回归树的实例的数组，它存放的是所有训练过的回归树。

n_features_：一个整数，在训练时使用的特征数量。

n_outputs_：一个整数，在训练时输出的数量。

feature_importances_：一个数组，形状为[n_features]。如果base_estimator支持，则它给出了每个特征的重要性。

oob_score_：一个浮点数，训练数据使用包外估计时的得分。

oob_prediction_：一个数组，训练数据使用包外估计时的预测值。

#方法

fit(X，y[，sample_weight])：训练模型。

predict(X)：用模型进行预测，返回预测值。

score(X，y[，sample_weight])：返回预测性能得分。

```
1. #示例代码
2. from sklearn.ensemble import RandomForestRegressor
3. #准备数据
4. from pandas import read_excel
5. df=read_excel('F://BaiduYunDownload//Telephone.xlsx')
6. #分出X和Y值
7. x=df.iloc[:,1:15]
8. y=df.iloc[:,0]
9. #分割训练数据和测试数据
10. #根据y分层抽样，25%作为测试 75%作为训练
11. from sklearn.model_selection import train_test_split
```

```
12. x_train, x_test, y_train, y_test =train_test_split(x,y,test_size=0.25,
    random_state=0,stratify=y)#如果缺失stratify参数，则为随机抽样
13. #使用分类RANDOMFORESTREGRESSOR模型
14. clf=RandomForestRegressor(random_state=0)#random_state=0指定随机数生成器
    的种子,保证每次结果一致
15. #训练
16. clf.fit(x_train,y_train)
17. #对训练集预测，为性能度量做准备
18. y_pred=clf.predict(x_train)
19. y_true= y_train
20. #对测试集预测，保存预测结果
21. clf_y_predict=clf.predict(x_test)#如果把预测值加入数据中，x_test['predict']=
    clf.predict(x_test)
22. #输出模型系数重要性和评估
23. import pandas as pd
24. importance=pd.DataFrame(clf.feature_importances_)
25. columns=pd.DataFrame(x_train.columns)
26. importance=pd.concat([columns,importance],axis=1)
27. print(importance)#输出各自变量的重要性
28. import numpy as np
29. print("mean absolute error: %.2f"%np.mean(abs(clf.predict(x_train)-y_
    train)))#平均绝对误差，越小越好
30. print("Residual sum of squares: %.2f"%np.mean((clf.predict(x_train)-y_
    train)**2))#均方根误差，越小越好
31. print('Score: %.2f' % clf.score(x_train, y_train))#输出模型得分，越大越好
32. #检验不同max_depth、n_estimators、max_features值对于预测性能的影响,找出最
    佳值
33. #max_depth和 n_estimators、max_features值和score组成数据框，寻找得分最大的
    最佳max_depth、n_estimators、max_features值
34. #如果运行速度较慢，可以对各个参数的数量或者范围进行适当缩小
35. from sklearn.ensemble import RandomForestRegressor
36. import numpy as np
```

```
37. max_depths=np.arange(1,20,4) #等差序列，步长为4
38. n_estimatorss=np.arange(1,1000,step=150)#创建等差序列，步长为150，回归树
    的数目不应设置太小
39. max_featuress=np.linspace(0.01,1.0,num=10) #用于创建等差数列，在x轴上从
    0.01至1均匀采样10个数，默认创建50个数
40. a=[]#创建空列表
41. b=[]#创建空列表
42. c=[]#创建空列表
43. d=[]#创建空列表
44. for n_estimators in n_estimatorss:
45.     for max_depth in max_depths :
46.         for max_features in max_featuress:
47.             clf=RandomForestRegressor(n_estimators=n_estimators,
                max_depth=max_depth,max_features=max_features,random_
                state=0)#random_state=0指定随机数生成器的种子,保证每次结果一致
48.             clf.fit(x_train,y_train)
49.             a.append(clf.score(x_train, y_train))#合并整体得分
50.             b.append(max_depth)#合并max_depth值
51.             c.append(n_estimators)#合并n_estimators值
52.             d.append(max_features)#合并max_features值
53.
54. import pandas as pd
55. a=pd.DataFrame(a)#变成数据框
56. b=pd.DataFrame(b) #变成数据框
57. c=pd.DataFrame(c) #变成数据框
58. d=pd.DataFrame(d) #变成数据框
59. score=pd.concat([a,b,c,d],axis=1)#合并数据框
60. score.columns=['scores','max_depth','n_estimators','max_features']
    #定义数据框的列名
61. score[score.scores==max(score.scores)]#根据整体得分选择max_depth、
    n_estimators值最优数据框
```

```
62. max_depth1=score[score.scores==max(score.scores)]['max_depth']
    #最优max_depth值
63. n_estimators1=score[score.scores==max(score.scores)]['n_estimators']
    #最优n_estimators值
64. max_features1=score[score.scores==max(score.scores)]['max_features']
    #最优n_estimators值
65. #根据最佳的max_depth、n_estimators值做分类RANDOMFORESTREGRESSOR
66. clf=RandomForestRegressor(n_estimators=n_estimators1.values[0],max_
    depth=max_depth1.values[0] ,max_features=max_features1.values[0] ,
    random_state=0)
67. #训练
68. clf.fit(x_train,y_train)
69. #对训练集预测，为性能度量做准备
70. y_pred=clf.predict(x_train)
71. y_true= y_train
72. #对测试集预测，保存预测结果
73. clf_y_predict= clf.predict(x_test)#如果把预测值加入数据中，x_test
    ['predict']= clf.predict(x_test)
74. #输出模型系数重要性和评估
75. import pandas as pd
76. importance=pd.DataFrame(clf.feature_importances_)
77. columns=pd.DataFrame(x_train.columns)
78. importance=pd.concat([columns,importance],axis=1)
79. print(importance)#输出各自变量的重要性
80. import numpy as np
81. print("mean absolute error: %.2f"%np.mean(abs(clf.predict(x_train)-y_
    train)))#平均绝对误差，越小越好
82. print("Residual sum of squares: %.2f"%np.mean((clf.predict(x_train)-y_
    train)**2))#均方根误差，越小越好
83. print('Score: %.2f' % clf.score(x_train, y_train))#输出模型得分，越大越好
```

#pyspark模块示例代码

```
1. #读取数据
2. from pyspark.sql import SparkSession
3. df = spark.read.csv('/usr/local/hadoop/Telephone.csv',inferSchema=True,
   header=True)
4. df.show()
5. #数据预处理
6. #数据属性
7. print((df.count(),len(df.columns)))
8. df.printSchema()
9. df.describe().select('年龄','性别','收入').show()
10. df.groupBy('性别').count().show()
11. df.groupBy('居住地','性别').count().orderBy('居住地','性别','count',
    ascending=True).show()
12. df.groupBy('居住地').mean().show()
13. #特征处理
14. from pyspark.ml.feature import VectorAssembler
15. df_assembler = VectorAssembler(inputCols=['年龄', '收入', '家庭人数'],
    outputCol="features")  #把特征组装成一个list
16. df = df_assembler.transform(df)
17. df.printSchema()
18. df.show(5,truncate=False)
19. #数据集划分
20. train_df,test_df=df.randomSplit([0.75,0.25])
21. train_df.count()
22. #调包
23. from pyspark.ml.regression import RandomForestRegressor
24. from pyspark.ml.evaluation import RegressionEvaluator
25. from pyspark.ml.regression import RandomForestRegressionModel
26. #模型构建
27. rf_Regressor=RandomForestRegressor(labelCol='开通月数',numTrees=50,
    seed=1).fit(train_df)
```

```
28. rf_predictions=rf_Regressor.transform(test_df)
29. rf_predictions.show()
30. #结果查看
31. rf_Regressor.featureImportances  #各个特征的权重
32. #模型效果
33. #回归评估
34. rf_rmse=RegressionEvaluator(labelCol='开通月数', metricName="rmse")
    .evaluate(rf_predictions)
35. print(rf_rmse)
36. #参数调整
37. import numpy as np
38. maxDepths=np.arange(1,20,4) #等差序列，步长为4
39. numTreess=np.arange(1,1000,step=150)#创建等差序列，步长为150，决策树的数目
    不应设置太小
40. subsamplingRates=np.linspace(0.01,1.0,num=10) #用于创建等差数列，在x轴上
    从0.01至1均匀采样10个数，默认创建50个数
41. import pandas as pd
42. a=[]#创建空列表
43. b=[]#创建空列表
44. c=[]#创建空列表
45. d=[]#创建空列表
46. for numTrees in numTreess:
47.     for maxDepth in maxDepths :
48.         for subsamplingRate in subsamplingRates:
49.             rf_Regressor=RandomForestRegressor(labelCol='开通月数', num
                Trees=numTrees,maxDepth=maxDepth,subsamplingRate=subsamplin
                gRate, seed=1).fit(train_df)#seed=1指定随机数生成器的种子,保
                证每次结果一致
50.             rf_predictions=rf_Regressor.transform(test_df)
51.             a.append(RegressionEvaluator(labelCol='开通月数', metricName=
                "rmse").evaluate(rf_predictions))#合并回归评估
52.             b.append(maxDepth)#合并maxDepth值
```

```
53.            c.append(numTrees)#合并numTrees值
54.            d.append(subsamplingRate)#合并subsamplingRate值
55. a=pd.DataFrame(a)#变成数据框
56. b=pd.DataFrame(b) #变成数据框
57. c=pd.DataFrame(c) #变成数据框
58. d=pd.DataFrame(d) #变成数据框
59. rmse=pd.concat([a,b,c,d],axis=1)#合并数据框
60. rmse.columns=['rmses','maxDepth','numTrees','subsamplingRate']#定义数据
    框的列名
61. rmse[rmse.rmses==min(rmse.rmses)]#根据整体rmse条件选择maxDepth、numTrees
    值最优数据框
62. maxDepth1=rmse[rmse.rmses==min(rmse.rmses)]['maxDepth']#最优maxDepth值
63. numTrees1=rmse[rmse.rmses==min(rmse.rmses)]['numTrees']#最优numTrees值
64. subsamplingRate1=rmse[rmse.rmses==min(rmse.rmses)]['subsamplingRate']
    #最优numTrees值
65. #根据最佳的参数值做回归
66. rf_Regressor=RandomForestRegressor(labelCol='开通月数', numTrees=
    numTrees1.values[0],maxDepth=maxDepth1.values[0] ,subsamplingRate=
    subsamplingRate1.values[0],seed=1).fit(train_df)#seed=1指定随机数生成器
    的种子,保证每次结果一致
67. rf_predictions=rf_Regressor.transform(test_df)
68. rf_predictions.show()
69. #结果查看
70. rf_Regressor.featureImportances  #各个特征的权重
71. #模型效果
72. #回归评估
73. rf_rmse=RegressionEvaluator(labelCol='开通月数', metricName="rmse")
    .evaluate(rf_predictions)
74. print(rf_rmse)
```

5.1.1.4 AdaBoost

AdaBoost是一种迭代算法，其实是一个简单的弱分类算法提升过程，这个过程通过不断的训练来提高数据分类能力。其核心思想是针对同一个训练集训练不同的分类器（弱分类

器），然后把这些弱分类器集合起来，构成一个更强的最终分类器（强分类器）。其算法本身是通过改变数据分布来实现的，它根据每次训练中每个样本的分类是否正确以及上次的总体分类的准确率来确定每个样本的权值，再将修改过权值的新数据集送给下层分类器进行训练，最后将每次训练得到的分类器融合起来，作为最后的决策分类器。使用AdaBoost分类器可以排除一些不必要的训练数据。

AdaBoost系列主要解决了下列几类问题：

- 两类问题；
- 多类单标签问题；
- 多类多标签问题；
- 大类单标签问题；
- 回归问题。

目前对AdaBoost算法的研究以及应用大多集中于分类问题上。

AdaBoost算法的基本步骤是：

- 首先设定样本集的初始权重向量，通常假设为均匀分布；
- 然后训练分类器，在训练过程中不断更新权重向量，对错误分类的样本给予更大的权重，正确分类的样本给予更小的权重（加权多数表决），每次调整权重后生成新的分类器，不断迭代生成多个分类器。最后将这一系列分类器进行加权组合，得到最终模型。

AdaBoost会根据每个模型的训练误差更新各自的权重，相当于自动适应模型各自的训练误差率，因此被称为adaptive（适应）提升。

对于AdaBoost算法，可以将模型设为加法模型，损失函数为指数函数。实践证明AdaBoost相对于装袋法有更高的准确率，但由于它更“关注”误分类记录，而这些误分类记录包含噪声的可能性很大，可能导致模型出现过度拟合的情况，从而受到噪声干扰。

1）分类

#函数

class sklearn.ensemble.AdaBoostClassifier (base_estimator=None, n_estimators=50, learning_rate=1.0, algorithm='SAMME.R', random_state=None)

#参数

base_estimator：是一个基础分类器对象，默认为DecisionTreeClassifier。该基础分类器必须支持带样本权重的机器学习。

n_estimators：一个整数，指定基础分类器的数量(默认为50)。如果训练集已经完美训练好了，可能算法会提前停止，此时基础分类器数量小于该值。

learning_rate：浮点数，默认为1。用于减小每一步的步长，防止步长太大而跨过了极值点。通常learning_rate越小，需要的基础决策树数量会越多，因此在learning_rate和n_ estimators之间会有所折中。learning_rate就是下式中的v：

$$H_m(\vec{x}) = H_{m-1}(\vec{x}) + v\alpha_m h_m(\vec{x})$$

algorithm：一个字符串，指定用于分类（多分类）算法，默认为SAMME.R。包含两种：

- SAMME.R，使用SAMME.R算法。基础分类器对象必须支持类别概率计算。通常SAMME.R收敛更快，误差更小，迭代次数更少；
- SAMME，使用SAMME算法。

random_state：一个整数，或者一个RandomState实例，或者None。如果为整数，则它指定了随机数生成器的种子。如果为RandomState实例，则指定了随机数生成器。如果为None，则使用默认的随机数生成器。

经验表明，比较小的学习率能够带来更小的测试误差，因此推荐学习率小于或等于0.1，同时选择一个很大的n_stimators。

#属性

estimators_：所有训练过的基础分类器。

classes_：所有的类别标签。

n_classes_：类别数量。

estimator_weights_：每个基础分类器的权重。

estimator_errors_：每个基础分类器的分类误差。

feature_importances_：每个特征的重要性。

#方法

fit(X，y[，sample_weight])：训练模型。

predict(X)：用模型进行预测，返回预测值。

predict_log_proba(X)：返回一个数组，数组的元素依次是X预测为各个类别的概率的对数值。

predict_proba(X)：返回一个数组，数组的元素依次是X预测为各个类别的概率值。

score(X，y[，sample_weight])：返回在(X，y)上预测的准确率(accuracy)。

staged_predict(X)：返回一个数组，数组元素依次是每一轮迭代结束时集成分类器的预测值。

staged_predict_proba(X)：返回一个二维数组，数组元素依次是每一轮迭代结束时集成分类器预测X为各个类别的概率值。

staged_score(X，y[，sample_weight])：返回一个数组，数组元素依次是每一轮迭代结束时集成分类器的预测准确率。

```
1. #示例代码
2. from sklearn.ensemble import AdaBoostClassifier
3. #准备数据
4. from pandas import read_excel
5. df=read_excel('F://BaiduYunDownload//Telephone.xlsx')
6. #分出X和Y值
7. x=df.iloc[:,1:15]
8. y=df.iloc[:,0]
9. #分割训练数据和测试数据
10. #根据y分层抽样，25%作为测试 75%作为训练
11. from sklearn.model_selection import train_test_split
12. x_train, x_test, y_train, y_test =train_test_split(x,y,test_size=0.25,
    random_state=0,stratify=y)#如果缺失stratify参数，则为随机抽样
13. #使用分类ADABOOSTCLASSIFIER模型
14. clf=AdaBoostClassifier(random_state=0)#random_state=0指定随机数生成器的
    种子,保证每次结果一致
15. #可以使用其他base_estimator函数
16. #from sklearn.naive_bayes import GaussianNB
17. #clf=AdaBoostClassifier(base_estimator=GaussianNB())
18. #可以使用其他基础分类器的数量
19. #clf=AdaBoostClassifier(n_estimators=500)
20. #训练
21. clf.fit(x_train,y_train)
22. #对训练集预测，为性能度量做准备
23. y_pred=clf.predict(x_train)
24. y_true= y_train
25. #对测试集预测，保存预测结果
26. clf_y_predict=clf.predict(x_test)#如果把预测值加入数据中，x_test['predict']=
    clf.predict(x_test)
27. #输出模型系数重要性和评估
28. import pandas as pd
29. importance=pd.DataFrame(clf.feature_importances_)
```

```
30. columns=pd.DataFrame(x_train.columns)
31. importance=pd.concat([columns,importance],axis=1)
32. print(importance)#输出各自变量的重要性，如果base_estimator=GaussianNB()
    无法输出自变量的重要性
33. print('Score: %.2f' % clf.score(x_train, y_train))#返回整体准确率(accuracy)，
    越大越好
34. #分类问题性能度量
35. from sklearn.metrics import accuracy_score,precision_score,recall_
    score,f1_score,classification_report,confusion_matrix
36. accuracy_score(y_true,y_pred,normalize=True)#整体正确率
37. accuracy_score(y_true,y_pred,normalize=False)#整体正确数量
38. confusion_matrix(y_true,y_pred,labels=[1,2,3])#混淆矩阵，labels指定混淆
    矩阵出现的类别
39. precision_score(y_true,y_pred,average=None)#所有类别查准率
40. recall_score(y_true,y_pred, average=None)#所有类别查全率
41. f1_score(y_true,y_pred,average=None)#所有类别查准率、查全率及调和均值
42. #检验不同algorithm、learning_rate、n_estimators值对于预测性能的影响,找出最
    佳值
43. #经验表明：比较小的学习率能够带来更小的测试误差。因此推荐学习率小于等于0.1，
    同时选择一个很大的n_stimators
44. from sklearn.metrics import accuracy_score,precision_score,recall_
    score,f1_score,classification_report,confusion_matrix
45. #algorithm和learning_rate、n_estimators值和score组成数据框，寻找得分最大
    的最佳algorithm、learning_rate、n_estimators值
46. from sklearn.ensemble import AdaBoostClassifier
47. import numpy as np
48. n_estimatorss=np.linspace(10,1000,num=5,dtype='int')#用于创建等差数列，
    在x轴上从0.01至1均匀采样5个数据点(数据类型为整数)，默认创建50个数
49. learning_rates=np.linspace(0.01,1, num=5)#用于创建等差数列，在x轴上从0.01
    至1均匀采样5个数据点，默认创建50个数
50. algorithms=['SAMME.R','SAMME']
51. a=[]#创建空列表
52. b=[]#创建空列表
```

```
53. c=[]#创建空列表
54. d=[]#创建空列表
55. a1=[]#创建空列表
56. for learning_rate in learning_rates:
57.     for algorithm in algorithms :
58.         for n_estimators in n_estimatorss:
59.             clf=AdaBoostClassifier(learning_rate=learning_rate,
                algorithm=algorithm,n_estimators=n_estimators,random_state=0)
60.             clf.fit(x_train,y_train)
61.             a.append(clf.score(x_train, y_train))#合并整体准确率
62.             b.append(algorithm)#合并algorithm值
63.             c.append(learning_rate)#合并learning_rate值
64.             d.append(n_estimators)#合并n_estimators值
65.             y_pred=clf.predict(x_train)
66.             y_true= y_train
67.             a1.append(recall_score(y_true,y_pred,average=None))
                #所有类别查全率
68. import pandas as pd
69. a=pd.DataFrame(a)#变成数据框
70. b=pd.DataFrame(b) #变成数据框
71. c=pd.DataFrame(c) #变成数据框
72. d=pd.DataFrame(d) #变成数据框
73. a1=pd.DataFrame(a1) #变成数据框
74. score=pd.concat([a,a1,b,c,d],axis=1)#合并数据框
75. score.columns=['scores',"class_1","class_2","class_3",'algorithm','lear
    ning_rate','n_estimators']#定义数据框的列名,此处有三类
76. score[score.scores==max(score.scores)]#根据整体准确率条件选择algorithm、
    learning_rate值最优数据框
77. algorithm1=score[score.scores==max(score.scores)]['algorithm']
    #最优algorithm值
78. learning_rate1=score[score.scores==max(score.scores)]['learning_rate']
    #最优learning_rate值
```

```
79. n_estimators1=score[score.scores==max(score.scores)]['n_estimators']
    #最优learning_rate值
80. #根据最佳的algorithm、learning_rate值做分类ADABOOSTCLASSIFIER
81. clf=AdaBoostClassifier(learning_rate=learning_rate1.values[0],
    algorithm=algorithm1.values[0] ,n_estimators=n_estimators1.values[0] ,
    random_state=0)
82. #训练
83. clf.fit(x_train,y_train)
84. #对训练集预测，为性能度量做准备
85. y_pred=clf.predict(x_train)
86. y_true= y_train
87. #对测试集预测，保存预测结果
88. clf_y_predict= clf.predict(x_test)#如果把预测值加入数据中，x_test
    ['predict']= clf.predict(x_test)
89. #输出模型系数重要性和评估
90. import pandas as pd
91. importance=pd.DataFrame(clf.feature_importances_)
92. columns=pd.DataFrame(x_train.columns)
93. importance=pd.concat([columns,importance],axis=1)
94. print(importance)#输出各自变量的重要性
95. print('Score: %.2f' % clf.score(x_train, y_train))#返回整体准确率
    (accuracy)，越大越好
96. #分类问题性能度量
97. from sklearn.metrics import accuracy_score,precision_score,recall_
    score,f1_score,classification_report,confusion_matrix
98. accuracy_score(y_true,y_pred,normalize=True)#整体正确率
99. accuracy_score(y_true,y_pred,normalize=False)#整体正确数量
100. confusion_matrix(y_true,y_pred,labels=[1,2,3])#混淆矩阵，labels指定混淆
     矩阵出现的类别
101. precision_score(y_true,y_pred,average=None)#所有类别查准率
102. recall_score(y_true,y_pred, average=None)#所有类别查全率
103. f1_score(y_true,y_pred,average=None)#所有类别查准率、查全率及调和均值
```

2）回归

#函数

class sklearn.ensemble.AdaBoostRegressor (base_estimator=None, n_estimators=50, learning_rate=1.0, loss='linear', random_state=None)

#参数

base_estimator：是一个基础回归器对象，默认为DecisionTreeRegressor。该基础分类器必须支持带样本权重的机器学习。

n_estimators：一个整数，指定基础回归器的数量(默认为50)。如果训练集已经训练好了，可能算法会提前停止，此时基础分类器数量少于该值。

learning_rate：浮点数，默认为1。它用于减小每一步的步长，防止步长太大而跨过了极值点。通常learning_rate越小，需要的基础回归器数量会越多，因此在learning_rate和n_estimators之间会有所折中。

loss：一个字符串，指定了损失函数，可以为：

➢ linear，线性损失函数（默认）；
➢ square，平方损失函数；
➢ exponential，指数损失函数。

random_state：一个整数，或者一个RandomState实例，或者None：

➢ 如果为整数，则它指定了随机数生成器的种子；
➢ 如果为RandomState实例，则指定了随机数生成器；
➢ 如果为None，则使用默认的随机数生成器。

#属性

estimators_：回归器实例的数组。它存放的是所有训练过的基础回归器。

estimator_weights_：一个浮点数的数组。给出了每个基础回归器的权重。

estimator_errors_：一个浮点数的数组。给出了每个基础回归器的回归误差。

feature_importances_：每个特征的重要性。

#方法

fit(X，y[，sample_weight])：训练模型。

predict(X)：用模型进行预测，返回预测值。

staged_predict(X)：返回一个数组，数组元素依次是每一轮迭代结束时集成回归器的预测值。

staged_score(X,y[,sample_weight])：返回一个数字，数组元素依次是每一轮迭代结束时集成回归器的预测性能得分。

score(X,y[,sample_weight])：返回预测性能得分。

```
1. #示例代码
2. from sklearn.ensemble import AdaBoostRegressor
3. #准备数据
4. from pandas import read_excel
5. df=read_excel('F://BaiduYunDownload//Telephone.xlsx')
6. #分出X和Y值
7. x=df.iloc[:,1:15]
8. y=df.iloc[:,0]
9. #分割训练数据和测试数据
10. #根据y分层抽样，25%作为测试 75%作为训练
11. from sklearn.model_selection import train_test_split
12. x_train, x_test, y_train, y_test =train_test_split(x,y, test_size=0.25,
    random_state=0,stratify=y)#如果缺失stratify参数，则为随机抽样
13. #使用分类ADABOOSTREGRESSOR模型
14. clf=AdaBoostRegressor(random_state=0)#random_state=0指定随机数生成器的种
    子,保证每次结果一致
15. #可以使用其他base_estimator函数
16. #from sklearn.svm import  LinearSVR
17. #clf=AdaBoostRegressor(base_estimator=LinearSVR(epsilon=0.01,C=100))
    #基础回归器为 LinearSVR
18. #可以使用其他基础分类器的数量
19. #clf=AdaBoostRegressor(n_estimators=500)
20. #训练
21. clf.fit(x_train,y_train)
22. #对训练集预测，为性能度量做准备
23. y_pred=clf.predict(x_train)
24. y_true= y_train
25. #对测试集预测，保存预测结果
26. clf_y_predict=clf.predict(x_test)#如果把预测值加入数据中，x_test['predict']=
    clf.predict(x_test)
27. #输出变量重要性和模型评估
```

```
28. import pandas as pd
29. importance=pd.DataFrame(clf.feature_importances_)
30. columns=pd.DataFrame(x_train.columns)
31. importance=pd.concat([columns,importance],axis=1)
32. print(importance)#输出各自变量的重要性，如果base_estimator=GaussianNB()
    无法输出自变量的重要性
33. import numpy as np
34. print("mean absolute error: %.2f"%np.mean(abs(clf.predict(x_train)-y_
    train)))#平均绝对误差，越小越好
35. print("Residual sum of squares: %.2f"%np.mean((clf.predict(x_train)-y_
    train)**2))#均方根误差，越小越好
36. print('Score: %.2f' % clf.score(x_train, y_train))#输出模型得分，越大越好
37. #检验不同loss、learning_rate、n_estimators值对于预测性能的影响,找出最佳值
38. #loss和 learning_rate、n_estimators值和score组成数据框，寻找得分最大的最佳
    loss、learning_rate、n_estimators值
39. from sklearn.ensemble import AdaBoostRegressor
40. import numpy as np
41. n_estimatorss=np.linspace(10,1000,num=5,dtype='int')#用于创建等差数列，
    在x轴上从0.01至1均匀采样5个数据点(数据类型为整数），默认创建50个数
42. learning_rates=np.linspace(0.01,1, num=20)#用于创建等差数列，在x轴上从
    0.01至1均匀采样20个数据点，默认创建50个数
43. losss=['linear','square','exponential']
44.
45. a=[]#创建空列表
46. b=[]#创建空列表
47. c=[]#创建空列表
48. d=[]#创建空列表
49. for learning_rate in learning_rates:
50.     for loss in losss :
51.         for n_estimators in n_estimatorss:
52.             clf=AdaBoostRegressor(learning_rate=learning_rate,loss=loss,
                n_estimators=n_estimators,random_state=0)
```

```
53.             clf.fit(x_train,y_train)
54.             a.append(clf.score(x_train, y_train))#合并整体得分
55.             b.append(loss)#合并loss值
56.             c.append(learning_rate)#合并learning_rate值
57.             d.append(n_estimators)#合并n_estimators值
58.
59. import pandas as pd
60. a=pd.DataFrame(a)#变成数据框
61. b=pd.DataFrame(b) #变成数据框
62. c=pd.DataFrame(c) #变成数据框
63. d=pd.DataFrame(d) #变成数据框
64. score=pd.concat([a,b,c,d],axis=1)#合并数据框
65. score.columns=['scores','loss','learning_rate','n_estimators']
    #定义数据框的列名
66. score[score.scores==max(score.scores)]#根据整体得分选择loss、learning_
    rate值最优数据框
67. loss1=score[score.scores==max(score.scores)]['loss']#最优loss值
68. learning_rate1=score[score.scores==max(score.scores)]['learning_rate']
    #最优learning_rate值
69. n_estimators1=score[score.scores==max(score.scores)]['n_estimators']
    #最优learning_rate值
70. #根据最佳的loss、learning_rate值做分类ADABOOSTREGRESSOR
71. clf=AdaBoostRegressor(learning_rate=learning_rate1.values[0],
    loss=loss1.values[0] ,n_estimators=n_estimators1.values[0] ,
    random_state=0)
72. #训练
73. clf.fit(x_train,y_train)
74. #对训练集预测，为性能度量做准备
75. y_pred=clf.predict(x_train)
76. y_true= y_train
77. #对测试试集预测，保存预测结果
```

```
78. clf_y_predict= clf.predict(x_test)#如果把预测值加入数据中，x_test
    ['predict']= clf.predict(x_test)
79. #输出变量重要性和模型评估
80. import pandas as pd
81. importance=pd.DataFrame(clf.feature_importances_)
82. columns=pd.DataFrame(x_train.columns)
83. importance=pd.concat([columns,importance],axis=1)
84. print(importance)#输出各自变量的重要性，如果base_estimator=GaussianNB()
    无法输出自变量的重要性
85. import numpy as np
86. print("mean absolute error: %.2f"%np.mean(abs(clf.predict(x_train)-y_
    train)))#平均绝对误差，越小越好
87. print("Residual sum of squares: %.2f"%np.mean((clf.predict(x_train)-y_
    train)**2))#均方根误差，越小越好
88. print('Score: %.2f' % clf.score(x_train, y_train))#输出模型得分，越大
    越好
```

5.1.1.5 GBDT

GBDT(Gradient Boost Decision Tree)是一种应用非常广泛的算法，可以用来做分类、回归，都能取得不错的效果。GradientBoost其实是一个框架，里面可以套入很多不同的算法。Boost含有“提升”的意思，一般Boosting算法都包含迭代过程，每一次新的训练都是为了改进上一次的结果。

原始的Boost算法是在算法开始时为每一个样本赋予一个权重值，初始状态下每个样本都是一样重要的；在每一步训练中得到一个新模型，对数据点的估计有对有错，每一步训练结束后增加分错的点的权重，减小分对的点的权重；如果某些点老是被分错，那么就会被“严重关注”，也就被赋予一个很高的权重。进行N次（由用户指定）迭代后，将得到的N个简单基础分类器组合起来（可以对它们进行加权或者投票等），得到一个最终的模型。

提升树实际采用的是前向分布算法的加法模型，类似于回归中的前向逐步回归，从前往后，每步只优化一个基函数；因为是加法模型，所以可以逐步逼近最终的目标函数式，即每一步通过建立一个决策树来训练上一步的残差，最终将这些决策树加权生成最终模型。

GradientBoost与传统的Boost的区别在于每一次的计算是为了减少上一次的残差(residual)，为了消除残差，可以在残差减小的梯度(Gradient)方向上建立一个新的模型。所以说，在GradientBoost中，每个新的模型的建立是为了使得之前模型的残差往梯度方向减小，与传统Boost对样本进行加权有着很大的区别。

GradientBoost主要特点：

- 有很好的准确率（但有过度拟合现象）；
- 可以展示自变量的重要性；
- 有更多的参数需要调整；
- 需要迭代计算，不易并行。

1）分类

#函数

class sklearn.ensemble.GradientBoostingClassifier (loss='deviance', learning_rate=0.1, n_estimators=100, subsample=1.0, criterion='friedman_mse', min_samples_split=2, min_samples_leaf=1, min_weight_fraction_leaf=0.0, max_depth=3, min_impurity_decrease=0.0, min_impurity_split=None, init=None, random_state=None, max_features=None, verbose=0, max_leaf_nodes=None, warm_start=False, presort='auto')

#参数

loss：一个字符串，指定了损失函数，可以为：

- deviance（默认），此时损失函数为对数损失函数；
- exponential，指数损失函数。

n_estimators：一个整数，指定基础决策树的数量(默认为100)。GBDT对过拟合有很好的鲁棒性，因此该值越大越好。

learning_rate：浮点数，默认为0.1。它用于减小每一步的步长，防止步长太大而跨过了极值点。通常learning_rate越小，需要的基础决策树数量会越多，因此在learning_rate和n_estimators之间会有所折中。

gbm作者的经验法则是设置learning_rate参数在0.01 ～ 0.001，而n_estimators参数设置在3000 ～ 10000。

max_depth：一个整数或者None，指定了每棵决策树的max_depth参数。如果max_leaf_nodes不是None，则忽略本参数。

min_samples_split：一个整数，指定了每棵决策树的min_samples_split参数。

min_samples_leaf：一个整数，指定了每棵决策树的min_samples_leaf参数。

min_weight_fraction_leaf：一个浮点数，指定了每棵决策树的min_weight_fraction_leaf参数。

subsample：一个浮点数，指定了提取原始训练集中的一个子集用于训练基础决策树，该参数就是子集占原始训练集的大小；如果小于1，则梯度提升决策树模型就是随机梯度提升决策树，此时会减小方差，但提高了偏差，会影响n_estimators参数。

max_features：一个整数，或者浮点数，或者字符串，或者None，指定了每棵决策树的max_features参数。如果max_features小于n_features，则会减小方差，但提高了偏差。

max_leaf_nodes：为整数或者None，指定了每个基础决策树模型的max_leaf_nodes参数。

init：一个基础分类器对象或者None，该分类器对象用于执行初始预测，如果为None则使用loss.init_estimator。

verbose：一个整数。如果为0则不输出日志信息；如果为1则每隔一段时间打印一次日志信息；如果大于1，则打印日志信息更频繁。

warm_start：布尔值。当为True时则继续使用上一次训练的结果；否则重新开始训练。

random_state：一个整数，或者一个RandomState实例，或者None。如果为整数，则它指定了随机数生成器的种子。如果为RandomState实例，则指定了随机数生成器。如果为None，则使用默认的随机数生成器。

presort：一个布尔值或者auto，指定是否需要提前排序，从而加速寻找最优切分的过程。设置为True时，对于大数据集，会减慢总体的训练过程，但是对于小数据集会加速训练过程。

#属性

feature_importances_：一个数组，给出了每个特征的重要性(值越高，重要性越强)。

oob_improvement_：一个数组，给出了每增加一棵基础决策树，在包外估计(即测试集)的损失函数的改善情况(即损失函数的减少值)。

train_score_：一个数组，给出了每增加一棵基础决策树，在训练集上的损失函数的值。

init：初始预测使用的分类器。

estimators_：一个数组，给出了每棵基础决策树。

#方法

fit(X，y[，sample_weight，monitor])：训练模型。其中monitor是一个可调用对象，它在当前迭代过程结束时调用。如果返回True，则训练过程提前终止。

predict(X)：用模型进行预测，返回预测值。

predict_log_proba(X)：返回一个数组，数组的元素依次是X预测为各个类别的概率的对数值。

predict_proba(X)：返回一个数组，数组的元素依次是X预测为各个类别的概率值。

score(X，y[，sample_weight])：返回在(X，y)上预测的准确率(accuracy)。

staged_predict(X)：返回一个数组，数组元素依次是每一轮迭代结束时集成分类器的预测值。

staged_predict_proba(X)：返回一个二维数组，数组元素依次是每一轮迭代结束时集成分类器预测X为各个类别的概率值。

```
1. #示例代码
2. from sklearn.ensemble import GradientBoostingClassifier
3. #准备数据
```

```
4. from pandas import read_excel
5. df=read_excel('F://BaiduYunDownload//Telephone.xlsx')
6. #分出X和Y值
7. x=df.iloc[:,1:15]
8. y=df.iloc[:,0]
9. #分割训练数据和测试数据
10. #根据y分层抽样，25%作为测试 75%作为训练
11. from sklearn.model_selection import train_test_split
12. x_train, x_test, y_train, y_test =train_test_split(x,y,test_size=0.25,
    random_state=0,stratify=y)#如果缺失stratify参数，则为随机抽样
13. #使用分类GRADIENTBOOSTINGCLASSIFIER模型
14. clf=GradientBoostingClassifier(n_estimators=5000,learning_rate=0.01,
    random_state=0)#random_state=0指定随机数生成器的种子,保证每次结果一致,
    gbm作者的经验法则是设置learning_rate参数在0.01-0.001之间，而n_estimators
    参数在3000-10000之间
15. #训练
16. clf.fit(x_train,y_train)
17. #对训练集预测，为性能度量做准备
18. y_pred=clf.predict(x_train)
19. y_true= y_train
20. #对测试集预测，保存预测结果
21. clf_y_predict=clf.predict(x_test)#如果把预测值加入数据中，x_test
    ['predict']= clf.predict(x_test)
22. #输出模型系数重要性和评估
23. import pandas as pd
24. importance=pd.DataFrame(clf.feature_importances_)
25. columns=pd.DataFrame(x_train.columns)
26. importance=pd.concat([columns,importance],axis=1)
27. print(importance)#输出各自变量的重要性，如果base_estimator=GaussianNB()
    无法输出自变量的重要性
28. print('Score: %.2f' % clf.score(x_train, y_train))#返回整体准确率
    (accuracy)，越大越好
```

```
29. #分类问题性能度量
30. from sklearn.metrics import accuracy_score,precision_score,recall_
    score,f1_score,classification_report,confusion_matrix
31. accuracy_score(y_true,y_pred,normalize=True)#整体正确率
32. accuracy_score(y_true,y_pred,normalize=False)#整体正确数量
33. confusion_matrix(y_true,y_pred,labels=[1,2,3])#混淆矩阵，labels指定混淆
    矩阵出现的类别
34. precision_score(y_true,y_pred,average=None)#所有类别查准率
35. recall_score(y_true,y_pred, average=None)#所有类别查全率
36. f1_score(y_true,y_pred,average=None)#所有类别查准率、查全率及调和均值
37.
38. #gbm作者的经验法则是设置learning_rate参数在0.01-0.001之间，而n_estimators
    参数在3000-10000之间，根据此法则，一般正确率较高，下面参数的设置可以谨慎进行
39. #检验不同max_depth、subsample、max_features值对于预测性能的影响,找出最佳值
40. #max_depth和subsample、max_features值和score组成数据框，寻找得分最大的最佳
    max_depth、subsample、max_features值
41. #如果运行速度较慢，可以对各个参数的数量或者范围进行适当缩小
42. from sklearn.metrics import accuracy_score,precision_score,recall_
    score,f1_score,classification_report,confusion_matrix
43. from sklearn.ensemble import GradientBoostingClassifier
44. import numpy as np
45. max_depths=np.arange(1,20,4) #等差序列，步长为4
46. subsamples=np.linspace(0.01,1.0,num=10) #用于创建等差数列，在x轴上从0.01
    至1均匀采样10个数，默认创建50个数
47. max_featuress=np.linspace(0.01,1.0,num=10) #用于创建等差数列，在x轴上从
    0.01至1均匀采样10个数，默认创建50个数
48.
49. a=[]#创建空列表
50. b=[]#创建空列表
51. c=[]#创建空列表
52. d=[]#创建空列表
53. a1=[]#创建空列表
```

```
54. for subsample in subsamples:
55.     for max_depth in max_depths :
56.         for max_features in max_featuress:
57.                 clf=GradientBoostingClassifier(n_estimators=5000,learning_
                    rate=0.01,max_leaf_nodes=None, subsample=subsample,
                    max_depth=max_depth,max_features=max_features,random_
                    state=0)#random_state=0指定随机数生成器的种子,保证每次结果一
                    致，gbm作者的经验法则是设置learning_rate参数在0.01-0.001之间，
                    而n_estimators参数在3000-10000之间
58.                 clf.fit(x_train,y_train)
59.                 a.append(clf.score(x_train, y_train))#合并整体准确率
60.                 b.append(max_depth)#合并max_depth值
61.                 c.append(subsample)#合并subsample值
62.                 d.append(max_features)#合并max_features值
63.                 y_pred=clf.predict(x_train)
64.                 y_true= y_train
65.                 a1.append(recall_score(y_true,y_pred,average=None))
                    #所有类别查全率
66. import pandas as pd
67. a=pd.DataFrame(a)#变成数据框
68. b=pd.DataFrame(b) #变成数据框
69. c=pd.DataFrame(c) #变成数据框
70. d=pd.DataFrame(d) #变成数据框
71. a1=pd.DataFrame(a1) #变成数据框
72. score=pd.concat([a,a1,b,c,d],axis=1)#合并数据框
73. score.columns=['scores',"class_1","class_2","class_3",'max_depth',
    'subsample','max_features']#定义数据框的列名,此处有三类
74. score[score.scores==max(score.scores)]#根据整体准确率条件选择max_depth、
    max_features、subsample值最优数据框
75. max_depth1=score[score.scores==max(score.scores)]['max_depth']
    #最优max_depth值
```

```
76. subsample1=score[score.scores==max(score.scores)]['subsample']
    #最优subsample值
77. max_features1=score[score.scores==max(score.scores)]['max_features']
    #最优max_features值
78.
79. #根据最佳的max_depth、subsample、max_features值做分类
    GRADIENTBOOSTINGCLASSIFIER
80. clf=GradientBoostingClassifier(n_estimators=5000,learning_rate=0.01,
    subsample=subsample1.values[0],max_depth=max_depth1.values[0] ,max_
    features=max_features1.values[0] ,random_state=0)
81. #训练
82. clf.fit(x_train,y_train)
83. #对训练集预测，为性能度量做准备
84. y_pred=clf.predict(x_train)
85. y_true= y_train
86. #对测试集预测，保存预测结果
87. clf_y_predict= clf.predict(x_test)#如果把预测值加入数据中，x_test
    ['predict']= clf.predict(x_test)
88. #输出模型系数重要性和评估
89. import pandas as pd
90. importance=pd.DataFrame(clf.feature_importances_)
91. columns=pd.DataFrame(x_train.columns)
92. importance=pd.concat([columns,importance],axis=1)
93. print(importance)#输出各自变量的重要性
94. print('Score: %.2f' % clf.score(x_train, y_train))#返回整体准确率
    (accuracy)，越大越好
95. #分类问题性能度量
96. from sklearn.metrics import accuracy_score,precision_score,recall_
    score,f1_score,classification_report,confusion_matrix
97. accuracy_score(y_true,y_pred,normalize=True)#整体正确率
98. accuracy_score(y_true,y_pred,normalize=False)#整体正确数量
```

```
99. confusion_matrix(y_true,y_pred,labels=[1,2,3])#混淆矩阵，labels指定混淆
    矩阵出现的类别
100. precision_score(y_true,y_pred,average=None)#所有类别查准率
101. recall_score(y_true,y_pred, average=None)#所有类别查全率
102. f1_score(y_true,y_pred,average=None)#所有类别查准率、查全率及调和均值
```

#pyspark模块示例代码

```
1. #读取数据
2. from pyspark.sql import SparkSession
3. df = spark.read.csv('/usr/local/hadoop/Telephone.csv',inferSchema=True,
   header=True)
4. df.show()
5. #数据预处理
6. #数据属性
7. print((df.count(),len(df.columns)))
8. df.printSchema()
9. df.describe().select('年龄','性别','收入').show()
10. df.groupBy('性别').count().show()
11. df.groupBy('居住地','性别').count().orderBy('居住地','性别','count',
    ascending=True).show()
12. df.groupBy('居住地').mean().show()
13. #特征处理
14. from pyspark.ml.feature import VectorAssembler
15. df_assembler = VectorAssembler(inputCols=['年龄', '收入', '家庭人数',
    '开通月数'], outputCol="features")  #把特征组装成一个list
16. df = df_assembler.transform(df)
17. df.printSchema()
18. df.show(5,truncate=False)
19. #数据集划分
20. train_df,test_df=df.randomSplit([0.75,0.25])
21. train_df.count()
```

```
22. train_df.groupBy('流失').count().show()
23. test_df.groupBy('流失').count().show()
24. #调包
25. from pyspark.ml.classification import GBTClassifier
26. from pyspark.ml.evaluation import BinaryClassificationEvaluator
27. from pyspark.ml.evaluation import MulticlassClassificationEvaluator
28. from pyspark.ml.classification import GBTClassificationModel
29. #模型构建
30. rf_classifier=GBTClassifier(labelCol='流失',maxIter=50,seed=1).fit(train_df)
31. rf_predictions=rf_classifier.transform(test_df)
32. rf_predictions.show()
33. #结果查看
34. rf_classifier.featureImportances  #各个特征的权重
35. #模型效果
36. #多分类模型—准确率
37. rf_accuracy=MulticlassClassificationEvaluator(labelCol='流失',
    metricName='accuracy').evaluate(rf_predictions)
38. print('The accuracy of RF on test data is {0:.0%}'.format(rf_accuracy))
39. print(rf_accuracy)
40. #多分类模型—精确率
41. rf_precision=MulticlassClassificationEvaluator(labelCol='流失',metricNam
    e='weightedPrecision').evaluate(rf_predictions)
42. print('The precision rate on test data is {0:.0%}'.format(rf_precision))
43. #AUC
44. rf_auc=BinaryClassificationEvaluator(labelCol='流失').evaluate(rf_
    predictions)
45. print(rf_auc)
46. #参数调整
47. import numpy as np
48. maxDepths=np.arange(1,20,4) #等差序列，步长为4
```

```
49. stepSizes=np.linspace(0.001,0.01,num=10) #用于创建等差数列，在x轴上从
    0.001至0.01均匀采样10个数，默认创建50个数，gbm作者的经验法则是设置学习率
    参数在0.01-0.001之间
50. subsamplingRates=np.linspace(0.01,1.0,num=10) #用于创建等差数列，在x轴上
    从0.01至1均匀采样10个数，默认创建50个数
51. import pandas as pd
52. a=[]    #创建空列表
53. b=[]    #创建空列表
54. c=[]    #创建空列表
55. d=[]    #创建空列表
56. a1=[]   #创建空列表
57. for stepSize in stepSizes:
58.     for maxDepth in maxDepths :
59.         for subsamplingRate in subsamplingRates:
60.             rf_classifier=GBTClassifier(labelCol='流失', stepSize=stepSize,
                maxDepth=maxDepth,subsamplingRate=subsamplingRate, seed=1)
                .fit(train_df)#seed=1指定随机数生成器的种子,保证每次结果一致
61.             rf_predictions=rf_classifier.transform(test_df)
62.             a.append(MulticlassClassificationEvaluator(labelCol='流失',
                metricName='accuracy').evaluate(rf_predictions))
                #合并整体准确率
63.             b.append(maxDepth)#合并maxDepth值
64.             c.append(stepSize)#合并stepSize值
65.             d.append(subsamplingRate)#合并subsamplingRate值
66.             a1.append(MulticlassClassificationEvaluator(labelCol='流失',
                metricName='weightedPrecision').evaluate(rf_predictions))
                #合并整体精确率
67. a=pd.DataFrame(a)#变成数据框
68. b=pd.DataFrame(b) #变成数据框
69. c=pd.DataFrame(c) #变成数据框
70. d=pd.DataFrame(d) #变成数据框
71. a1=pd.DataFrame(a1) #变成数据框
72. score=pd.concat([a,a1,b,c,d],axis=1)#合并数据框
```

```
73. score.columns=['scores', 'jql','maxDepth','stepSize','subsamplingRate']
    #定义数据框的列名
74. score[score.scores==max(score.scores)]#根据整体准确率条件选择maxDepth、
    stepSize值最优数据框
75. maxDepth1=score[score.scores==max(score.scores)]['maxDepth']
    #最优maxDepth值
76. stepSize1=score[score.scores==max(score.scores)]['stepSize']
    #最优stepSize值
77. subsamplingRate1=score[score.scores==max(score.scores)]
    ['subsamplingRate']#最优subsamplingRate值
78. #根据最佳的参数值做分类
79. rf_classifier=GBTClassifier(labelCol='流失', stepSize=stepSize1.values[0],
    maxDepth=maxDepth1.values[0] ,subsamplingRate=subsamplingRate1
    .values[0],seed=1).fit(train_df)#seed=1指定随机数生成器的种子,保证每次
    结果一致
80. rf_predictions=rf_classifier.transform(test_df)
81. rf_predictions.show()
82. #结果查看
83. rf_classifier.featureImportances  #各个特征的权重
84. #模型效果
85. #多分类模型—准确率
86. rf_accuracy=MulticlassClassificationEvaluator(labelCol='流失',
    metricName='accuracy').evaluate(rf_predictions)
87. print('The accuracy of RF on test data is {0:.0%}'.format(rf_accuracy))
88. print(rf_accuracy)
89. #多分类模型—精确率
90. rf_precision=MulticlassClassificationEvaluator(labelCol='流失',metricNam
    e='weightedPrecision').evaluate(rf_predictions)
91. print('The precision rate on test data is {0:.0%}'.format(rf_precision))
92. #AUC
93. rf_auc=BinaryClassificationEvaluator(labelCol='流失').evaluate(rf_
    predictions)
94. print(rf_auc)
```

2）回归

#函数

class sklearn.ensemble.GradientBoostingRegressor (loss='ls', learning_rate=0.1, n_estimators=100, subsample=1.0, criterion='friedman_mse', min_samples_split=2, min_samples_leaf=1, min_weight_fraction_leaf=0.0, max_depth=3, min_impurity_decrease=0.0, min_impurity_split=None, init=None, random_state=None, max_features=None, alpha=0.9, verbose=0, max_leaf_nodes=None, warm_start=False, presort='auto')

#参数

loss：一个字符串，指定损失函数，可以为：

➤ ls，损失函数为平方损失函数；
➤ lad，损失函数为绝对值损失函数；
➤ huber，损失函数为上述两者的结合，通过参数α指定比例该损失函数的定义为：

$$L_{\text{huber}}=\begin{cases}\frac{1}{2}(y-f(x))^2 & |y-f(x)|\leqslant\alpha \\ \alpha|y-f(x)|-\frac{1}{2}\alpha^2 & \end{cases}$$

即误差较小时使用平方损失，误差较大时采用绝对值损失。

quantile：分位数回归（分位数指百分之几），通过α参数指定分位数。

alpha：一个浮点数，只有当loss=huber或者loss=quantile时才有效。

n_estimators：一个整数，指定基础回归树的数量(默认为100)。GBRT对过拟合有很好的鲁棒性，因此该值越大越好。

learning_rate：浮点数，默认为0.1。它用于减小每一步的步长，防止步长太大而跨过了极值点。通常learning_rate越小，需要的基础回归树数量会越多，因此在learning_rate和n_estimators之间会有所折中。

max_depth：一个整数或者None，指定了基础回归树的max_depth参数。如果max_leaf_nodes不是None，则忽略本参数。

min_samples_split：一个整数，指定了基础回归树的min_samples_split参数。

min_samples_leaf：一个整数，指定了基础回归树的min_samples_leaf参数。

min_weight_fraction_leaf：一个浮点数，指定了基础回归树的min_weight_fraction_leaf参数。

subsample：一个浮点数，指定提取原始训练集中的一个子集用于训练基础回归树，该参数就是子集占原始训练集的大小；如果小于1，则梯度提升回归树模型就是随机梯度提升回归树，此时会减小方差（但提高了偏差），它会影响n_estimators参数。

max_features：一个整数，或者浮点数，或者字符串，或者None，指定了每棵回归树的max_features参数。如果max_features小于n_features，则会减小方差,但这样也提高了偏差。

max_leaf_nodes：为整数或者None，指定了每个基础回归树模型的max_leaf_nodes参数。

init：一个基础分类器对象或者None，该分类器对象用于执行初始的预测，如果为None，则使用loss.init_estimator。

verbose：一个整数。如果为0则不输出日志信息；如果为1则每隔一段时间打印一次日志信息；如果大于1，则打印日志信息更频繁。

warm_start：布尔值。当为True时，则继续使用上一次训练的结果；否则重新开始训练。

random_state：一个整数，或者一个RandomState实例，或者None。如果为整数，则它指定了随机数生成器的种子。如果为RandomState实例，则指定了随机数生成器。如果为None，则使用默认的随机数生成器。

presort：一个布尔值或者'auto'，指定是否需要提前对数据排序，从而加速寻找最优切分的过程。设置为True时，对于大数据集会减慢训练过程，对于小数据集会加速训练过程。

#属性

feature_importances_：一个数组，给出了每个特征的重要性(值越高，重要性越强)。

oob_improvement_：一个数组，给出了每增加一棵基础回归树，在包外估计(即测试集)的损失函数的改善情况(即损失函数的减少值)。

train_score_：一个数组，给出了每增加一棵基础回归树，在训练集上的损失函数的值。

init：初始预测使用的分类器。

estimators_：一个数组，给出了每棵基础回归树。

#方法

fit(X,y[,sample_weight，monitor])：训练模型。其中monitor是一个可调用对象，它在当前迭代过程结束时调用。如果它返回True，则训练过程提前终止。

predict(X)：用模型进行预测，返回预测值。

predict_log_proba(X)：返回一个数组，数组的元素依次是X预测为各个类别的概率的对数值。

predict_proba(X)：返回一个数组，数组的元素依次是X预测为各个类别的概率值。

score(X,y[,sample_weight])：返回预测性能得分。

```
1. #示例代码
2. from sklearn.ensemble import GradientBoostingRegressor
3. #准备数据
4. from pandas import read_excel
5. df=read_excel('F://BaiduYunDownload//Telephone.xlsx')
6. #分出X和Y值
7. x=df.iloc[:,1:15]
```

```
8. y=df.iloc[:,0]
9. #分割训练数据和测试数据
10. #根据y分层抽样，25%作为测试 75%作为训练
11. from sklearn.model_selection import train_test_split
12. x_train, x_test, y_train, y_test =train_test_split(x,y,test_size=0.25,
    random_state=0,stratify=y)#如果缺失stratify参数，则为随机抽样
13. #使用分类GRADIENTBOOSTINGREGRESSOR模型
14. clf=GradientBoostingRegressor(n_estimators=5000,learning_rate=0.01,
    random_state=0)#random_state=0指定随机数生成器的种子,保证每次结果一致,
    gbm作者的经验法则是设置learning_rate参数在0.01-0.001之间，而n_estimators
    参数在3000-10000之间
15. #使用不同的损失函数
16. #clf=GradientBoostingRegressor(loss='ls')
17. #clf=GradientBoostingRegressor(loss='lad')
18. #alphas=np.linspace(0.01,1.0,endpoint=False,num=5)#如果下面的alpha需要
    变动，可以用此等差数列进行for循环，此处省略for循环
19. #clf=GradientBoostingRegressor(loss='huber', alpha=0.6)
20. #clf=GradientBoostingRegressor(loss='quantile', alpha=0.6)
21.
22. #训练
23. clf.fit(x_train,y_train)
24. #对训练集预测，为性能度量做准备
25. y_pred=clf.predict(x_train)
26. y_true= y_train
27. #对测试集预测，保存预测结果
28. clf_y_predict=clf.predict(x_test)#如果把预测值加入数据中，x_test
    ['predict']= clf.predict(x_test)
29. #输出变量重要性和模型评估
30. import pandas as pd
31. importance=pd.DataFrame(clf.feature_importances_)
32. columns=pd.DataFrame(x_train.columns)
```

```
33. importance=pd.concat([columns,importance],axis=1)
34. print(importance)#输出各自变量的重要性,
35. import numpy as np
36. print("mean absolute error: %.2f"%np.mean(abs(clf.predict(x_train)-y_
    train)))#平均绝对误差，越小越好
37. print("Residual sum of squares: %.2f"%np.mean((clf.predict(x_train)-y_
    train)**2))#均方根误差，越小越好
38. print('Score: %.2f' % clf.score(x_train, y_train))#输出模型得分，越大越好
39. #gbm作者的经验法则是设置learning_rate参数在0.01-0.001之间，而n_estimators
    参数在3000-10000之间，根据此法则，一般正确率较高，下面参数的设置可以谨慎进行
40.
41. #检验不同max_depth、subsample、max_features值对于预测性能的影响,找出最佳值
42. #max_depth和 subsample、max_features值和score组成数据框，寻找得分最大的最
    佳max_depth、subsample、max_features值
43. #如果运行速度较慢，可以对各个参数的数量或者范围进行适当缩小
44. from sklearn.ensemble import GradientBoostingRegressor
45. import numpy as np
46. max_depths=np.arange(1,20,4) #等差序列，步长为4
47. subsamples=np.linspace(0.01,1.0,num=10) #用于创建等差数列，在x轴上从0.01
    至1均匀采样10个数，默认创建50个数
48. max_featuress=np.linspace(0.01,1.0,num=10) #用于创建等差数列，在x轴上从
    0.01至1均匀采样10个数，默认创建50个数
49.
50. a=[]#创建空列表
51. b=[]#创建空列表
52. c=[]#创建空列表
53. d=[]#创建空列表
54. for subsample in subsamples:
55.     for max_depth in max_depths :
56.         for max_features in max_featuress:
```

```
57.                 clf=GradientBoostingRegressor(n_estimators=5000,learning_
                    rate=0.01,max_leaf_nodes=None, subsample=subsample,max_
                    depth=max_depth,max_features=max_features,random_state=0)
                    #random_state=0指定随机数生成器的种子,保证每次结果一致，gbm
                    作者的经验法则是设置learning_rate参数在0.01-0.001之间,
                    而n_estimators参数在3000-10000之间
58.                 clf.fit(x_train,y_train)
59.                 a.append(clf.score(x_train, y_train))#合并整体得分
60.                 b.append(max_depth)#合并max_depth值
61.                 c.append(subsample)#合并subsample值
62.                 d.append(max_features)#合并max_features值
63.
64. import pandas as pd
65. a=pd.DataFrame(a)#变成数据框
66. b=pd.DataFrame(b) #变成数据框
67. c=pd.DataFrame(c) #变成数据框
68. d=pd.DataFrame(d) #变成数据框
69. score=pd.concat([a,b,c,d],axis=1)#合并数据框
70. score.columns=['scores','max_depth','subsample','max_features']
    #定义数据框的列名
71.
72. score[score.scores==max(score.scores)]#根据整体得分选择max_depth、subsample
    值最优数据框
73. max_depth1=score[score.scores==max(score.scores)]['max_depth']
    #最优max_depth值
74. subsample1=score[score.scores==max(score.scores)]['subsample']
    #最优subsample值
75. max_features1=score[score.scores==max(score.scores)]['max_features']
    #最优subsample值
76.
77. #根据最佳的max_depth、subsample值做分类GRADIENTBOOSTINGREGRESSOR
```

```
78. clf=GradientBoostingRegressor(n_estimators=5000,learning_rate=0.01,
    subsample=subsample1.values[0],max_depth=max_depth1.values[0] ,max_
    features=max_features1.values[0] ,random_state=0)
79. #训练
80. clf.fit(x_train,y_train)
81. #对训练集预测，为性能度量做准备
82. y_pred=clf.predict(x_train)
83. y_true= y_train
84. #对测试集预测，保存预测结果
85. clf_y_predict= clf.predict(x_test)#如果把预测值加入数据中，x_test
    ['predict']= clf.predict(x_test)
86. #输出模型系数重要性和评估
87. import pandas as pd
88. importance=pd.DataFrame(clf.feature_importances_)
89. columns=pd.DataFrame(x_train.columns)
90. importance=pd.concat([columns,importance],axis=1)
91. print(importance)#输出各自变量的重要性
92. import numpy as np
93. print("mean absolute error: %.2f"%np.mean(abs(clf.predict(x_train)-y_
    train)))#平均绝对误差，越小越好
94. print("Residual sum of squares: %.2f"%np.mean((clf.predict(x_train)-y_
    train)**2))#均方根误差，越小越好
95. print('Score: %.2f' % clf.score(x_train, y_train))#输出模型得分，越大越好
```

#pyspark模块示例代码

```
1. #读取数据
2. from pyspark.sql import SparkSession
3. df = spark.read.csv('/usr/local/hadoop/Telephone.csv',inferSchema=True,
   header=True)
4. df.show()
```

```
5. #数据预处理
6. #数据属性
7. print((df.count(),len(df.columns)))
8. df.printSchema()
9. df.describe().select('年龄','性别','收入').show()
10. df.groupBy('性别').count().show()
11. df.groupBy('居住地','性别').count().orderBy('居住地','性别','count',
    ascending=True).show()
12. df.groupBy('居住地').mean().show()
13. #特征处理
14. from pyspark.ml.feature import VectorAssembler
15. df_assembler = VectorAssembler(inputCols=['年龄', '收入', '家庭人数'],
    outputCol="features")  #把特征组装成一个list
16. df = df_assembler.transform(df)
17. df.printSchema()
18. df.show(5,truncate=False)
19. #数据集划分
20. train_df,test_df=df.randomSplit([0.75,0.25])
21. train_df.count()
22. #调包
23. from pyspark.ml.regression import GBTRegressor
24. from pyspark.ml.evaluation import RegressionEvaluator
25. from pyspark.ml.regression import GBTRegressionModel
26. #模型构建
27. rf_Regressor=GBTRegressor(labelCol='开通月数',maxIter=50,seed=1)
    .fit(train_df)
28. rf_predictions=rf_Regressor.transform(test_df)
29. rf_predictions.show()
30. #结果查看
31. rf_Regressor.featureImportances  #各个特征的权重
32. #模型效果
```

```
33. #回归评估
34. rf_rmse=RegressionEvaluator(labelCol='开通月数', metricName="rmse")
    .evaluate(rf_predictions)
35. print(rf_rmse)
36. #参数调整
37. import numpy as np
38. maxDepths=np.arange(1,20,4) #等差序列，步长为4
39. stepSizes=np.linspace(0.001,0.01,num=10) #用于创建等差数列，在x轴上从
    0.001至0.01均匀采样10个数，默认创建50个数，gbm作者的经验法则是设置学习率参数
    在0.01-0.001之间
40. subsamplingRates=np.linspace(0.01,1.0,num=10) #用于创建等差数列，在x轴上
    从0.01至1均匀采样10个数，默认创建50个数
41. import pandas as pd
42. a=[]#创建空列表
43. b=[]#创建空列表
44. c=[]#创建空列表
45. d=[]#创建空列表
46. for stepSize in stepSizes:
47.     for maxDepth in maxDepths :
48.         for subsamplingRate in subsamplingRates:
49.             rf_Regressor=GBTRegressor(labelCol='开通月数', stepSize=ste
                pSize,maxDepth=maxDepth,subsamplingRate=subsamplingRate,
                seed=1).fit(train_df)#seed=1指定随机数生成器的种子,保证每次
                结果一致
50.             rf_predictions=rf_Regressor.transform(test_df)
51.             a.append(RegressionEvaluator(labelCol='开通月数',
                metricName="rmse").evaluate(rf_predictions))#合并回归评估
52.             b.append(maxDepth)#合并maxDepth值
53.             c.append(stepSize)#合并stepSize值
54.             d.append(subsamplingRate)#合并subsamplingRate值
55. a=pd.DataFrame(a)#变成数据框
56. b=pd.DataFrame(b) #变成数据框
```

```
57. c=pd.DataFrame(c) #变成数据框
58. d=pd.DataFrame(d) #变成数据框
59. rmse=pd.concat([a,b,c,d],axis=1)#合并数据框
60. rmse.columns=['rmses','maxDepth','stepSize','subsamplingRate']
    #定义数据框的列名
61. rmse[rmse.rmses==min(rmse.rmses)]#根据整体rmse条件选择maxDepth、stepSize
    值最优数据框
62. maxDepth1=rmse[rmse.rmses==min(rmse.rmses)]['maxDepth']#最优maxDepth值
63. stepSize1=rmse[rmse.rmses==min(rmse.rmses)]['stepSize']#最优stepSize值
64. subsamplingRate1=rmse[rmse.rmses==min(rmse.rmses)]['subsamplingRate']
    #最优stepSize值
65. #根据最佳的参数值做回归
66. rf_Regressor=GBTRegressor(labelCol='开通月数', stepSize=stepSize1
    .values[0],maxDepth=maxDepth1.values[0] ,subsamplingRate=subsampl
    ingRate1.values[0],seed=1).fit(train_df)#此时rmses最大值时，maxDepth1、
    subsamplingRate1、stepSize1是series（有可能是多个数），因此不能直接
    maxDepth=maxDepth1，只能等于maxDepth1的第一个数，seed=1指定随机数生成器
    的种子,保证每次结果一致
67. rf_predictions=rf_Regressor.transform(test_df)
68. rf_predictions.show()
69.
70. #结果查看
71. rf_Regressor.featureImportances  #各个特征的权重
72. #模型效果
73. #回归评估
74. rf_rmse=RegressionEvaluator(labelCol='开通月数', metricName="rmse")
    .evaluate(rf_predictions)
75. print(rf_rmse)
```

5.1.1.6 KNN

KNN方法的核心思想是：如果一个样本在特征空间中的k个最相邻的样本中的大多数属于某一个类别，则该样本也属于这个类别，并具有这个类别上样本的特性。该方法在确定分类决策上，只依据最邻近的一个或者几个样本的类别来决定待分样本所属的类别。KNN

方法在类别决策中只与极少量的相邻样本有关。由于KNN方法主要靠周围有限的邻近样本，而不是靠判别类域来确定所属类别，因此对于类域交叉或重叠较多的待分样本集来说，KNN方法较其他方法更为适合。

KNN方法的三要素：k值选择（即取多少个邻近点合适）、距离度量和分类决策规则。k值的选择会对结果产生重大影响；KNN法的自变量一般是可以度量的连续性变量（因为距离是欧氏距离等连续性变量距离），进行判别前必须进行量纲统一（如标准化等）；分类决策通常采用多数表决，也可以基于距离的远近进行加权投票，距离越近的样本权重越大。

当自变量中有分类变量（如文本分类）时，运用一些特殊的算法来计算度量（如汉明距离可以用来度量），部分情况下（如运用大边缘最近邻法或者近邻成分分析法）KNN分类的精度可显著提高。

KNN算法不仅可以用于分类，还可以用于回归。通过找出一个样本的若干k个最近邻居，将这些邻居的属性的平均值赋给该样本，就可以得到该样本的属性。更实用的方法是将不同距离的邻居对该样本产生的影响赋予不同的权值。图5-2所示为KNN算法示意图。

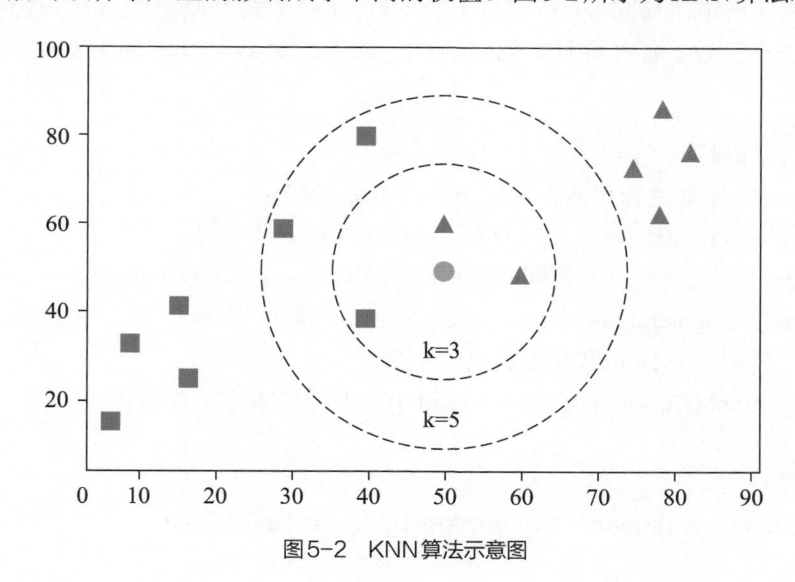

图5-2 KNN算法示意图

1）KNN分类

#函数

sklearn.neighbors.KNeighborsClassifier(n_neighbors=5,weights='uniform',algorithm='auto',leaf_size=30,p=2,metric='minkowski',metric_params=None,n_jobs=1,**kwargs)

#参数

n_neighbors：一个整数，指定k值。

weights：一字符串或者可调用对象，指定投票权重类型，包括以下几种：

➤ uniform，本节点的所有邻居节点的投票权重都相等；

➢ distance，本节点的所有邻居节点的投票权重与距离成反比，越近的节点其投票权重越大；
➢ [callable]，一个可调用对象。它传入距离的数组，返回同样形状的权重数组。

algorithm：一字符串，指定计算最近邻的算法，包括以下几种：

➢ ball_tree，使用 BallTree 算法；
➢ kd_tree，使用 KDTree 算法；
➢ brute，使用暴力搜索法；
➢ auto，自动决定最合适的算法。

leaf_size：一个整数，指定BallTree或者KDTree叶节点规模。它影响树的构建和查询速度。

metric：一个字符串，指定距离度量。默认为minkowski距离。

p：整数值，指定在Minkowski度量上的指数。p=1对应曼哈顿距离；p=2对应欧拉距离。

n_jobs：一个正数。任务并行时指定的CPU数量。如果为–1则使用所有可用的CPU。

#方法

fit(X,y)：训练模型。

Predict(X)：用模型进行预测，返回待预测样本的标记。

predict_proba(X)：返回样本为每种标记的概率值。

score(X,y)：返回在(X,y)上预测的整体准确率(accuracy)，越大越好

kneighbors([X，n_neighbors，return_distance])：返回样本点的k近邻点。如果return distance=True，同时还返回到这些近邻点的距离。

kneighbors_graph([X，n_neighbors，mode])：返回样本点的连接图。

```
1. #示例代码
2. from sklearn.neighbors import KNeighborsClassifier
3. #准备数据
4. from pandas import read_excel
5. df=read_excel('F://BaiduYunDownload//Telephone.xlsx')
6. #分出X和Y值
7. x=df.iloc[:,1:15]
8. y=df.iloc[:,0]
9. #分割训练数据和测试数据
10. #根据y分层抽样，25%作为测试 75%作为训练
11. from sklearn.model_selection import train_test_split
```

```
12. x_train, x_test, y_train, y_test =train_test_split(x,y,test_size=
    0.25,random_state=0,stratify=y)#如果缺失stratify参数，则为随机抽样
13. #使用分类KNN模型
14. clf=KNeighborsClassifier()#使用默认配置初始化分类KNN模型
15. #训练
16. clf.fit(x_train,y_train)
17. #对训练集预测，为性能度量做准备
18. y_pred=clf.predict(x_train)
19. y_true= y_train
20. #对测试集预测，保存预测结果
21. clf_y_predict=clf.predict(x_test)#如果把预测值加入数据中，x_test
    ['predict']= clf.predict(x_test)
22. #输出模型评估
23. print('Score: %.2f' % clf.score(x_train, y_train))#返回整体准确率
    (accuracy)，越大越好
24. #分类问题性能度量
25. from sklearn.metrics import accuracy_score,precision_score,recall_
    score,f1_score,classification_report,confusion_matrix
26. accuracy_score(y_true,y_pred,normalize=True)#整体正确率
27. accuracy_score(y_true,y_pred,normalize=False)#整体正确数量
28. confusion_matrix(y_true,y_pred,labels=[1,2,3])#混淆矩阵，labels指定混淆
    矩阵出现的类别
29. precision_score(y_true,y_pred,average=None)#所有类别查准率
30. recall_score(y_true,y_pred, average=None)#所有类别查全率
31. f1_score(y_true,y_pred,average=None)#所有类别查准率、查全率及调和均值
32.
33. #检验不同n_neighbors和weights值对于预测性能的影响,找出最佳值
34. #n_neighbors 和 weights值和score组成数据框，寻找得分最大的最佳n_neighbors、
    weights值
35. from sklearn.neighbors import KNeighborsClassifier
36. weights=['uniform','distance']
```

```
37. import numpy as np
38. Ks=np.linspace(1,y_train.size,num=100,endpoint=False,dtype='int')
    #创建等差数列，从1至y_train.size均匀采样100个数据点，y_train.size表示行乘
    列的数，此时是一列，就是行数，等同于len(y_train.values)
39. a=[]#创建空列表
40. b=[]#创建空列表
41. c=[]#创建空列表
42. a1=[]#创建空列表
43. for weight in weights:
44.     for K in Ks:
45.         clf=KNeighborsClassifier(weights=weight,n_neighbors=K)
46.         clf.fit(x_train,y_train)
47.         a.append(clf.score(x_train, y_train))#合并整体准确率
48.         b.append(K)#合并K值
49.         c.append(weight)#合并weight值
50.         y_pred=clf.predict(x_train)
51.         y_true= y_train
52.         a1.append(recall_score(y_true,y_pred,average=None))#所有类别查全率
53. import pandas as pd
54. a=pd.DataFrame(a)#变成数据框
55. b=pd.DataFrame(b) #变成数据框
56. c=pd.DataFrame(c) #变成数据框
57. a1=pd.DataFrame(a1) #变成数据框
58. score=pd.concat([a,a1,b,c],axis=1)#合并数据框
59. score.columns=['scores',"class_1","class_2","class_3",'K','weight']
    #定义数据框的列名,此处有三类
60. score[score.scores==max(score.scores)]#根据整体准确率条件选择K、weight值
    最优数据框
61. K1=score[score.scores==max(score.scores)]['K']#最优K值
62. weight1=score[score.scores==max(score.scores)]['weight']#最优weight值
63. #根据最佳的K、weight值做分类KNN
```

```
64. clf=KNeighborsClassifier(weights=weight1.values[0],n_neighbors=K1
    .values[0])
65. #训练
66. clf.fit(x_train,y_train)
67. #对训练集预测，为性能度量做准备
68. y_pred=clf.predict(x_train)
69. y_true= y_train
70. #对测试集预测，保存预测结果
71. clf_y_predict= clf.predict(x_test)#如果把预测值加入数据中，x_test
    ['predict']= clf.predict(x_test)
72. #输出模型评估
73. print('Score: %.2f' % clf.score(x_train, y_train))#返回整体准确率(accuracy),
    越大越好
74. #分类问题性能度量
75. from sklearn.metrics import accuracy_score,precision_score,recall_
    score,f1_score,classification_report,confusion_matrix
76. accuracy_score(y_true,y_pred,normalize=True)#整体正确率
77. accuracy_score(y_true,y_pred,normalize=False)#整体正确数量
78. confusion_matrix(y_true,y_pred,labels=[1,2,3])#混淆矩阵，labels指定混淆
    矩阵出现的类别
79. precision_score(y_true,y_pred,average=None)#所有类别查准率
80. recall_score(y_true,y_pred, average=None)#所有类别查全率
81. f1_score(y_true,y_pred,average=None)#所有类别查准率、查全率及调和均值
82.
83. #检验不同n_neighbors和p值对于预测性能的影响,找出最佳值
84. #n_neighbors 和 p值和score组成数据框，寻找得分最大的最佳n_neighbors 、p值
85. from sklearn.neighbors import KNeighborsClassifier
86. Ps=[1,2,10]#三个数
87. import numpy as np
88. Ks=np.linspace(1,y_train.size,num=100,endpoint=False,dtype='int')
    #创建等差数列，从1至y_train.size均匀采样100个数据点#y_train.size表示
    行乘列的数，此时是一列，就是行数，等同于len(y_train.values)
```

```
89.
90. a=[]#创建空列表
91. b=[]#创建空列表
92. c=[]#创建空列表
93. a1=[]#创建空列表
94. for P in Ps:
95.     for K in Ks:
96.         clf=KNeighborsClassifier(p=P,n_neighbors=K)
97.         clf.fit(x_train,y_train)
98.         a.append(clf.score(x_train, y_train))#合并整体准确率
99.         b.append(K)#合并K值
100.         c.append(P)#合并P值
101.         y_pred=clf.predict(x_train)
102.         y_true= y_train
103.         a1.append(recall_score(y_true,y_pred,average=None))
             #所有类别查全率
104. import pandas as pd
105. a=pd.DataFrame(a)#变成数据框
106. b=pd.DataFrame(b) #变成数据框
107. c=pd.DataFrame(c) #变成数据框
108. a1=pd.DataFrame(a1) #变成数据框
109. score=pd.concat([a,a1,b,c],axis=1)#合并数据框
110. score.columns=['scores',"class_1","class_2","class_3",'K','P']
     #定义数据框的列名,此处有三类
111. score[score.scores==max(score.scores)]#根据整体准确率条件选择K、P值最优
     数据框
112. K1=score[score.scores==max(score.scores)]['K']#最优K值
113. P1=score[score.scores==max(score.scores)]['P']#最优P值
114. #根据最佳的K、 P值做分类KNN
115. clf=KNeighborsClassifier(p=P1.values[0],n_neighbors=K1.values[0])
116. #训练
```

```
117. clf.fit(x_train,y_train)
118. #对训练集预测，为性能度量做准备
119. y_pred=clf.predict(x_train)
120. y_true= y_train
121. #对测试集预测，保存预测结果
122. clf_y_predict= clf.predict(x_test)#如果把预测值加入数据中，x_test
     ['predict']= clf.predict(x_test)
123. #输出模型评估
124. print('Score: %.2f' % clf.score(x_train, y_train))#返回整体准确率
     (accuracy)，越大越好
125. #分类问题性能度量
126. from sklearn.metrics import accuracy_score,precision_score,recall_
     score,f1_score,classification_report,confusion_matrix
127. accuracy_score(y_true,y_pred,normalize=True)#整体正确率
128. accuracy_score(y_true,y_pred,normalize=False)#整体正确数量
129. confusion_matrix(y_true,y_pred,labels=[1,2,3])#混淆矩阵，labels指定混淆
     矩阵出现的类别
130. precision_score(y_true,y_pred,average=None)#所有类别查准率
131. recall_score(y_true,y_pred, average=None)#所有类别查全率
132. f1_score(y_true,y_pred,average=None)#所有类别查准率、查全率及调和均值
```

2）KNN回归

#函数

sklearn.neighbors.KNeighborsRegressor(n_neighbors=5,weights='uniform',algorithm='auto',leaf_size=30,p=2,metric='minkowski',metric_params=None,n_jobs=1,**kwargs)

#参数

n_neighbors：一个整数，指定k值。

weights：一字符串或者可调用对象，指定投票权重类型，邻居节点的投票权重可以相同或者不同，包括以下几种：

- uniform，本节点的所有邻居节点的投票权重都相等；
- distance，本节点的所有邻居节点的投票权重与距离成反比，越近的节点其投票权重越大；

➢ [callable]，一个可调用对象。它传入距离的数组，返回同样形状的权重数组。

algorithm：一字符串，指定计算最近邻的算法，包括如下几种：

➢ ball_tree：使用BallTree算法；
➢ kd_tree,使用KDTree算法；
➢ brute,使用暴力搜索法；
➢ auto,自动决定最合适的算法。

leaf_size：一个整数，指定BallTree或者KDTree叶节点规模。它影响树的构建和查询速度。

metric：一个字符串，指定距离度量。默认为minkowski距离。

p：整数值，指定在Minkowski度量上的指数。如果p=1，对应曼哈顿距离；如果p=2，对应欧拉距离。

n_jobs：一个正数，任务并行时指定的CPU数量。如果为-1则使用所有可用的CPU。

#方法

fit(X,y)：训练模型。

Predict(X)：用模型进行预测,返回待预测样本的标记。

predict_proba(X)：返回样本为每种标记的概率值。

score(X,y)：返回预测性能得分。

kneighbors([X，n_neighbors，return_distance])：返回样本点的k近邻点。如果return distance=True，同时还返回到这些近邻点的距离。

kneighbors_graph([X，n_neighbors，mode])：返回样本点的连接图。

```
1. #示例代码
2. from sklearn.neighbors import KNeighborsRegressor
3. #准备数据
4. from pandas import read_excel
5. df=read_excel('F://BaiduYunDownload//Telephone.xlsx')
6. #分出X和Y值
7. x=df.iloc[:,1:15]
8. y=df.iloc[:,0]
9. #分割训练数据和测试数据
10. #根据y分层抽样，25%作为测试 75%作为训练
11. from sklearn.model_selection import train_test_split
12. x_train, x_test, y_train, y_test =train_test_split(x,y,test_size=0.25,
    random_state=0,stratify=y)#如果缺失stratify参数，则为随机抽样
```

```
13. #使用回归KNN模型
14. clf=KNeighborsRegressor()#使用默认配置初始化回归KNN模型
15. #训练
16. clf.fit(x_train,y_train)
17. #对测试集预测，保存预测结果
18. clf_y_predict=clf.predict(x_test)#如果把预测值加入数据中，x_test
    ['predict']= clf.predict(x_test)
19. #输出模型评估
20. import numpy as np
21. print("mean absolute error: %.2f"%np.mean(abs(clf.predict(x_train)-y_
    train)))#平均绝对误差，越小越好
22. print("Residual sum of squares: %.2f"%np.mean((clf.predict(x_train)-y_
    train)**2))#均方根误差，越小越好
23. print('Score: %.2f' % clf.score(x_train, y_train))#输出模型得分，越大越好
24.
25. #检验不同n_neighbors和weights值对于预测性能的影响,找出最佳值
26. #n_neighbors 和 weights值和score组成数据框，寻找得分最大的最佳n_neighbors、
    weights值
27. from sklearn.neighbors import KNeighborsRegressor
28. weights=['uniform','distance']
29. import numpy as np
30. Ks=np.linspace(1,y_train.size,num=100,endpoint=False,dtype='int')
    #创建等差数列，从1至y_train.size均匀采样100个数据点，y_train.size表示行乘列
    的数，此时是一列，就是行数，等同于len(y_train.values)
31. a=[]#创建空列表
32. b=[]#创建空列表
33. c=[]#创建空列表
34. a1=[]#创建空列表
35. for weight in weights:
36.     for K in Ks:
37.         clf=KNeighborsRegressor(weights=weight,n_neighbors=K)
```

```
38.             clf.fit(x_train,y_train)
39.             a.append(clf.score(x_train, y_train))#合并整体分值
40.             b.append(K)#合并K值
41.             c.append(weight)#合并weight值
42. import pandas as pd
43. a=pd.DataFrame(a)#变成数据框
44. b=pd.DataFrame(b) #变成数据框
45. c=pd.DataFrame(c) #变成数据框
46. score=pd.concat([a,b,c],axis=1)#合并数据框
47. score.columns=['scores','K','weight']#定义数据框的列名
48. score[score.scores==max(score.scores)]#根据整体准确率条件选择K、weight值
    最优数据框
49. K1=score[score.scores==max(score.scores)]['K']#最优K值
50. weight1=score[score.scores==max(score.scores)]['weight']#最优weight值
51.
52. #根据最佳的K、weight值做回归KNN
53. clf=KNeighborsRegressor(weights=weight1.values[0],n_neighbors=K1.values[0])
54. #训练
55. clf.fit(x_train,y_train)
56. #对测试集预测，保存预测结果
57. clf_y_predict= clf.predict(x_test)#如果把预测值加入数据中，x_test
    ['predict']= clf.predict(x_test)
58.
59. #输出模型评估
60. import numpy as np
61. print("mean absolute error: %.2f"%np.mean(abs(clf.predict(x_train)-y_
    train)))#平均绝对误差，越小越好
62. print("Residual sum of squares: %.2f"%np.mean((clf.predict(x_train)-y_
    train)**2))#均方根误差，越小越好
63. print('Score: %.2f' % clf.score(x_train, y_train))#输出模型得分，越大越好
64.
```

```
65. #检验不同n_neighbors和p值对于预测性能的影响,找出最佳值
66. #n_neighbors 和 p值和score组成数据框，寻找得分最大的最佳n_neighbors、p值
67. from sklearn.neighbors import KNeighborsRegressor
68. Ps=[1,2,10]#三个数
69. import numpy as np
70. Ks=np.linspace(1,y_train.size,num=100,endpoint=False,dtype='int')
    #创建等差数列，从1至y_train.size均匀采样100个数据点，y_train.size表示行数
    和列数乘积，此时是一列，就是行数，等同于len(y_train.values)
71.
72. a=[]#创建空列表
73. b=[]#创建空列表
74. c=[]#创建空列表
75. for P in Ps:
76.     for K in Ks:
77.         clf=KNeighborsRegressor(p=P,n_neighbors=K)
78.         clf.fit(x_train,y_train)
79.         a.append(clf.score(x_train, y_train))#合并整体准确率
80.         b.append(K)#合并K值
81.         c.append(P)#合并P值
82.
83. import pandas as pd
84. a=pd.DataFrame(a)#变成数据框
85. b=pd.DataFrame(b) #变成数据框
86. c=pd.DataFrame(c) #变成数据框
87. a1=pd.DataFrame(a1) #变成数据框
88. score=pd.concat([a,b,c],axis=1)#合并数据框
89. score.columns=['scores','K','P']#定义数据框的列名
90. score[score.scores==max(score.scores)]#根据整体准确率条件选择K、P值最优数
    据框
91. K1=score[score.scores==max(score.scores)]['K']#最优K值
```

```
92. P1=score[score.scores==max(score.scores)]['P']#最优P值
93. #根据最佳的K、 P值做回归KNN
94. clf=KNeighborsRegressor(p=P1.values[0],n_neighbors=K1.values[0])
95. #训练
96. clf.fit(x_train,y_train)
97. #对测试集预测，保存预测结果
98. clf_y_predict= clf.predict(x_test)#如果把预测值加入数据中，x_test
    ['predict']= clf.predict(x_test)
99. #输出模型评估
100. import numpy as np
101. print("mean absolute error: %.2f"%np.mean(abs(clf.predict(x_train)-y_
    train)))#平均绝对误差，越小越好
102. print("Residual sum of squares: %.2f"%np.mean((clf.predict(x_train)-y_
    train)**2))#均方根误差，越小越好
103. print('Score: %.2f' % clf.score(x_train, y_train))#输出模型得分，越大越好
```

5.1.1.7 支持向量机

支持向量机(Support Vector Machine,SVM)算法是经典的机器学习算法之一，无论在理论分析还是实际应用中都已取得很好的成果，它是一种基于实例学习的算法。

SVM算法由Vapnik和Chervonenkis共同提出，其理论基础是Vapnik提出的“结构风险最小化"原理。SVM算法泛化能力很强，在解决很多复杂问题时有很好的表现,例如为使美国邮政服务局对手写邮政编码邮件进行自动分类，Boser和Guyon等人用SVM法对手写体阿拉伯数字进行了识别。OsunaE和FreundR提出了基于SVM的面部识别方法。Joachims等应用SVM对路透社新闻数据集进行了文本分类。除了数据分类，SVM逐渐被推广到回归分析、多种背景的模式识别、数据挖掘、函数逼近拟合、医学诊断等。如今，SVM已成为机器学习的主要研究方向之一，它所关联的统计学习理论将带来机器学习领域一场深刻变革。

SVM的思想源于线性评估器，即Rosenblatt感知机。可以将线性可分的两种不同类型的样例自动划分为两类。如果这两类样例不是线性可分的，则可以使用核函数方法，将实验对象的属性表达在高维特征空间上，并由最优化理论的学习算法进行训练，实现由统计学习理论推导得出的学习偏置，从而达到分类的目的，这就是SVM的基本思路。

SVM算法的目标是寻找一个超平面，使得离超平面比较近的点彼此间能有更大的间距，也就是说，不考虑所有的点都必须远离超平面，只关心求得的超平面能让离它最近的点彼此具有最大间距。SVM切分示意图如图5-3所示。

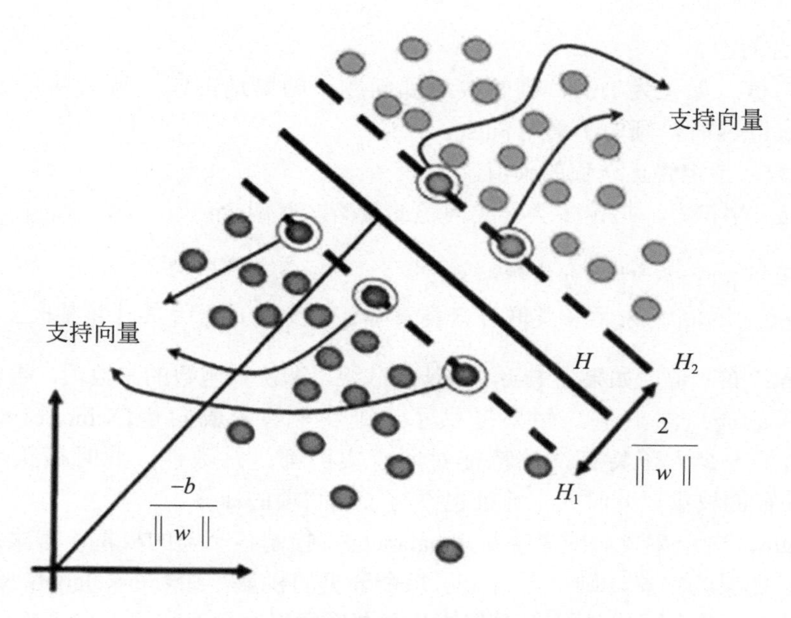

图5-3 SVM切分示意图

在实践中，支持向量机有很高的分类准确率，可以分为三类：

➢ 线性可分支持向量机(也称为硬间隔支持向量机)：当训练数据线性可分时，通过硬间隔最大化，得到一个线性可分支持向量机。
➢ 线性支持向量机(也称为软间隔支持向量机)：当训练数据近似线性可分时，通过软间隔最大化，得到一个线性支持向量机。
➢ 非线性支持向量机：当训练数据不可分时，通过使用核技巧以及软间隔最大化，得到一个非线性支持向量机。

1）线性分类SVM

#函数

sklearn.svm.LinearSVC(penalty='l2', loss='squared_hinge',dual=True, tol=0.0001, C=1.0, multi_class='ovr', fit_intercept=True, intercept_scaling=1, class_weight=None, verbose=0, random_state=None, max_iter=1000)

#参数

C：一个浮点数，表示罚项参数。
loss：字符串，分两种：

➢ hinge，表示合页损失函数(它是标准SVM的损失函数)；
➢ squared_hinge，表示合页损失函数的平方。

penalty：字符串，表示罚项的范数。默认为l2(它是标准SVC采用的)，可提高泛化能力，抑制过拟合问题。

dual：布尔值。如果为True，则解决对偶问题；如果是False，则解决原始问题。当n_samples > n_features时，倾向于采用False。

tol：浮点数，指定终止迭代的阈值。

multi_class：字符串，指定多类分类问题的策略，有两个：

- ovr，采用one-vs-rest分类策略；
- crammer_singer，采用多类联合分类策略，很少用，因为其计算量大，且精度欠佳。

fit_intercept：布尔值，如果为True，则计算截距，即决策函数的常数项，否则忽略截距。

intercept_scaling：浮点值。如果提供了，则实例X变成向量[X,intercept_scaling]。此时相当于添加了一个人工特征，该特征对所有实例都是常数值，此时截距变成intercept_scaling*人工特征的权重，此时人工特征也参与了惩罚项的计算。

class_weight：一个字典，或者字符串balanced，指定各个类的权重，若未提供，则认为类的权重为1。如果为字典，则字典给出了每个分类的权重，如{class_label：weight}；如果为字符串balanced，则每个分类的权重与该分类在样本集中出现的频率成反比。

verbose：一个整数。如果为0，则不输出日志信息；如果为1，则每隔一段时间打印一次日志信息；如果大于1，则打印日志信息更频繁。

random_state：一个整数，或者一个RandomState实例，或者None。如果为整数，则它指定了随机数生成器的种子；如果为RandomState实例，则指定了随机数生成器；如果为None，则使用默认的随机数生成器。

max_iter：一个整数，指定最大的迭代次数。

#属性

coef_：一个数组，它给出了各个特征的权重。

intercept_：一个数组，它给出了截距，即决策函数中的常数项。

#方法

fit(X , y)：训练模型。

Predict(X)：用模型进行预测,返回预测值。

score(X,y[,sample_weight])：返回在(X,y)上预测的整体准确率(accuracy)，越大越好。

#示例代码

```
1. from  sklearn.svm  import  LinearSVC
2. #准备数据
3. from pandas import read_excel
4. df=read_excel('F://BaiduYunDownload//Telephone.xlsx')
5. #分出X和Y值
6. x=df.iloc[:,1:15]
```

```
7. y=df.iloc[:,0]
8. #分割训练数据和测试数据
9. #根据y分层抽样，25%作为测试 75%作为训练
10. from sklearn.model_selection import train_test_split
11. x_train, x_test, y_train, y_test =train_test_split(x,y,test_size=0.25,
    random_state=0,stratify=y)#如果缺失stratify参数，则为随机抽样
12. #使用线性分类SVM模型
13. clf=LinearSVC(random_state=0)#使用默认配置初始化线性分类SVM模型，random_
    state=0指定随机数生成器的种子,保证每次结果一致
14. #测试LinearSVC的预测性能随损失函数(loss)、正则化形式(penalty)的影响
15. #clf = LinearSVC(loss='hinge',random_state=0)
16. #clf = LinearSVC(loss='squared_hinge',random_state=0)
17. #clf = LinearSVC(penalty='l1',dual=False,random_state=0)
18. #clf = LinearSVC(penalty='l2',dual=False,random_state=0)#dual=False是因
    为当dual=True, penalty=l2的情况不支持。l2会提高泛化能力，抑制了过拟合问题
19. #训练
20. clf.fit(x_train,y_train)
21. #对训练集预测，为性能度量做准备
22. y_pred=clf.predict(x_train)
23. y_true= y_train
24. #对测试集预测，保存预测结果
25. clf_y_predict=clf.predict(x_test)#如果把预测值加入数据中，
    x_test['predict']= clf.predict(x_test)
26. #输出模型系数重要性和评估
27. import pandas as pd
28. importance=pd.DataFrame(clf.coef_)#各个自编码对因变量各类别的权重
29. importance.columns=pd.DataFrame(x_train.columns)#添加自变量的名称
30. importance=importance.T#转置
31. importance.columns=[1,2,3]#把因变量类别作为列名，此处因变量居住地是三类（类
    别名称分别是1、2、3）
32. print(importance)#输出各自变量对因变量各类别的重要性
```

```
33. print('Score: %.2f' % clf.score(x_train, y_train))#返回整体准确率(accuracy),
    越大越好
34.
35. #利用RFE特征选取的方法，得出选取的自变量
36. #此处不进行特征选取，仅仅是特征重要性排名，需要填上数字，此处为5
37. #注意：不要填所有自变量的个数（如此处为14个自变量），否则后面所有特征的重要性
    都相同
38. from sklearn.feature_selection import  RFE
39. selector=RFE(estimator=clf,n_features_to_select=5)
40. #n_features_to_select表示根据自变量的重要性，留取重要变量的个数，默认为自变
    量个数的一半，
41. selector.fit(x_train,y_train)
42. importance1=pd.DataFrame(selector.ranking_)#各自变量的重要性排名
43. columns=pd.DataFrame(x_train.columns)
44. importance1=pd.concat([columns,importance1],axis=1)#添加自变量的名称
45. importance1.columns=['指标','排名']#添加列名
46. print(importance1)
47. #利用RFECV特征选取的方法，得出选取的自变量
48. from sklearn.feature_selection import  RFECV
49. selector=RFECV(estimator=clf,cv=3)#cv表示K折交叉验证
50. selector.fit(x_train,y_train)
51. importance2=pd.DataFrame(selector.ranking_)#各自变量的重要性排名
52. columns=pd.DataFrame(x_train.columns)
53. importance2=pd.concat([columns,importance2],axis=1)#添加自变量的名称
54. importance2.columns=['指标','排名']#添加列名
55. print(importance2)
56. #分类问题性能度量
57. from sklearn.metrics import accuracy_score,precision_score,recall_score,
    f1_score,classification_report,confusion_matrix
58. accuracy_score(y_true,y_pred,normalize=True)#整体正确率
59. accuracy_score(y_true,y_pred,normalize=False)#整体正确数量
```

```
60. confusion_matrix(y_true,y_pred,labels=[1,2,3])#混淆矩阵，labels指定混淆
    矩阵出现的类别
61. precision_score(y_true,y_pred,average=None)#所有类别查准率
62. recall_score(y_true,y_pred, average=None)#所有类别查全率
63. f1_score(y_true,y_pred,average=None)#所有类别查准率、查全率及调和均值
64.
65. #检验不同的参数C值对于预测性能的影响,找出最佳C值
66. #C值和score组成数据框，寻找得分最大的最佳C值
67. from  sklearn.svm   import  LinearSVC
68. from sklearn.metrics import accuracy_score,precision_score,recall_
    score,f1_score,classification_report,confusion_matrix
69. import numpy as np
70. Cs=np.logspace(-2,1)#用于创建等比数列，开始点和结束点是10的-2幂（即0.01）和
    10的1幂（即10）50个数据点（默认创建采样50个数）
71. a=[]#创建空列表
72. b=[]#创建空列表
73. a1=[]#创建空列表
74. for C in Cs:
75.     clf=LinearSVC(C=C,random_state=0)#random_state=0指定随机数生成器的种
        子,保证每次结果一致
76.     clf.fit(x_train,y_train)
77.     a.append(clf.score(x_train, y_train))#合并整体准确率
78.     b.append(C)#合并C值
79.     y_pred=clf.predict(x_train)
80.     y_true= y_train
81.     a1.append(recall_score(y_true,y_pred,average=None))#所有类别查全率
82.
83. import pandas as pd
84. a=pd.DataFrame(a)#变成数据框
85. b=pd.DataFrame(b) #变成数据框
86. a1=pd.DataFrame(a1) #变成数据框
```

```
87. score=pd.concat([a,a1,b],axis=1)#合并数据框
88. score.columns=['scores',"class_1","class_2","class_3",'C']#定义数据框的
    列名,此处有三类
89. score[score.scores==max(score.scores)]#根据整体准确率条件选择C值最优数据框
90. C1=score[score.scores==max(score.scores)]['C']#最优C值
91. #根据最佳的C值做线性分类SVM
92. clf=LinearSVC(C=C1.values[0],random_state=0)
93. #训练
94. clf.fit(x_train,y_train)
95. #对训练集预测，为性能度量做准备
96. y_pred=clf.predict(x_train)
97. y_true= y_train
98. #对测试集预测，保存预测结果
99. clf_y_predict= clf.predict(x_test)#如果把预测值加入数据中，x_test
    ['predict']= clf.predict(x_test)
100.
101. #输出模型系数重要性和评估
102. import pandas as pd
103. importance=pd.DataFrame(clf.coef_)#各个自编码对因变量各类别的权重
104. importance.columns=pd.DataFrame(x_train.columns)#添加自变量的名称
105. importance=importance.T#转置
106. importance.columns=[1,2,3]#把因变量类别作为列名，此处因变量居住地是三类
     （类别名称分别是1、2、3）
107. print(importance) #输出各自变量对因变量各类别的重要性
108. print('Score: %.2f' % clf.score(x_train, y_train))#返回整体准确率
     (accuracy)，越大越好
109.
110. #利用RFE特征选取的方法，得出选取的自变量
111. #此处不进行特征选取，仅仅是特征重要性排名，需要填上数字，此处为5
112. #注意：不要填所有自变量的个数（如此处为14个自变量），否则后面所有特征的重要
     性都相同
113. from sklearn.feature_selection import  RFE
```

```
114. selector=RFE(estimator=clf,n_features_to_select=5)
115. #n_features_to_select表示根据自变量的重要性，留取重要变量的个数，默认为自
     变量个数的一半，
116. selector.fit(x_train,y_train)
117. importance1=pd.DataFrame(selector.ranking_)#各自变量的重要性排名
118. columns=pd.DataFrame(x_train.columns)
119. importance1=pd.concat([columns,importance1],axis=1)#添加自变量的名称
120. importance1.columns=['指标','排名']#添加列名
121. print(importance1)
122.
123. #利用RFECV特征选取的方法，得出选取的自变量
124. from sklearn.feature_selection import  RFECV
125. selector=RFECV(estimator=clf,cv=3)#cv表示K折交叉验证
126. selector.fit(x_train,y_train)
127. importance2=pd.DataFrame(selector.ranking_)#各自变量的重要性排名
128. columns=pd.DataFrame(x_train.columns)
129. importance2=pd.concat([columns,importance2],axis=1)#添加自变量的名称
130. importance2.columns=['指标','排名']#添加列名
131. print(importance2)
132.
133. #分类问题性能度量
134. from sklearn.metrics import accuracy_score,precision_score,recall_
     score,f1_score,classification_report,confusion_matrix
135. accuracy_score(y_true,y_pred,normalize=True)#整体正确率
136. accuracy_score(y_true,y_pred,normalize=False)#整体正确数量
137. confusion_matrix(y_true,y_pred,labels=[1,2,3])#混淆矩阵，labels指定混淆
     矩阵出现的类别
138. precision_score(y_true,y_pred,average=None)#所有类别查准率
139. recall_score(y_true,y_pred, average=None)#所有类别查全率
140. f1_score(y_true,y_pred,average=None)#所有类别查准率、查全率及调和均值
```

#pyspark模块示例代码

```
1. #读取数据
2. from pyspark.sql import SparkSession
3. df = spark.read.csv('/usr/local/hadoop/Telephone.csv',inferSchema=True,
   header=True)
4. df.show()
5. #数据预处理
6. #数据属性
7. print((df.count(),len(df.columns)))
8. df.printSchema()
9. df.describe().select('年龄','性别','收入').show()
10. df.groupBy('性别').count().show()
11. df.groupBy('居住地','性别').count().orderBy('居住地','性别','count',
    ascending=True).show()
12. df.groupBy('居住地').mean().show()
13. #特征处理
14. from pyspark.ml.feature import VectorAssembler
15. df_assembler = VectorAssembler(inputCols=['年龄', '收入', '家庭人数',
    '开通月数'], outputCol="features")  #把特征组装成一个list
16. df = df_assembler.transform(df)
17. df.printSchema()
18. df.show(5,truncate=False)
19. #数据集划分
20. train_df,test_df=df.randomSplit([0.75,0.25])
21. train_df.count()
22. train_df.groupBy('流失').count().show()
23. test_df.groupBy('流失').count().show()
24. #调包
25. from pyspark.ml.classification import LinearSVC
26. from pyspark.ml.evaluation import BinaryClassificationEvaluator
27. from pyspark.ml.evaluation import MulticlassClassificationEvaluator
```

```
28. from pyspark.ml.classification import LinearSVCModel
29. #模型构建
30. rf_classifier=LinearSVC(labelCol='流失',regParam=0.01).fit(train_df)
31. rf_predictions=rf_classifier.transform(test_df)
32. rf_predictions.show()
33. #结果查看
34. print('{}{}'.format('方程截距:', rf_classifier.intercept))
35. print('{}{}'.format('方程参数系数:', rf_classifier.coefficients))
36. #模型效果
37. #多分类模型—准确率
38. rf_accuracy=MulticlassClassificationEvaluator(labelCol='流失',metricName=
    'accuracy').evaluate(rf_predictions)
39. print('The accuracy of RF on test data is {0:.0%}'.format(rf_accuracy))
40. print(rf_accuracy)
41. #多分类模型—精确率
42. rf_precision=MulticlassClassificationEvaluator(labelCol='流失',metricNam
    e='weightedPrecision').evaluate(rf_predictions)
43. print('The precision rate on test data is {0:.0%}'.format(rf_precision))
44. #AUC
45. rf_auc=BinaryClassificationEvaluator(labelCol='流失').evaluate(rf_
    predictions)
46. print(rf_auc)
47. #参数调整
48. import numpy as np
49. regParams=np.arange(0.01,1,0.01) #等差序列，步长为0.01
50. import pandas as pd
51. a=[]#创建空列表
52. b=[]#创建空列表
53. a1=[]#创建空列表
54. for regParam in regParams :
55.     rf_classifier=LinearSVC(labelCol='流失',regParam=regParam).fit(train_df)
```

```
56.     rf_predictions=rf_classifier.transform(test_df)
57.     a.append(MulticlassClassificationEvaluator(labelCol='流失',
        metricName='accuracy').evaluate(rf_predictions))#合并整体准确率
58.     b.append(regParam)#合并regParam值
59.     a1.append(MulticlassClassificationEvaluator(labelCol='流失',metricName
        ='weightedPrecision').evaluate(rf_predictions))#合并整体精确率
60. a=pd.DataFrame(a)#变成数据框
61. b=pd.DataFrame(b) #变成数据框
62. a1=pd.DataFrame(a1) #变成数据框
63. score=pd.concat([a,a1,b],axis=1)#合并数据框
64. score.columns=['scores', 'jql','regParam']#定义数据框的列名
65. score[score.scores==max(score.scores)]#根据整体准确率条件选择regParam最优
    数据框
66. regParam1=score[score.scores==max(score.scores)]['regParam']
    #最优regParam值
67. #根据最佳的参数值做分类
68. rf_classifier=LinearSVC(labelCol='流失', regParam=regParam1.values[0]).
    fit(train_df)
69. #scores最大值时，regParam1是series（可能是多个数），不能直接regParam=
    regParam1，只能等于regParam1的第一个数
70. rf_predictions=rf_classifier.transform(test_df)
71. rf_predictions.show()
72. #结果查看
73. print('{}{}'.format('方程截距:', rf_classifier.intercept))
74. print('{}{}'.format('方程参数系数:', rf_classifier.coefficients))
75. #模型效果
76. #多分类模型—准确率
77. rf_accuracy=MulticlassClassificationEvaluator(labelCol='流失',
    metricName='accuracy').evaluate(rf_predictions)
78. print('The accuracy of RF on test data is {0:.0%}'.format(rf_accuracy))
79. print(rf_accuracy)
80. #多分类模型—精确率
```

```
81. rf_precision=MulticlassClassificationEvaluator(labelCol='流失',metricNam
    e='weightedPrecision').evaluate(rf_predictions)
82. print('The precision rate on test data is {0:.0%}'.format(rf_precision))
83. #AUC
84. rf_auc=BinaryClassificationEvaluator(labelCol='流失').evaluate(rf_
    predictions)
85. print(rf_auc)
```

2）非线性分类SVM

#函数

sklearn.svm.SVC(C=1.0, kernel='rbf', degree=3, gamma='auto', coef0=0.0, shrinking=True, probability=False, tol=0.001,cache_size=200, class_weight=None, verbose=False, max_iter=-1, decision_function_shape='ovr', random_state=None)

#参数

C：一个浮点数，表示罚项参数。

kernel：一个字符串，指定核函数，分以下几种：

- linear，线性核，$K(\vec{x},\vec{z})=\vec{x}\cdot\vec{z}$；
- poly，多项式核，$K(\vec{x},\vec{z})=(\gamma(\to x\cdot\to z+1)+r)^p$，其中$p$由degree参数决定，$\gamma$由gamma参数决定，$r$由coef0参数决定；
- rbf（默认值），高斯核函数，$K(\vec{x},\vec{z})=\exp(-\gamma\|\vec{x}-\vec{z}\|^2)$，其中$\gamma$由gamma参数决定；
- sigmoid，$K(\vec{x},\vec{z})=\tanh(\gamma(\vec{x}\cdot\vec{z})+r)$，其中$\gamma$由gamma参数决定，$r$由coef0参数决定。

degree：一个整数。指定当核函数是多项式核函数时，多项式的系数。对于其他核函数，该参数无效。

gamma：一个浮点数。当核函数为rbf、poly、sigmoid时，核函数的系数。如果为auto，则表示系数为1/n_features。

coef0：一个浮点数。用于指定核函数的自由项。只有当核函数为poly、sigmoid时有效。

probability：布尔值，为True时会进行概率估计。它必须在训练之前设置好。注意概率估计会拖慢训练速度。

shrinking：布尔值，为True时则使用启发式收缩。

tol：浮点数，指定终止迭代的阈值。

cache_size：浮点值，指定了kernel cache的大小，单位为MB。

class_weight：一个字典，或者字符串balanced，指定各个类的权重，若未提供，则认为类的权重为1。如果为字典，则字典给出了每个分类的权重，如{class_label：weight}。如果为字符串balanced，则每个分类的权重与该分类在样本集中出现的频率成反比。

max_iter：一个整数，指定最大迭代次数。

decision_function_shape：为字符串或者None，指定决策函数的形状。为None时，表示字符串ovr，表示采用one-vs-rest准则，此时决策函数形状是（n_samples，n_classes），对每个分类定义了一个二类SVM，n_classes个二类SVM组合成一个多类SVM。当为字符串ovo时，表示采用one-vs-one准则，决策函数形状是（n_samples，n_classes*（n_classes-1）/2），此时对每一对分类定义了一个二类SVM，n_classes*（n_classes-1）/2个二类SVM组合成一个多类SVM。

verbose：一个整数。如果为0则不输出日志信息；如果为1则每隔一段时间打印一次日志信息；如果大于1，则打印日志信息更频繁。

random_state：一个整数，或者一个RandomState实例，或者None。如果为整数，则它指定了随机数生成器的种子；如果为RandomState实例，则指定了随机数生成器；如果为None，则使用默认的随机数生成器。

#属性

support_：一个数组，形状为[n_SV]，支持向量的下标。

support_vectors_：一个数组，形状为[n_SV，n_features]，支持向量。

n_support_：一个数组，形状为[n_class]，每一个分类的支持向量的个数。

dual_coef_：一个数组，形状为[n_class-1，n_SV]。对偶问题中，在分类决策函数中每个支持向量的系数。

coef_：一个数组，它给出了各个特征的权重，形状为[n_class-1，n_features]。原始问题中，每个特征的系数只有在linear kernel中有效。这个属性是只读的，是从dual_coef_和support_vectors_计算而来的。

intercept_：一个数组，它给出了截距，形状为[n_class*(n_class-1)/2]，即决策函数中的常数项。

#方法

fit(X , y[, sample_weight])：训练模型。

Predict(X)：用模型进行预测,返回预测值。

predict_log_proba(X)：返回一个数组。数组的元素依次是X预测为各个类别的概率的对数值。

predict_proba(X)：返回一个数组。数组的元素依次是X预测为各个类别的概率值。

score(X,y[,sample_weight])：返回在(X,y)上预测的整体准确率(accuracy)，越大越好。

注意：部分情况下非线性分类的线性核函数要比线性分类支持向量机LinearSVC的预测效果更佳；实践中，核函数的选择一般并不会导致结果出现很大差别(也有特例!)，其中高斯核函数应用最广泛。

```
1. #示例代码
2. from  sklearn.svm  import  SVC
```

```
3. #准备数据
4. from pandas import read_excel
5. df=read_excel('F://BaiduYunDownload//Telephone.xlsx')
6. #分出X和Y值
7. x=df.iloc[:,1:15]
8. y=df.iloc[:,0]
9. #分割训练数据和测试数据
10. #根据y分层抽样，25%作为测试 75%作为训练
11. from sklearn.model_selection import train_test_split
12. x_train, x_test, y_train, y_test =train_test_split(x,y,test_size=0.25,
    random_state=0,stratify=y)#如果缺失stratify参数，则为随机抽样
13.
14. #使用非线性分类SVM模型
15. clf=SVC(kernel='linear',random_state=0)#random_state=0指定随机数生成器的
    种子,保证每次结果一致,此处使用的是最简单的线性核
16. #测试SVC的预测性能随核函数(kernel)影响
17. #clf = SVC(kernel='poly',random_state=0)
18. #clf = SVC(kernel='rbf',random_state=0)
19. #clf = SVC(kernel='sigmoid',random_state=0)
20. #训练
21. clf.fit(x_train,y_train)
22. #对训练集预测，为性能度量做准备
23. y_pred=clf.predict(x_train)
24. y_true= y_train
25. #对测试集预测，保存预测结果
26. clf_y_predict=clf.predict(x_test)#如果把预测值加入数据中，x_test
    ['predict']= clf.predict(x_test)
27.
28. #输出模型系数重要性和评估
29. import pandas as pd
30. importance=pd.DataFrame(clf.coef_)#各个自编码对因变量各类别的权重
31. importance.columns=pd.DataFrame(x_train.columns)#添加自变量的名称
```

```
32. importance=importance.T#转置
33. importance.columns=[1,2,3]#把因变量类别作为列名，此处因变量居住地是三类
    （类别名称分别是1、2、3）
34. print(importance) #输出各自变量对因变量各类别的重要性
35. print('Score: %.2f' % clf.score(x_train, y_train))#返回整体准确率
    (accuracy)，越大越好
36.
37. #利用RFE特征选取的方法，得出选取的自变量
38. #此处不进行特征选取，仅仅是特征重要性排名，需要填上数字，此处为5
39. #注意：不要填所有自变量的个数（如此处为14个自变量），否则后面所有特征的重要性
    都相同
40. from sklearn.feature_selection import  RFE
41. selector=RFE(estimator=clf,n_features_to_select=5)
42. #n_features_to_select表示根据自变量的重要性，留取重要变量的个数，默认为自变
    量个数的一半
43. selector.fit(x_train,y_train)
44. importance1=pd.DataFrame(selector.ranking_)#各自变量的重要性排名
45. columns=pd.DataFrame(x_train.columns)
46. importance1=pd.concat([columns,importance1],axis=1)#添加自变量的名称
47. importance1.columns=['指标','排名']#添加列名
48. print(importance1)
49.
50. #利用RFECV特征选取的方法，得出选取的自变量
51. from sklearn.feature_selection import  RFECV
52. selector=RFECV(estimator=clf,cv=3)#cv表示K折交叉验证
53. selector.fit(x_train,y_train)
54. importance2=pd.DataFrame(selector.ranking_)#各自变量的重要性排名
55. columns=pd.DataFrame(x_train.columns)
56. importance2=pd.concat([columns,importance2],axis=1)#添加自变量的名称
57. importance2.columns=['指标','排名']#添加列名
58. print(importance2)
59.
```

```
60. #分类问题性能度量
61. from sklearn.metrics import accuracy_score,precision_score,recall_
    score,f1_score,classification_report,confusion_matrix
62. accuracy_score(y_true,y_pred,normalize=True)#整体正确率
63. accuracy_score(y_true,y_pred,normalize=False)#整体正确数量
64. confusion_matrix(y_true,y_pred,labels=[1,2,3])#混淆矩阵，labels指定混淆
    矩阵出现的类别
65. precision_score(y_true,y_pred,average=None)#所有类别查准率
66. recall_score(y_true,y_pred, average=None)#所有类别查全率
67. f1_score(y_true,y_pred,average=None)#所有类别查准率、查全率及调和均值
68.
69. #实践中，核函数的选择一般并不导致结果准确率的很大差别(也有特例!)
70. #gamma和score组成数据框，寻找得分最大的最佳gamma值
71. from  sklearn.svm   import  SVC
72. from sklearn.metrics import accuracy_score,precision_score,recall_
    score,f1_score,classification_report,confusion_matrix
73. gammas=range(1,20)
74. for gamma in gammas:
75.      clf=SVC(kernel='rbf',gamma= gamma,random_state=0)#random_state=0指
         定随机数生成器的种子,保证每次结果一致
76.      clf.fit(x_train,y_train)
77.      a.append(clf.score(x_train, y_train))#合并整体准确率
78.      b3.append(gamma)#合并gamma值
79.      y_pred=clf.predict(x_train)
80.      y_true= y_train
81.      a1.append(recall_score(y_true,y_pred,average=None))#所有类别查全率
82.
83. import pandas as pd
84. a=pd.DataFrame(a)#变成数据框
85. b3=pd.DataFrame(b3) #变成数据框
86. a1=pd.DataFrame(a1) #变成数据框
87. score=pd.concat([a,a1,b3],axis=1)#合并数据框
```

```
88. score.columns=['scores',"class_1","class_2","class_3",'gamma']#定义数据
    框的列名,此处有三类
89. score[score.scores==max(score.scores)]#根据整体准确率条件选择最优数据框
90. gamma1=score[score.scores==max(score.scores)]['gamma']#最优gamma值
91. #根据最佳的gamma值做非线性分类SVM
92. clf=SVC(kernel='rbf',gamma=gamma1.values[0],random_state=0)
93. #训练
94. clf.fit(x_train,y_train)
95. #对训练集预测，为性能度量做准备
96. y_pred=clf.predict(x_train)
97. y_true= y_train
98. #对测试集预测，保存预测结果
99. clf_y_predict= clf.predict(x_test)#如果把预测值加入数据中，x_test
    ['predict']= clf.predict(x_test)
100. #分类问题性能度量
101. from sklearn.metrics import accuracy_score,precision_score,recall_
     score,f1_score,classification_report,confusion_matrix
102. accuracy_score(y_true,y_pred,normalize=True)#整体正确率
103. accuracy_score(y_true,y_pred,normalize=False)#整体正确数量
104. confusion_matrix(y_true,y_pred,labels=[1,2,3])#混淆矩阵，labels指定混淆
     矩阵出现的类别
105. precision_score(y_true,y_pred,average=None)#所有类别查准率
106. recall_score(y_true,y_pred, average=None)#所有类别查全率
107. f1_score(y_true,y_pred,average=None)#所有类别查准率、查全率及调和均值
```

3）线性回归SVR

#函数

sklearn.svm.LinearSVR(epsilon=0.0, tol=0.0001, C=1.0, loss='epsilon_insensitive', fit_intercept=True,intercept_scaling=1.0,dual=True,verbose=0, random_state=None, max_iter=1000)

#参数

C：一个浮点数，表示罚项参数。

loss：字符串，有以下两种：

➢ epsilon_insensitive，表示损失函数为L_ε（标准SVR）；

➢ squared_epsilon_insensitive，表示损失函数为L_ε的平方。

Epsilon：浮点数，用于lose中的ε参数。

dual：布尔值。如果为True，则解决对偶问题；如果是False，则解决原始问题。当n_samples > n_features时，倾向于采用False。

tol：浮点数，指定终止迭代的阈值。

fit_intercept：布尔值，如果为True，则计算截距，即决策函数的常数项，否则忽略截距。

intercept_scaling：浮点值。如果提供了此参数，则实例X变成向量[X,intercept_scaling]，相当于添加了一个人工特征，该特征对所有实例都是常数值。此时截距变成intercept_scaling* 人工特征的权重W_s，即人工特征也参与了惩罚项的计算。

verbose：一个整数。如果为0则不输出日志信息；如果为1则每隔一段时间打印一次日志信息；如果大于1，则打印日志信息更频繁。

random_state：一个整数，或者一个RandomState实例，或者None。如果为整数，则它指定了随机数生成器的种子。如果为RandomState实例，则指定了随机数生成器。如果为None，则使用默认的随机数生成器。

max_iter：一个整数，指定最大的迭代次数。

#属性

coef_：一个数组，它给出了各个特征的权重。

intercept_：一个数组，它给出了截距，即决策函数中的常数项。

#方法

fit(X,y)：训练模型。

Predict(X)：用模型进行预测,返回待预测样本的标记。

score(X,y)：返回预测性能得分。

```
1. #示例代码
2. from  sklearn.svm   import  LinearSVR
3. #准备数据
4. from pandas import read_excel
5. df=read_excel('F://BaiduYunDownload//Telephone.xlsx')
6. #分出X和Y值
7. x=df.iloc[:,1:15]
8. y=df.iloc[:,0]
9. #分割训练数据和测试数据
10. #根据y分层抽样，25%作为测试 75%作为训练
```

```
11. from sklearn.model_selection import train_test_split
12. x_train, x_test, y_train, y_test =train_test_split(x,y,test_size=0.25,
    random_state=0,stratify=y)#如果缺失stratify参数，则为随机抽样
13.
14. #使用线性回归SVR模型
15. clf=LinearSVR(random_state=0) #使用默认配置初始化回归线性回归SVR模型
16. #训练
17. clf.fit(x_train,y_train)
18. #对测试集预测，保存预测结果
19. clf_y_predict=clf.predict(x_test)#如果把预测值加入数据中，x_test
    ['predict']= clf.predict(x_test)
20.
21. #输出模型评估
22. import numpy as np
23. print("mean absolute error: %.2f"%np.mean(abs(clf.predict(x_train)-y_
    train)))#平均绝对误差，越小越好
24. print("Residual sum of squares: %.2f"%np.mean((clf.predict(x_train)-y_
    train)**2))#均方根误差，越小越好
25. print('Score: %.2f' % clf.score(x_train, y_train))#输出模型得分，越大越好
26. print('Coefficients:%s, intercept %s'%(clf.coef_,clf.intercept_))
    #输出自变量x前面的系数和截距b值
27.
28. #利用RFE特征选取的方法，得出选取的自变量
29. #此处不进行特征选取，仅仅是特征重要性排名，需要填上数字，此处为5
30. #注意：不要填所有自变量的个数（如此处为14个自变量），否则后面所有特征的重要性
    都相同
31. import pandas as pd
32. from sklearn.feature_selection import  RFE
33. selector=RFE(estimator=clf,n_features_to_select=5)
34. #n_features_to_select表示根据自变量的重要性，留取重要变量的个数，默认为自变
    量个数的一半
35. selector.fit(x_train,y_train)
```

```
36. importance1=pd.DataFrame(selector.ranking_)#各自变量的重要性排名
37. columns=pd.DataFrame(x_train.columns)
38. importance1=pd.concat([columns,importance1],axis=1)#添加自变量的名称
39. importance1.columns=['指标','排名']#添加列名
40. print(importance1)
41. #利用RFECV特征选取的方法，得出选取的自变量
42. from sklearn.feature_selection import  RFECV
43. selector=RFECV(estimator=clf,cv=3)#cv表示K折交叉验证
44. selector.fit(x_train,y_train)
45. importance2=pd.DataFrame(selector.ranking_)#各自变量的重要性排名
46. columns=pd.DataFrame(x_train.columns)
47. importance2=pd.concat([columns,importance2],axis=1)#添加自变量的名称
48. importance2.columns=['指标','排名']#添加列名
49. print(importance2)
50.
51. #检验不同loss、epsilon和C值对于预测性能的影响,找出最佳值
52. #loss、epsilon和C值和score组成数据框，寻找得分最大的最佳loss、epsilon和C值
53. from  sklearn.svm   import  LinearSVR
54. import numpy as np
55. losses=['epsilon_insensitive','squared_epsilon_insensitive']
56. epsilons=np.logspace(-2,2) #用于创建等比数列，开始点和结束点是10的-2幂（即
    0.01）和10的2幂（即100）50个数据点（默认创建采样50个数）
57. Cs=np.logspace(-1,2) #用于创建等比数列，开始点和结束点是10的-1幂（即0.1）和
    10的2幂（即100）50个数据点（默认创建采样50个数）
58. a=[]#创建空列表
59. b1=[]#创建空列表
60. b2=[]#创建空列表
61. b3=[]#创建空列表
62. for loss in losses:
63.     for  epsilon in  epsilons:
64.         for  C in  Cs:
```

```
65.             clf=LinearSVR(loss=loss,epsilon=epsilon,C=C,random_state=0)
66.             clf.fit(x_train,y_train)
67.             a.append(clf.score(x_train, y_train))#合并整体分值
68.             b1.append(loss)#合并loss值
69.             b2.append(epsilon)#合并epsilon值
70.             b3.append(C)#合并C值
71. import pandas as pd
72. a=pd.DataFrame(a)#变成数据框
73. b1=pd.DataFrame(b1) #变成数据框
74. b2=pd.DataFrame(b2) #变成数据框
75. b3=pd.DataFrame(b3) #变成数据框
76. score=pd.concat([a,b1,b2,b3],axis=1)#合并数据框
77. score.columns=['scores','loss','epsilon','C']#定义数据框的列名
78. score[score.scores==max(score.scores)]#根据整体分值选择loss、epsilon和C值
    最优数据框
79. loss1=score[score.scores==max(score.scores)]['loss']#最优loss值
80. epsilon1=score[score.scores==max(score.scores)]['epsilon']#最优epsilon值
81. C1=score[score.scores==max(score.scores)]['C']#最优C值
82. #根据最佳的loss、epsilon和C值做回归线性回归SVR
83. clf=LinearSVR(loss=loss1.values[0], epsilon=epsilon1.values[0],
    C=C1.values[0] ,random_state=0)
84. #训练
85. clf.fit(x_train,y_train)
86. #对测试集预测，保存预测结果
87. clf_y_predict= clf.predict(x_test)#如果把预测值加入数据中，x_test
    ['predict']= clf.predict(x_test)
88. #输出模型评估
89. import numpy as np
90. print("mean absolute error: %.2f"%np.mean(abs(clf.predict(x_train)-y_
    train)))#平均绝对误差，越小越好
91. print("Residual sum of squares: %.2f"%np.mean((clf.predict(x_train)-y_
    train)**2))#均方根误差，越小越好
```

```
92. print('Score: %.2f' % clf.score(x_train, y_train))#输出模型得分，越大越好
93. print('Coefficients:%s, intercept %s'%(clf.coef_,clf.intercept_))#输出
    自变量x前面的系数和截距b值
```

4）非线性回归SVR

部分情况下非线性回归的线性核要比线性回归支持向量机LinearSVR的预测效果更佳，实践中核函数的选择一般并不会导致结果准确率出现很大差别。(也有特例!)

#函数

class sklearn.svm.SVR(kernel='rbf', degree=3, gamma='auto', coef0=0.0, tol=0.001,C=1.0, epsilon=0.1,shrinking=True, cache_size=200, verbose=False, max_iter=-1)

#参数

C：一个浮点数，表示罚项参数。

epsilon：一个浮点数，即ε参数。

kernel：一个字符串，指定核函数，分以下几种：

- linear，线性核，$K(\vec{x},\vec{z})=\vec{x}\cdot\vec{z}$；
- poly，多项式核，$K(\vec{x},\vec{z})=(\gamma(\rightarrow x\cdot\rightarrow z+1)+r)^p$，其中$p$由degree参数决定，$\gamma$由gamma参数决定，$r$由coef0参数决定；
- rbf（默认值），高斯核函数，$K(\vec{x},\vec{z})=\exp(-\gamma\|\vec{x}-\vec{z}\|^2)$，其中$\gamma$由gamma参数决定；
- sigmoid，$K(\vec{x},\vec{z})=\tanh(\gamma(\vec{x}\cdot\vec{z})+r)$，其中$\gamma$由gamma参数决定，$r$由coef0参数决定。

degree：一个整数。指定当核函数是多项式核函数时，多项式的系数。对于其他核函数，该参数无效。

gamma：一个浮点数。当核函数为rbf、poly、sigmoid时，核函数的系数。如果为auto，则表示系数为1/n_features。

coef0：一个浮点数。用于指定核函数的自由项。只有当核函数为poly、sigmoid时有效。

shrinking：布尔值，为True时使用启发式收缩。

tol：浮点数，指定终止迭代的阈值。

cache_size：浮点值，指定了kernel cache的大小，单位为MB。

verbose：一个整数。如果为0则不输出日志信息；如果为1则每隔一段时间打印一次日志信息；如果大于1，则打印日志信息更频繁。

max_iter：一个整数，指定最大的迭代次数。

#属性

support_：一个数组，形状为[n_SV]，支持向量的下标。

support_vectors_：一个数组，形状为[n_SV，n_features]，支持向量。

n_support_：一个数组，形状为[n_class]，每一个分类的支持向量的个数。

dual_coef_：一个数组，形状为[n_class-1，n_SV]。给出决策函数中每个支持向量的系数。

coef_：一个数组，形状为[n_class-1，n_features]。原始问题中每个特征的系数，只有在linear kernel中有效。coef_是个只读的属性。它是从dual_coef_和support_vectors_计算而来的。

intercept_：一个数组，它给出了截距，形状为[n_class*(n_class-1)/2]，即决策函数中的常数项。

#方法

fit(X,y)：训练模型。

Predict(X)：用模型进行预测,返回待预测样本的标记。

score(X,y)：返回预测性能得分。

```
1. #示例代码
2. #注意：SVR中没有random_state随机种子，但在笔者的实践中，每次运行好像结果一致
3. from  sklearn.svm  import  SVR
4. #准备数据
5. from pandas import read_excel
6. df=read_excel('F://BaiduYunDownload//Telephone.xlsx')
7. #分出X和Y值
8. x=df.iloc[:,1:15]
9. y=df.iloc[:,0]
10. #分割训练数据和测试数据
11. #根据y分层抽样，25%作为测试 75%作为训练
12. from sklearn.model_selection import train_test_split
13. x_train, x_test, y_train, y_test =train_test_split(x,y,test_size=0.25,
    stratify=y)#如果缺失stratify参数，则为随机抽样
14.
15. #使用非线性回归SVR模型
16. clf=SVR(kernel='linear')#使用最简单的线性核初始化非线性回归SVR模型
17. #测试SVR的预测性能随核函数(kernel)影响
18. #clf = SVR(kernel='poly')
19. #clf = SVR(kernel='rbf')
20. #clf = SVR(kernel='sigmoid')
```

```
21. #训练
22. clf.fit(x_train,y_train)
23. #对训练集预测，为性能度量做准备
24. y_pred=clf.predict(x_train)
25. y_true= y_train
26. #对测试集预测，保存预测结果
27. clf_y_predict=clf.predict(x_test)#如果把预测值加入数据中，x_test
    ['predict']= clf.predict(x_test)
28. #输出模型系数重要性和评估
29. import numpy as np
30. print("mean absolute error: %.2f"%np.mean(abs(clf.predict(x_train)-y_
    train)))#平均绝对误差，越小越好
31. print("Residual sum of squares: %.2f"%np.mean((clf.predict(x_train)-y_
    train)**2))#均方根误差，越小越好
32. print('Score: %.2f' % clf.score(x_train, y_train))#输出模型得分，越大越好
33. print('Coefficients:%s, intercept %s'%(clf.coef_,clf.intercept_))
    #输出自变量x前面的系数和截距b值，只有线性核有此系数
34.
35. #利用RFE特征选取的方法，得出选取的自变量
36. #此处不进行特征选取，仅仅是特征重要性排名，需要填上数字，此处为5
37. #注意：不要填所有自变量的个数（如此处为14个自变量），否则后面所有特征的重要性
    都相同
38. import pandas as pd
39. from sklearn.feature_selection import  RFE
40. selector=RFE(estimator=clf,n_features_to_select=5)
41. #n_features_to_select表示根据自变量的重要性，留取重要变量的个数，默认为自变
    量个数的一半
42. selector.fit(x_train,y_train)
43. importance1=pd.DataFrame(selector.ranking_)#各自变量的重要性排名
44. columns=pd.DataFrame(x_train.columns)
45. importance1=pd.concat([columns,importance1],axis=1)#添加自变量的名称
46. importance1.columns=['指标','排名']#添加列名
```

```
47. print(importance1)
48.
49. #利用RFECV特征选取的方法，得出选取的自变量
50. from sklearn.feature_selection import  RFECV
51. selector=RFECV(estimator=clf,cv=3)#cv表示K折交叉验证
52. selector.fit(x_train,y_train)
53. importance2=pd.DataFrame(selector.ranking_)#各自变量的重要性排名
54. columns=pd.DataFrame(x_train.columns)
55. importance2=pd.concat([columns,importance2],axis=1)#添加自变量的名称
56. importance2.columns=['指标','排名']#添加列名
57. print(importance2)
58.
59. #测试不同核函数的SVR的预测性能随gamma的影响,找出最佳gamma值
60. #gamma值和score组成数据框，寻找得分最大的最佳gamma值
61. from  sklearn.svm  import  SVR
62. from sklearn.metrics import accuracy_score,precision_score,recall_score,
    f1_score,classification_report,confusion_matrix
63. gammas=range(1,20)
64. a=[]#创建空列表
65. b3=[]#创建空列表
66. for gamma in gammas:
67.     clf=SVR(kernel='rbf',gamma= gamma)#指定随机数生成器的种子,保证每次结果
    一致
68.     clf.fit(x_train,y_train)
69.     a.append(clf.score(x_train, y_train))#合并整体分值
70.     b3.append(gamma)#合并gamma值
71.
72. import pandas as pd
73. a=pd.DataFrame(a)#变成数据框
74. b3=pd.DataFrame(b3) #变成数据框
```

```
75. score=pd.concat([a,b3],axis=1)#合并数据框
76. score.columns=['scores', 'gamma']#定义数据框的列名
77. score[score.scores==max(score.scores)]#根据整体得分选择gamma值最优数据框
78. gamma1=score[score.scores==max(score.scores)]['gamma']#最优gamma值
79. #根据最佳的gamma值做非线性分类SVR
80. clf=SVR(kernel='rbf',gamma=gamma1.values[0])
81. #训练
82. clf.fit(x_train,y_train)
83. #对训练集预测，为性能度量做准备
84. y_pred=clf.predict(x_train)
85. y_true= y_train
86. #对测试集预测，保存预测结果
87. clf_y_predict= clf.predict(x_test)#如果把预测值加入数据中，x_test
    ['predict']= clf.predict(x_test)
88.
89. #输出模型系数重要性和评估
90. import numpy as np
91. print("mean absolute error: %.2f"%np.mean(abs(clf.predict(x_train)-y_
    train)))#平均绝对误差，越小越好
92. print("Residual sum of squares: %.2f"%np.mean((clf.predict(x_train)-y_
    train)**2))#均方根误差，越小越好
93. print('Score: %.2f' % clf.score(x_train, y_train))#输出模型得分，越大越好
94. #print('Coefficients:%s, intercept %s'%(clf.coef_,clf.intercept_))
    #输出自变量x前面的系数和截距b值，只有线性核有此系数，此处没有
```

5.1.2 无监督学习

5.1.2.1 K–means及相关修正聚类

1）原理

聚类分析又称数值分类，聚类分析将个体或对象分类，使得同一类中的对象之间相似性比其他类的对象相似性更强，即使得类间对象的同质性和异质性都最大化。如图5-4所示。

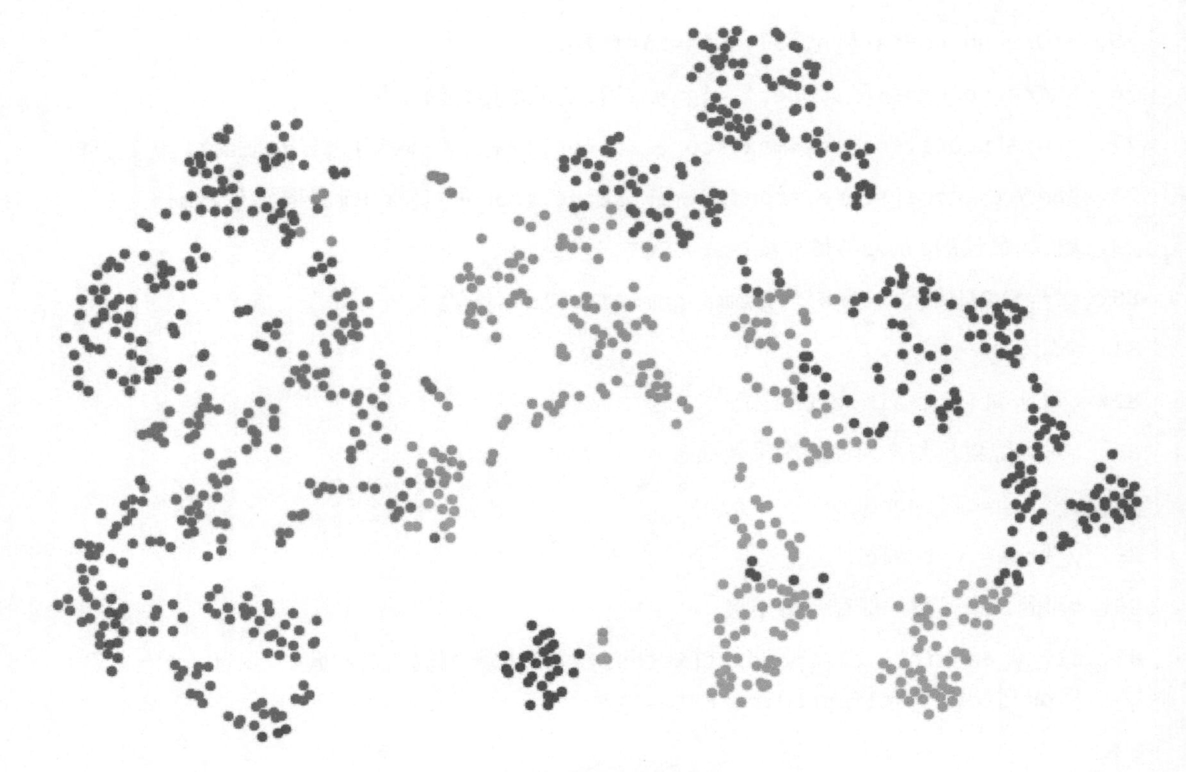

图5-4　聚类效果示意图

聚类分析的思想是将每个观测值看成p维空间的一个点，在p维空间中引入“距离”的概念，则可按各点间距离的大小将各点（观测值）归类。常定义一种“相似系数”来衡量变量之间的亲密程度，按各变量之间相似系数的大小可将变量进行分类。根据实际问题的需要和变量的类型，对距离和相似系数有不同的定义方法。在聚类算法中，K-Means是最常见也是最基础的聚类算法。

K-Means算法的具体步骤如下：

- 在数据集中随机选择一个样本作为第一个初始化聚类中心；
- 计算样本中每一个样本点与已经初始化的聚类中心的距离，并选择其中最短的距离（按照就近原则，将其余的样本按初始化聚类中心进行聚类）；
- 根据概率选择距离最大的点作为新的聚类中心；
- 重复2、3步，直至选出k个聚类中心；
- 对k个聚类中心使用K-Means算法计算最终的聚类结果。

如果聚类结果在业务上没有明显的解读和应用价值，可扩大k值范围，得到“次好”的k值，再对其结果做分析。

为了解决K-Means随机初始点不好并且不知道初始中心点数量的问题，可采用K-means++策略，采用K-means++算法选择初始类中心时，尽可能选择相距较远的类中心，相比而言，random仅仅是随机初始化类中心。

为了解决K-Means聚类效率等问题，引入二分类KMeans算法，主要步骤如下：

➢ 将所有点作为一个簇，然后将该簇一分为二；
➢ 之后选择其中一个簇继续进行划分，选择哪一个簇进行划分取决于对其划分是否可以最大程度降低组内部距离；
➢ 不断重复上述划分过程，直到得到用户指定的簇数目为止。

2）函数及代码

#函数

class sklearn.cluster.KMeans(n_clusters=8, init='k-means++', n_init=10, max_iter=300,tol=0.0001, precompute_distances='auto', verbose=0, random_state=None, copy_x=True, n_jobs=1)

#参数

n_clusters：一个整数，指定分类簇的数量。

init：一个字符串，指定初始化策略。如果为k-means++，则该初始化策略选择的初始均值向量相互之间都距离较远，效果较好。如果为random，则从数据集中随机选择k个样本作为初始均值向量，或者提供一个数组，数组的形状为（n_clusters.n_features），该数组作为初始均值向量。k均值算法总是能够收敛，但是其收敛程度高度依赖于初始化的均值。有可能收敛到局部极小值，因此通常都是用多组初始均值向量来计算若干次，选择最优的那一次。k-means++策略选择的初始均值向量可以在一定程度上解决这个问题。

n_init：一个整数，指定k均值算法运行的次数，每一次都会选择一组不同的初始化均值向量，最终算法会选择最佳的分类簇来作为最终的结果。

max_iter：一个整数，指定了单轮k均值算法最大迭代次数。最大迭代次数为max_iter* n_init。

precompute_distances：该参数指定是否提前计算样本之间的距离，如果提前计算距离，则需要更多的内存，但是算法会运行得更快。该参数有以下几种选择：

➢ 'auto'，如果n_samples* n_clusters＞12million，则不提前计算；
➢ True，总是提前计算；
➢ False，总是不提前计算。

tol：浮点数，指定终止迭代的阈值。

n_jobs：一个正数，任务并行时指定的CPU数量。如果为-1则使用所有可用的CPU。

verbose：一个整数。如果为0则不输出日志信息；如果为1则每隔一段时间打印一次日志信息；如果大于1，则打印日志信息更频繁。

random_state：一个整数，或者一个RandomState实例，或者None。如果为整数，则它指定了随机数生成器的种子。如果为RandomState实例，则指定了随机数生成器。如果为None，则使用默认的随机数生成器。

copy_x：布尔值，如果为True，则计算距离的时候不修改原始数据；如果为False，则计算距离的时候修改原始数据，以节省内存，当算法结束的时候将原始数据返还，因为有浮点数而可能产生精度误差。

#属性

cluster_centers_：给出分类簇的均值向量。
labels_：给出了每个样本所属的簇的标记。
inertia_：给出了每个样本与它们各自最近的簇中心的距离之和。

#方法

fit(X[，y])：训练模型。
fit_predict(X[，y])：训练模型并预测每个样本所属的簇。它等价于先调用fit方法，再调用predict方法。
predict(X)：预测样本所属的簇。
score(X[，y])：给出了样本离簇中心的偏移量的相反数。

```
1. #示例代码
2. from sklearn.cluster import KMeans
3. import pandas as pd
4. #从sklearn.metrics导入silhouette_score用于计算轮廓系数（类间距除以类内距，
   范围为-1到1），轮廓系数越大，聚类效果越好
5. from sklearn.metrics import silhouette_score
6. #读取数据
7. from pandas import read_excel
8. df=read_excel('F://BaiduYunDownload//Telephone.xlsx')
9. df=df.iloc[:,[1,3,7,9,10]]
10. #标准化仅仅是将量纲同一，这种聚类会将极端数据聚为几类，这种方法适用于分析之前
    将异常值剔除(如果量纲基本同一，此步骤可以省略)
11. cols = df.columns  #获得数据框的列名
12. zdf=pd.DataFrame()#新建数据框，承接标准化得分
13. for col in cols:  #循环读取每列
14.     df_col=df[col]#得到每列的值，这句话可以省略，下面直接引用df[col]也可以
15.     zdf[col] = (df_col - df_col.mean()) / df_col.std() #计算Z-score每列
        标准化得分
16.
17. #数据框（多列）聚类
```

```
18. clst= KMeans(n_clusters=3 ,random_state=0)#聚成三类,random_state=0指定随
    机数生成器的种子
19. kmeans_model=clst.fit(zdf)
20. df['lb']=clst.predict(zdf)#求出聚类的类别
21. from numpy.random import seed
22. seed(0)#保证每次的结果一致
23. sc_score = silhouette_score(zdf,kmeans_model.labels_, metric=
    'euclidean')#求出轮廓系数（类间距除以类内距，范围为-1到1），轮廓系数越大，
    聚类效果越好
24. df['lb'].value_counts()#每个类别的数量
25.
26. #如果对数据框单列进行聚类，需要提前进行转换，如下面代码
27. data =df['amount']  #获取要聚类的数据，名为amount的列
28. data_reshape = data.reshape((data.shape[0], 1))#转换数据形状，不转换形状，
    无法直接聚类；data.shape[1]：查看数据框列数；data.shape[0]：查看数据框行数；
    reshape（row，column），构架一个多行多列的array对象。
29. model_kmeans = KMeans(n_clusters=4,random_state=0)#创建KMeans模型并指定
    要聚类数量，此处是4类
30. kmeans_model=model_kmeans.fit(data_reshape)
31. df['amount2']=model_kmeans.predict(data_reshape)#求出聚类的类别
32.
33. seed(0)#保证每次的结果一致
34. sc_score = silhouette_score(data_reshape,kmeans_model.labels_, metric=
    'euclidean') #求出轮廓系数（类间距除以类内距，范围为-1到1），轮廓系数越大，
    聚类效果越好
35. print(sc_score)#打印轮廓系数
36. df['amount2'].value_counts()#每个类别的数量
37. #无论是单列还是数据框，下面代码形式完全相同，下面以数据框为例
38. #检验不同聚类数量对轮廓系数（silhouette）的影响,找出最佳值
39. nums=range(2,50)#等差序列，从2开始，1类没有轮廓系数
40. a=[]#创建空列表
41. b=[]#创建空列表
42. for num in nums:
```

```
43.     clst=KMeans(n_clusters=num,random_state=0)#random_state=0指定随机数
        生成器的种子
44.     kmeans_model=clst.fit(zdf)
45.     a.append(num)
46.     from numpy.random import seed
47.     seed(0)#保证每次的结果一致
48.     sc_score = silhouette_score(zdf,kmeans_model.labels_, metric=
        'euclidean')
49.     b.append(sc_score)
50.
51. import pandas as pd
52. a=pd.DataFrame(a)#变成数据框
53. b=pd.DataFrame(b) #变成数据框
54. score=pd.concat([a,b],axis=1)#合并数据框
55. score.columns=['num','silhouette']#定义数据框的列名
56. score[score.silhouette ==max(score.silhouette)]#根据最大轮廓系数选择最优
    数据框
57. num1=score[score.silhouette ==max(score.silhouette)]['num']#最优聚类数量
58. #根据最优数量聚类
59. clst= KMeans(n_clusters=num1.values[0] ,random_state=0)#random_state=0
    指定随机数生成器的种子
60. kmeans_model=clst.fit(zdf)
61. df['lb']=clst.predict(zdf)#求出聚类的类别
62. from numpy.random import seed
63. seed(0)#保证每次的结果一致
64. sc_score = silhouette_score(zdf,kmeans_model.labels_, metric=
    'euclidean')#求出轮廓系数（类间距除以类内距，范围为-1到1），轮廓系数越大，
    聚类效果越好
65. clst.inertia_#每个样本距离它们各自最近的簇中心的距离之和（类内聚类，越小越好）
66. df['lb'].value_counts()#每个类别的数量
```

#pyspark模块示例代码（k-means）

```
1. #读取数据
2. from pyspark.sql import SparkSession
3. df = spark.read.csv('/usr/local/hadoop/Telephone.csv',inferSchema=True,
   header=True)
4. df.show()
5. #数据属性
6. print((df.count(),len(df.columns)))
7. df.printSchema()
8. df.describe().select('年龄','性别','收入').show()
9. df.groupBy('性别').count().show()
10. df.groupBy('居住地','性别').count().orderBy('居住地','性别','count',
    ascending=True).show()
11. df.groupBy('居住地').mean().show()
12. #特征处理
13. df_assembler = VectorAssembler(inputCols=['年龄', '收入', '家庭人数'],
    outputCol="features") #把特征组装成一个list
14. df=df_assembler.transform(df)
15. df.printSchema()
16. df.show(5,truncate=False)
17. #调包
18. from pyspark.ml.clustering import KMeans #模型训练
19. from pyspark.ml.evaluation import ClusteringEvaluator #模型评估
20. from pyspark.ml.clustering import KMeansModel
21. #模型构建
22. model=KMeans(k=2, seed=1).fit(df)
23. rf_KMeans=model.transform(df)
24. rf_KMeans.show()
25. #模型效果（轮廓系数）
26. silhouette=ClusteringEvaluator(predictionCol="prediction").evaluate(rf_
    KMeans)
27. print(silhouette)
```

```
28. #参数调整
29. #检验不同聚类数量对轮廓系数（silhouette）的影响,找出最佳值
30. nums=range(2,50)#等差序列，从2开始，1类没有轮廓系数
31. a=[]#创建空列表
32. b=[]#创建空列表
33. for num in nums:
34.     model=KMeans(k=num, seed=1).fit(df)#seed=1指定随机数生成器的种子,保证
        每次结果一致
35.     rf_KMeans=model.transform(df)
36.     a.append(ClusteringEvaluator(predictionCol="prediction").evaluate
        (rf_KMeans))#合并轮廓系数
37.     b.append(num)#合并num值
38. import pandas as pd
39. a=pd.DataFrame(a)#变成数据框
40. b=pd.DataFrame(b) #变成数据框
41. silhouette=pd.concat([a,b],axis=1)#合并数据框
42. silhouette.columns=['silhouettes', 'num']#定义数据框的列名
43. silhouette[silhouette.silhouettes==max(silhouette.silhouettes)]#根据整体
    silhouette条件选择num值最优数据框
44. num1=silhouette[silhouette.silhouettes==max(silhouette.silhouettes)]
    ['num']#最优num值
45. #根据最佳的参数值做聚类
46. model=KMeans(k=num1.values[0], seed=1).fit(df)#seed=1指定随机数生成器的
    种子,保证每次结果一致
47. rf_KMeans=model.transform(df)
48. rf_KMeans.show()
49. #模型效果（轮廓系数）
50. silhouette1=ClusteringEvaluator(predictionCol="prediction").evaluate
    (rf_KMeans)
51. print(silhouette1)
```

#pyspark模块示例代码（二分类KMeans）

```
1. #读取数据
2. from pyspark.sql import SparkSession
3. df = spark.read.csv('/usr/local/hadoop/Telephone.csv',inferSchema=True,
   header=True)
4. df.show()
5. #数据属性
6. print((df.count(),len(df.columns)))
7. df.printSchema()
8. df.describe().select('年龄','性别','收入').show()
9. df.groupBy('性别').count().show()
10. df.groupBy('居住地','性别').count().orderBy('居住地','性别','count',
    ascending=True).show()
11. df.groupBy('居住地').mean().show()
12. #特征处理
13. df_assembler = VectorAssembler(inputCols=['年龄', '收入', '家庭人数'],
    outputCol="features") #把特征组装成一个list
14. df=df_assembler.transform(df)
15. df.printSchema()
16. df.show(5,truncate=False)
17. #调包
18. from pyspark.ml.clustering import BisectingKMeans #模型训练
19. from pyspark.ml.evaluation import ClusteringEvaluator #模型评估
20. from pyspark.ml.clustering import BisectingKMeansModel
21. #模型构建
22. model=BisectingKMeans(k=2, seed=1).fit(df)
23. rf_BisectingKMeans=model.transform(df)
24. rf_BisectingKMeans.show()
25. #模型效果（轮廓系数）
26. silhouette=ClusteringEvaluator(predictionCol="prediction").evaluate
    (rf_BisectingKMeans)
27. print(silhouette)
```

```
28. #参数调整
29. #检验不同聚类数量对轮廓系数（silhouette）的影响,找出最佳值
30. nums=range(2,50)#等差序列，从2开始
31. a=[]#创建空列表
32. b=[]#创建空列表
33. for num in nums:
34.     model=BisectingKMeans(k=num, seed=1).fit(df)#seed=1指定随机数生成器
        的种子,保证每次结果一致
35.     rf_BisectingKMeans=model.transform(df)
36.     a.append(ClusteringEvaluator(predictionCol="prediction").evaluate
        (rf_BisectingKMeans))#合并轮廓系数
37.     b.append(num)#合并num值
38. import pandas as pd
39. a=pd.DataFrame(a)#变成数据框
40. b=pd.DataFrame(b) #变成数据框
41. silhouette=pd.concat([a,b],axis=1)#合并数据框
42. silhouette.columns=['silhouettes', 'num']#定义数据框的列名
43. silhouette[silhouette.silhouettes==max(silhouette.silhouettes)]
    #根据整体silhouette条件选择num值最优数据框
44. num1=silhouette[silhouette.silhouettes==max(silhouette.silhouettes)]
    ['num']#最优num值
45. #根据最佳的参数值做聚类
46. model=BisectingKMeans(k=num1.values[0], seed=1).fit(df)#seed=1指定随机
    数生成器的种子,保证每次结果一致
47. rf_BisectingKMeans=model.transform(df)
48. rf_BisectingKMeans.show()
49. #模型效果（轮廓系数）
50. silhouette1=ClusteringEvaluator(predictionCol="prediction").evaluate
    (rf_BisectingKMeans)
51. print(silhouette1)
```

5.1.2.2 Apriori关联规则算法

1）原理

Apriori算法是一种最有影响的挖掘布尔关联规则频繁项集的算法，其核心是基于两阶段频集思想的递推算法。该关联规则在分类上属于单维、单层、布尔关联规则。在这里，所有支持度大于最小支持度的项集称为频繁项集，简称频集。

Apriori演算法所使用的前置统计量包括：

- 最大规则物件数，规则中物件组所包含的最大物件数量；
- 最小支援，规则中物件或是物件组必须符合的最低案例数；
- 最小置信水准，计算规则所必须满足的最低置信水准门槛。

该算法的基本思想是：首先找出所有的频集，它们出现的频繁性至少和预定义的最小支持度一样。然后由频集产生强关联规则，这些规则必须满足最小支持度和最小可信度。然后利用所找到的频集，产生只包含集合的项的所有规则，其中每一条规则的右部只有一项，这里采用的是中规则的定义。一旦这些规则被生成，那么只有那些大于用户给定的最小可信度的规则才被留下来。为了生成所有频集，使用了递推的方法。

在Apriori算法，有如下三个重要的公式，其中X、Y表示某一个事件，I表示所有事件，P表示发生的概率，num表示出现的次数。

支持度：

$$\text{support}(X \to Y)=\frac{P(X,Y)}{P(I)}=\frac{P(X \cup Y)}{P(I)}=\frac{\text{num}(X \cup Y)}{\text{num}(I)}$$

置信度：

$$\text{confidence}(X \to Y)=P(Y|X)=\frac{P(X,Y)}{P(X)}=\frac{P(X \cup Y)}{P(X)}$$

提升度：

$$\text{lift}(X \to Y)=\frac{P(Y|X)}{P(Y)}$$

2）示例代码

```
1. #1读取数据
2. from pandas import read_csv
3. df=read_csv('D://bank.csv',sep=",")
4.  #交易编号TID，项目编号item
5. df['TID']=df['TID'].astype(str)#把交易编号TID变为字符型
```

```
6. sTID=df.drop_duplicates(['TID']).iloc[:,0]#用去重的方式提取交易编号TID,
   此时TID在第一列
7. import pandas as pd
8. import numpy as np
9. data=[]#创建空列表
10. for i in sTID:
11.     a=df[df.TID==i]['item']
12.     a=list(a)
13.     data.append(a)#合并a
14. #2自定义函数
15. from numpy import *
16. import re
17. #C1是大小为1的所有候选项集的集合
18. def createC1(dataSet):
19.     C1 = []
20.     for transaction in dataSet:
21.         for item in transaction:
22.             if not [item] in C1:
23.                 C1.append([item]) #store all the item unrepeatly
24.     C1.sort()
25.     #return map(frozenset, C1)#frozen set, user can't change it.
26.     return list(map(frozenset, C1))
27.
28. def scanD(D,Ck,minSupport):
29.     ssCnt={}
30.     for tid in D:
31.         for can in Ck:
32.             if can.issubset(tid):
33.                 #if not ssCnt.has_key(can):
34.                 if not can in ssCnt:
35.                     ssCnt[can]=1
```

```
36.                 else: ssCnt[can]+=1
37.     numItems=float(len(D))
38.     retList = []
39.     supportData = {}
40.     for key in ssCnt:
41.         support = ssCnt[key]/numItems   #compute support
42.         if support >= minSupport:
43.             retList.insert(0,key)
44.         supportData[key] = support
45.     return retList, supportData
46.
47. #total apriori
48. def aprioriGen(Lk, k): #组合，向上合并
49.     #creates Ck 参数：频繁项集列表Lk与项集元素个数 k
50.     retList = []
51.     lenLk = len(Lk)
52.     for i in range(lenLk):
53.         for j in range(i+1, lenLk): #两两组合遍历
54.             L1 = list(Lk[i])[:k-2]; L2 = list(Lk[j])[:k-2]
55.             L1.sort(); L2.sort()
56.             if L1==L2: #若两个集合的前k-2个项相同时,则将两个集合合并
57.                 retList.append(Lk[i] | Lk[j]) #set union
58.     return retList
59.
60. #apriori
61. def apriori(dataSet, minSupport = 0.5):
62.     C1 = createC1(dataSet)
63.     D = list(map(set, dataSet)) #python3
64.     L1, supportData = scanD(D, C1, minSupport)#单项最小支持度判断 0.5，
    生成L1
65.     L = [L1]
```

```
66.     k = 2
67.     while (len(L[k-2]) > 0):#创建包含更大项集的更大列表,直到下一个大的项集
        为空
68.         Ck = aprioriGen(L[k-2], k)#Ck
69.         Lk, supK = scanD(D, Ck, minSupport)#get Lk
70.         supportData.update(supK)
71.         L.append(Lk)
72.         k += 1 #继续向上合并 生成项集个数更多的
73.     return L, supportData
74.
75. #创建关联规则
76. def generateRules(fileName, L, supportData, minConf=0.7):  #supportData
    是从scanD获得的字段
77.     bigRuleList = []
78.     for i in range(1, len(L)):  #只获得2个或以上的项目的集合
79.         for freqSet in L[i]:
80.             H1 = [frozenset([item]) for item in freqSet]
81.             if (i > 1):
82.                 rulesFromConseq(fileName, freqSet, H1, supportData,
                    bigRuleList, minConf)
83.             else:
84.                 calcConf(fileName, freqSet, H1, supportData, bigRuleList,
                    minConf)
85.     return bigRuleList
86.
87. #实例数、支持度、置信度和提升度评估
88. def calcConf(fileName, freqSet, H, supportData, brl, minConf=0.7):
89.     prunedH = []
90.     D = fileName
91.     numItems = float(len(D))
92.     for conseq in H:
```

```
93.         conf = supportData[freqSet] / supportData[freqSet - conseq]
            #计算置信度
94.         if conf >= minConf:
95.             instances = numItems * supportData[freqSet]  #计算实例数
96.             liftvalue = conf / supportData[conseq]  #计算提升度
97.             brl.append((freqSet - conseq, conseq, int(instances),
                round(supportData[freqSet], 4), round(conf, 4),
98.                         round(liftvalue, 4)))  #支持度已经在SCAND中计算
                            得出
99.             prunedH.append(conseq)
100.    return prunedH
101.
102. #生成候选规则集
103. def rulesFromConseq(fileName, freqSet, H, supportData, brl,
     minConf=0.7):
104.     m = len(H[0])
105.     if (len(freqSet) > (m + 1)):
106.         Hmp1 = aprioriGen(H, m + 1)
107.         Hmp1 = calcConf(fileName, freqSet, Hmp1, supportData, brl,
             minConf)
108.         if (len(Hmp1) > 1):
109.             rulesFromConseq(fileName, freqSet, Hmp1, supportData, brl,
                minConf)
110. #3、关联规则结果
111. import pandas as pd
112. #设置最小支持度阈值
113. minS = 0.1
114. #设置最小置信度阈值
115. minC = 0.4
116. #计算符合最小支持度的规则
117. L,suppdata =apriori(data, minSupport=minS)
```

```
118. #计算满足最小置信度规则
119. rules = generateRules(data,L,suppdata, minConf=minC)
120. #关联结果评估
121. model_summary = 'data record: {1} \nassociation rules count: {0}'
     #展示数据集记录数和满足阈值定义的规则数量
122. print (model_summary.format(len(rules), len(data)))#使用str.format做格
     式化输出
123. df =  pd.DataFrame(rules,  columns=['item1',  'itme2',  'instance',
     'support',
124. 'confidence', 'lift'])#创建频繁规则数据框
125. df_lift = df[df['lift']>1.0] #只选择提升度>1的规则
126. print(df_lift.sort_values('instance',ascending=False))#此处按照
     instance降序排序，可以按照其他列（例如提升度left）排序
```

5.1.2.3 PageRank

1）原理

在PageRank提出之前，已经有研究者提出利用网页的入链数量来进行链接分析计算，这种入链方法的思想是一个网页的入链越多，则该网页越重要。早期的很多搜索引擎也采纳了入链数量分析作为链接分析方法，对搜索引擎效果提升较明显。PageRank除了考虑到入链数量的影响，还参考了网页质量因素，两者相结合获得了更好的网页重要性评价标准。如图5-5所示。

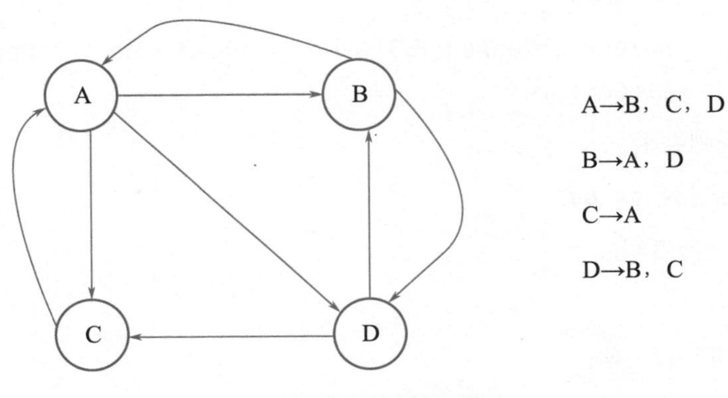

图5-5 PageRank模型

互联网中网页和网页之间的链接关系组成一个有向图，其中网页是节点，网页之间的链接为有向边。如上图所示的模型中有四个网页，A指向B的箭头表示A中存在指向B的链接。

可以使用转移矩阵来表示这样一个有向图。

对于某个互联网网页A来说，该网页PageRank的计算基于以下两个基本假设：

- 数量假设：在Web图模型中，一个页面节点接收到的其他网页指向的入链数量越多，这个页面越重要；
- 质量假设：指向页面A的入链质量不同，质量高的页面会通过链接向其他页面传递更多的权重；越是质量高的页面指向页面A，页面A越重要。

利用以上两个假设，PageRank算法刚开始赋予每个网页相同的重要性得分，通过迭代递归计算来更新每个页面节点的PageRank得分，直到得分稳定为止。PageRank计算得出的结果是网页的重要性评价，这和用户输入的查询是没有任何关系的，即算法是主题无关的。

2）示例代码

#实现PageRank排序

```
1. #设置默认文件夹
2. import os
3. os.chdir(r'E:\pzs')
4. import numpy as np
5. if __name__ == '__main__':
6.     #打开网页链接关系文本文件，读入网页关系有向图，存储边
7.     f = open('Pagerankdata.txt', 'r')#打开文本文件Pagerankdata.txt，注意
       存放目录读者的如果和本代码不一样，需要修改
8. #strip() 方法用于移除字符串头尾指定的字符(默认为空格或换行符)或字符序列
9. #spilt去掉空格
10.     edges = [line.strip('\n').split(' ') for line in f] #处理边的信息
11.     print(edges) #打印边信息
12.     #根据边获取节点的集合
13.     nodes = [] #定义变量nodes
14.     for edge in edges: #循环迭代
15.         if edge[0] not in nodes: #判断条件
16.             nodes.append(edge[0]) #附加到最后
17.         if edge[1] not in nodes:
18.             nodes.append(edge[1]) #附加到最后
19.     print(nodes) #打印节点信息
```

```
20.     N = len(nodes) #获取节点数量，并赋值给N
21.     #将节点符号（字母），映射成阿拉伯数字，便于后面生成A矩阵/S矩阵
22.     i = 0 #定义变量i
23.     node_to_num = {} #定义变量node_to_num
24.     for node in nodes: #循环迭代处理
25.         node_to_num[node] = i #i的值赋给node_to_num
26.         i += 1 #i=-i+1
27.     for edge in edges: #分类存储
28.         edge[0] = node_to_num[edge[0]]
29.         edge[1] = node_to_num[edge[1]]
30.     print(edges) #打印信息
31.     #生成初步的S矩阵
32.     S = np.zeros([N, N]) #定义S
33.     for edge in edges: #循环迭代
34.         S[edge[1], edge[0]] = 1 #赋值为1
35.     print(S) #打印初步的S矩阵
36.     #计算比例：即一个网页对其他网页的PageRank值的贡献，即进行列的归一化处理
37.     for j in range(N): #循环处理
38.         sum_of_col = sum(S[:,j]) #累加
39.         for i in range(N): #循环
40.             S[i, j] /= sum_of_col #求值
41.     print(S) #打印S矩阵
42.     #计算矩阵A
43.     alpha = 0.85 #定义变量alpha
44.     A = alpha*S + (1-alpha) / N * np.ones([N, N]) #计算A
45.     print(A) #打印A
46.     #生成初始的PageRank值，记录在P_n中，P_n和P_n1均用于迭代
47.     P_n = np.ones(N) / N
48.     P_n1 = np.zeros(N)
49.     e = 100000 #误差初始化
50.     k = 0 #记录迭代次数
```

```
51.     print('loop...') #打印信息
52.     while e > 0.00000001: #开始循环迭代
53.         P_n1 = np.dot(A, P_n) #迭代公式
54.         e = P_n1-P_n #误差值
55.         e = max(map(abs, e)) #计算最大误差
56.         P_n = P_n1 #迭代赋值
57.         k += 1 #k=k+1，每次加1
58.         print('iteration %s:'%str(k), P_n1) #打印输出信息
59.
60. print('final result:', P_n) #打印输出信息
61.
62. #运行结果如上图：程序迭代了71次，最后得到一个数组，分别为A、B、C、D、E五个网
    页的PR值。根据PR值的大小，可以看出E最高，A第二，D第三，B和C相同，最低
63.
64.
65. #实现PageRank排序可视化
66. #使用networkX库实现
67. import networkx as nx
68. import matplotlib.pyplot as plt
69. def buildDiGraph(edges):
70.     #初始化图，param edges：存储有向边的列表，返回使用有向边构造完毕的有向图
71.     G = nx.DiGraph() #DiGraph()表示有向图
72.     for edge in edges:
73.         G.add_edge(edge[0], edge[1]) #加入边
74.     return G
75. if __name__ == '__main__':
76.     edges = [("A", "B"), ("A", "C"), ("A", "D"), ("B", "D"), ("C", "E"),
        ("D", "E"), ("B", "E"), ("E", "A")]
77.     #或者用下面方式读取文件
78.     #f = open('Pagerankdata.txt', 'r') #打开文本文件Pagerankdata.txt，注
        意存放目录读者的如果和本代码不一样，需要修改
79.     #strip() 方法用于移除字符串头尾指定的字符(默认为空格或换行符)或字符序列
```

```
80.        #spilt去掉空格
81.        #edges = [line.strip('\n').split(' ') for line in f] #处理边的信息
82.
83.        G = buildDiGraph(edges)
84.        #绘制出图形
85.        layout = nx.spring_layout(G)
86.        nx.draw(G, pos=layout, with_labels=True, hold=False)
87.        #输出所有边的节点关系和权重
88. plt.show()
```

```
   ...:     layout = nx.spring_layout(G)
   ...:     nx.draw(G, pos=layout, with_labels=True, hold=False)
   ...:     #输出所有边的节点关系和权重
   ...:     plt.show()
   ...:
   ...:
```

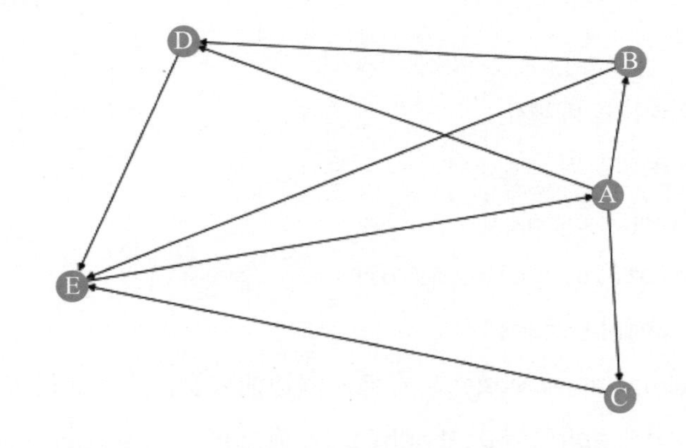

改进后的pagerank计算，随机跳跃概率为20%，因此alpha=0.8。

pr_impro_value = nx.pagerank(G, alpha=0.8)。

print("改进的pagerank值是：", pr_impro_value)。

nx.pagerank(G, alpha=0.8)。

5.2 自动化调参

在前面的章节，已经试验了用for循环进行参数寻优，采用自动化调参进行参数优化是使用sklearn轻松进行机器学习的核心，自动化调参技术帮我们省去了人工调参的烦琐以及因经验不足而导致的种种不便。

暴力搜索寻优（GridSearchCV）方式是采用暴力寻找的方法来寻找最优参数。当待优化的参数是离散值时，GridSearchCV能够顺利地找出最优参数。但是当待优化的参数是连续值时，暴力寻找方法就无能为力了。GridSearchCV的做法是从这些连续值中挑选几个值作为代表，从而在这些代表中挑选出最佳的参数。

scikit-learn提供的随机搜索寻优（RandomizedSearchCV）方式采用随机搜索所有的候选参数对的方法来寻找最优的参数组合。它是另一种参数寻找方式。

根据笔者多年的实践，与for循环进行参数寻优相比，自动化调参有如下缺点：

- 自动参数优化灵活性远不如for循环；
- 同for循环相比，暴力搜索寻优运行速度过慢。笔者曾试验过某个模型的参数寻优，for循环2分钟左右，暴力搜索寻优10分钟左右。

5.2.1 暴力搜索寻优

网格搜索为自动化调参的常见技术之一，grid_search包提供了自动化调参工具，包括暴力搜索寻优（GridSearchCV）。GridSearchCV根据给定的模型自动进行交叉验证，通过调节每一个参数来跟踪评分结果，实际上，该过程代替了进行参数搜索时的for循环过程。

GridSearchCV实现了estimator的.fit方法和.score方法。在调用.fit方法时，首先会将训练集进行k折交叉，然后在每次划分的集合上进行多轮训练和验证(每一轮都采用一种参数组合)。

#函数

from sklearn.model_selection import GridSearchCV

class sklearn.model_selection.GridSearchCV (estimator, param_grid, scoring=None, fit_params=None, n_jobs=1, iid=True, refit=True, cv=None, verbose=0, pre_dispatch='2*n_jobs', error_score='raise', return_train_score='warn')

#参数

estimator：一个评估器对象。它必须有.fit方法用于学习，有.predict方法用于预测，有.score方法用于性能评分。

param_grid：字典或者字典的列表。每个字典都给出了评估器的一个参数，其中字典的键就是参数名，字典的值是一个列表，指定了参数对应的候选值序列。

scoring：一个字符串或者可调用对象，或者None。它指定了评分函数scorer(estimator，X，y)。如果为None，则使用评估器的.score方法；如果为字符串'accuracy'，采用metrics.accuracy_score评分函数；如果为字符串'average_precision'，采用metrics.average_precision_score评分函数。f1系列采用的是metrics.f1_score评分函数，包括以下选项：

- ‘f1’：用于二类分类；
- ‘f1_micro’：表示micro-averaged；

- 'f1_macro'：表示macro-averaged；
- 'f1_weighted'：表示weighted average；
- 'f1_samples'：表示by multilabel sample。

其他系列包括如下选项：

- log_loss：采用metrics.log_loss评分函数；
- precision：采用metrics.precision_score评分函数，具体形式类似f1系列；
- recall：采用metrics.recall_score评分函数，具体形式类似f1系列；
- roc_auc：采用metrics.roc_auc_score评分函数；
- adjusted_rand_score：采用metrics.adjusted_rand_score评分函数；
- mean_absolute_error：采用metrics.mean_absolute_error评分函数；
- mean_squared_error：采用metrics.mean_squared_error评分函数；
- median_absolute_error：采用metrics.median_absolute_error评分函数；
- r2：采用metrics.r2_score评分函数。

fit_params：一个字典，用来给评估器的.fit方法传递参数。

iid：布尔值，为True表示数据是独立同分布的。

cv：一个整数，或一个k折交叉生成器，或一个迭代器，或者None。如果为None，则使用默认的3折交叉生成器。如果为整数，则指定了k折交叉生成器的k值。如果为k折交叉生成器，则直接指定了k折交叉生成器。如果为迭代器，则迭代器的结果就是数据集划分的结果。

refit：一个布尔值，如果为True（默认值），则在参数优化之后使用整个数据集（所有可用的训练集以及验证集）来重新训练该最优的estimator。即程序将会把通过交叉验证训练集得到的最佳参数重新用于所有可用的训练集与开发集，作为最终用于性能评估的最佳模型参数。在搜索参数结束后，用最佳参数结果再次fit一遍全部数据集。

verbose：一个整数，它控制输出日志的内容。该值越大，输出内容越多。

n_jobs：并行任务数。为-1时表示派发任务到所有计算机的CPU上。

pre_dispatch：一个整数或者字符串，用于控制并行执行时分发的总的任务数量。

error_score：一个数值或者字符串'raise'，指定当estimator训练发生异常时如何处理。如果为'raise'，则抛出异常。如果为数值，则将该数值作为本轮estimator的预测得分。

#属性

grid_scores_：命名元组组成的列表，列表中每个元素都对应了一个参数组合的测试得分。

best_estimator_：一个评估器对象，代表根据候选参数组合筛选出来的最佳的评估器。

best_score_：最佳评估器的性能评分。

best_params_：最佳参数组合。

#方法

fit(X[,y])：执行参数优化。

predict(X)：使用学到的最佳评估器来预测数据。

predict_log_proba(X)：使用学到的最佳评估器来预测数据为各类别的概率的对数值。

predict_proba(X)：使用学到的最佳评估器来预测数据为各类别的概率。

score(X[,y])：通过给定的数据集来判断学到的最佳评估器的预测性能。

```
1. #示例代码
2. #检验不同max_depth、subsample值对于预测性能的影响,找出最佳值
3. #经验法则是设置n_estimators参数在500-800之间
4. #准备数据
5. from pandas import read_excel
6. df=read_excel('F://BaiduYunDownload//Telephone.xlsx')
7. #分出X和Y值
8. x=df.iloc[:,1:15]
9. y=df.iloc[:,0]
10. #分割训练数据和测试数据
11. #根据y分层抽样，25%作为测试 75%作为训练
12. from sklearn.model_selection import train_test_split
13. x_train, x_test, y_train, y_test =train_test_split(x,y,test_size=0.25,
    random_state=0,stratify=y)#如果缺失stratify参数，则为随机抽样
14. #调包
15. from sklearn.model_selection import GridSearchCV#暴力搜索寻优
16. from xgboost import XGBClassifier#XGBOOST分类
17. from sklearn.metrics import accuracy_score,precision_score,recall_
    score,f1_score,classification_report,confusion_matrix#性能评估
18. import numpy as np
19. #参数优化设置
20. tuned_parameters = [{'max_depth': list(np.arange(3,10,1)),#等差序列转化
    为list列表，等差序列，步长为1
21. 'subsample':list(np.linspace(0.5,1.0,num=10))#创建等差数列，在x轴上从0.5
    至1均匀采样10个数，默认创建50个数
22. }]
```

```
23. clf=GridSearchCV(XGBClassifier(objective='multi:softmax', num_class=3,
    n_estimators=500,random_state=0),tuned_parameters,cv=10,n_jobs=-1)
    #此处XGBClassifier在利用暴力搜索参数的同时本身指定了一些参数（如n_estimators），
    如果只利用暴力搜索参数可以直接写作clf=GridSearchCV(XGBClassifier(),tuned_
    parameters,cv=10,n_jobs=-1)
24. clf.fit(x_train,y_train)模型拟合，根据训练集寻找最佳参数
25. #输出最佳参数
26. print("最佳参数组合:",clf.best_params_)
27. #得到最优模型对象并训练
28. clfbest= clf.best_estimator_#获得交叉检验模型得出的最优模型对象
29. clfbest.fit(x_train,y_train)#训练最优模型
30. #对训练集预测，为性能度量做准备
31. y_pred=clfbest.predict(x_train)
32. y_true= y_train
33. #对测试集预测，保存预测结果
34. clf_y_predict= clfbest.predict(x_test)#如果把预测值加入数据中，x_test
    ['predict']= clfbest.predict(x_test)
35. #输出模型系数重要性和评估
36. import pandas as pd
37. importance=pd.DataFrame(clfbest.feature_importances_)
38. columns=pd.DataFrame(x_train.columns)
39. importance=pd.concat([columns,importance],axis=1)
40. print(importance)#用函数搜索最佳参数输出各自变量的重要性
41. print('Score: %.2f' % clfbest.score(x_train, y_train))#返回整体准确率
    (accuracy)，越大越好
42. #分类问题性能度量
43. from sklearn.metrics import accuracy_score,precision_score,recall_
    score,f1_score,classification_report,confusion_matrix
44. accuracy_score(y_true,y_pred,normalize=True)#整体正确率
45. accuracy_score(y_true,y_pred,normalize=False)#整体正确数量
46. confusion_matrix(y_true,y_pred,labels=[1,2,3])#混淆矩阵，labels指定混淆
    矩阵出现的类别
```

```
47. precision_score(y_true,y_pred,average=None)#所有类别查准率
48. recall_score(y_true,y_pred, average=None)#所有类别查全率
49. f1_score(y_true,y_pred,average=None)#所有类别查准率、查全率及调和均值
```

5.2.2 随机搜索寻优

GridSearchCV采用暴力寻找的方法来寻找最优参数。当待优化的参数是离散的取值的时候，GridSearchCV能够顺利地找出最优的参数。但是当待优化的参数是连续取值的时候，暴力寻找就无能为力了。GridSearchCV的做法是从这些连续值中挑选几个值作为代表，从而在这些代表中挑选出最佳的参数。

scikit-learn提供了随机搜索寻优（RandomizedSearchCV）方式，采用随机搜索所有的候选参数对的方法来寻找最优的参数组合。它是另一种参数寻找方式。

RandomizedSearchCV的接口和用法类似GridSearchCV。

#函数

from sklearn.model_selection import RandomizedSearchCV

class sklearn.model_selection.RandomizedSearchCV (estimator, param_distributions, n_iter=10, scoring=None, fit_params=None, n_jobs=1, iid=True, refit=True, cv=None, verbose=0, pre_dispatch='2*n_jobs', random_state=None, error_score='raise', return_train_score='warn')

#参数

estimator：一个评估器对象。它必须有.fit方法用于学习，有.predict方法用于预测，有.score方法用于性能评分。

param_distributions：字典或者字典列表。每个字典都给出了评估器的一个参数；其中字典的键就是参数名，字典的值是一个分布类，分布类必须提供.rvs方法。通常可以使用scipy.stats模块中提供的分布类，比如scipy.expon(指数分布)、scipy.gamma(gamma分布)、scipy.uniform(均匀分布)、randint等等。字典的值也可以是一个数值序列，此时就在该序列中均匀采样。

n_iter：一个整数，指定每个参数采样的数量。通常该值越大，参数优化的效果越好。但是参数越大，运行时间也越长。

scoring：一个字符串或者可调用对象，或者None。它指定了评分函数，其原型是scorer(estimator，X，y)。如果为None，则使用评估器的.score方法；为'accuracy'时采用metrics.accuracy_score评分函数，为'average_precision'时采用metrics.average_precision_score评分函数。f1系列采用metrics.f1_score评分函数，包括：

- f1：用于二分类；
- f1_micro：表示micro-averaged；
- f1_macro：表示macro-averaged；

➢ f1_weighted：表示weighted average；
➢ f1_samples：表示by multilabel sample。

其他系列包括：

➢ log_loss：采用metrics.log_loss评分函数；
➢ precision：采用metrics.precision_score评分函数，具体形式类似f1系列；
➢ recall系列，采用metrics.recall_score评分函数，具体形式类似f1系列；
➢ roc_auc：采用metrics.roc_auc_score评分函数；
➢ adjusted_rand_score：采用metrics.adjusted_rand_score评分函数；
➢ mean_absolute_error：采用metrics.mean_absolute_error评分函数；
➢ mean_squared_error：采用metrics.mean_squared_error评分函数；
➢ median_absolute_error：采用metrics.median_absolute_error评分函数；
➢ r2：采用metrics.r2_score评分函数。

fit_params：一个字典，用来给评估器的.fit方法传递参数。

iid：如果为True，则表示数据是独立同分布的。

cv：一个整数，或一个k折交叉生成器，或一个迭代器，或None。如果为None，则使用默认的3折交叉生成器；如果为整数，则指定了k折交叉生成器的k值；如果为k折交叉生成器，则直接指定了k折交叉生成器；如果为迭代器，则迭代器的结果就是数据集划分的结果。

refit：一个布尔值，如果为True（默认值），则在参数优化之后使用整个数据集（所有可用的训练集以及验证集）来重新训练最优estimator，程序将会根据交叉验证训练得到的最佳参数重新对所有可用的训练集与开发集进行训练，得到最终用于性能评估的最佳模型参数，在搜索参数结束后，用最佳参数结果再次fit一遍全部数据集。

verbose：一个整数。它控制输出日志的内容。该值越大，输出越多的内容。

n_jobs：表示并行数量。为-1时表示派发任务到所有计算机的CPU上。

pre_dispatch：一个整数或者字符串，用于控制并行执行时分发的总的任务数量。

random_state：一个整数或者一个RandomState实例，或者None，用于待优化参数的采样过程。如果为整数，则它指定了随机数生成器的种子。如果为RandomState实例，则指定了随机数生成器。如果为None，则使用默认的随机数生成器。

error_score：一个数值或者字符串raise，指定当estimator训练发生异常时如何处理。如果为raise，则抛出异常。如果为数值，则将该数值作为本轮estimator的预测得分。

#属性

grid_scores_：命名元组组成的列表，列表中每个元素都对应了一个参数组合的测试得分。

best_estimator_：一个评估器对象，代表了根据候选参数组合筛选出来的最佳评估器。

best_score_：最佳评估器的性能评分。

best_params_：最佳参数组合。

#方法

fit(X[,y])：执行参数优化。

predict(X)：使用学到的最佳评估器来预测数据。

predict_log_proba(X)：使用学到的最佳评估器来预测数据属于各类别的概率的对数值。

predict_proba(X)：使用学到的最佳评估器来预测数据属于各类别的概率。

score(X[,y])：通过给定的数据集来判断学到的最佳评估器的预测性能。

```
1. #示例代码
2. #检验不同max_depth、subsample值对于预测性能的影响,找出最佳值
3. #经验法则是设置n_estimators参数在500-800之间
4. #准备数据
5. from pandas import read_excel
6. df=read_excel('F://BaiduYunDownload//Telephone.xlsx')
7. #分出X和Y值
8. x=df.iloc[:,1:15]
9. y=df.iloc[:,0]
10. #分割训练数据和测试数据
11. #根据y分层抽样，25%作为测试 75%作为训练
12. from sklearn.model_selection import train_test_split
13. x_train, x_test, y_train, y_test =train_test_split(x,y,test_size=0.25,
    random_state=0,stratify=y)#如果缺失stratify参数，则为随机抽样
14.
15. #调包
16. from sklearn.model_selection import RandomizedSearchCV#随机搜索寻优
17. from xgboost import XGBClassifier#XGBOOST分类
18. from sklearn.metrics import accuracy_score,precision_score,recall_
    score,f1_score,classification_report,confusion_matrix#性能评估
19. import numpy as np
20. import scipy
21. #参数优化设置
22. tuned_parameters ={'max_depth': list(np.arange(3,10,1)),#指数分布
23. 'subsample':list(np.linspace(0.5,1.0,num=10))#创建等差数列，在x轴上从0.5
    至1均匀采样10个数，默认创建50个数
```

```
24. }
25. #注意，此处的参数优化设置可以是连续性变量也可以是分类变量，如
26. #tuned_parameters ={  'C': scipy.stats.expon(scale=100),#指数分布
27. #'multi_class': ['ovr','multinomial']}#类别
28.
29. clf=RandomizedSearchCV(XGBClassifier(objective='multi:softmax', num_
    class=3,n_estimators=500,random_state=0),tuned_parameters,cv=10,
    scoring="accuracy", n_jobs=-1)#此处XGBClassifier在利用随机搜索参数的同时
    本身指定了一些参数（如n_estimators），如只利用随机搜索参数，可直接写作
    #clf=GridSearchCV(XGBClassifier(),tuned_parameters,cv=10,n_jobs=-1)
30. clf.fit(x_train,y_train)模型拟合，根据训练集寻找最佳参数
31. #输出最佳参数
32. print("最佳参数组合:",clf.best_params_)
33. #得到最优模型对象并训练
34. clfbest= clf.best_estimator_  #获得交叉检验模型得出的最优模型对象
35. clfbest.fit(x_train,y_train)  #训练最优模型
36. #对训练集预测，为性能度量做准备
37. y_pred=clfbest.predict(x_train)
38. y_true= y_train
39. #对测试集预测，保存预测结果
40. clf_y_predict= clfbest.predict(x_test)#如果把预测值加入数据中，x_test
    ['predict']= clfbest.predict(x_test)
41. #输出模型系数重要性和评估
42. import pandas as pd
43. importance=pd.DataFrame(clfbest.feature_importances_)
44. columns=pd.DataFrame(x_train.columns)
45. importance=pd.concat([columns,importance],axis=1)
46. print(importance)#用函数搜索最佳参数输出各自变量的重要性
47. print('Score: %.2f' % clfbest.score(x_train, y_train))#返回整体准确率
    (accuracy)，越大越好
48. #分类问题性能度量
49. from sklearn.metrics import accuracy_score,precision_score,recall_score,
    f1_score,classification_report,confusion_matrix
```

```
50. accuracy_score(y_true,y_pred,normalize=True)#整体正确率
51. accuracy_score(y_true,y_pred,normalize=False)#整体正确数量
52. confusion_matrix(y_true,y_pred,labels=[1,2,3])#混淆矩阵，labels指定混淆
    矩阵出现的类别
53. precision_score(y_true,y_pred,average=None)#所有类别查准率
54. recall_score(y_true,y_pred, average=None)#所有类别查全率
55. f1_score(y_true,y_pred,average=None)#所有类别查准率、查全率及调和均值
```

5.3 组合分类模型器

5.3.1 原理

模型融合的基础主要有两点：单个模型效果足够好(如果效果不好，模型没有必要进入模型融合)，多模型之间差异足够大。

机器学习的算法有很多，对于每一种机器学习算法，考虑问题的方式都略微有所不同，所以对于同一个问题，不同的算法可能会给出不同的结果，在这种情况下，我们可以把多种算法集中起来，让不同算法对同一种问题都进行预测，最终采取少数服从多数的原则选取，这就是集成学习的思路。

假设我们训练了许多分类器（例如逻辑回归、SVM、随机森林），每个分类器有大约80%的准确率，创造更优分类器的简单方法是将这些分类器的预测结果进行组合，按照少数服从多数的原则或者概率原则，将多数分类器输出的结果作为最终的预测结果。令人吃惊的是，这样的分类器通常能够获得更好的效果。事实上，即使每个分类器都是弱分类器（略优于随机猜测），这些分类器组合而成的分类器仍然可能是效果优秀的强分类器（选择不同的算法能够提高模型犯错的概率，从而提升集成学习的效果），前提是分类器的数量足够而且具有充分的多样性。

注意，组合分类模型器所有算法必须是分类算法（回归算法无法用组合分类模型器，可以用所有预测值的均值及预测值的加权组合等方法）。

5.3.2 函数及代码

#函数

class sklearn.ensemble.VotingClassifier(estimators, voting='hard',weights=None,n_jobs=None, flatten_transform=True)

#参数

estimators：建立一个由模型对象名称和模型对象组合的元组列表estimators。其中对象名称是为了区分和识别用，任意字符串都可以。

voting：投放方法设置为soft，使用每个分类器的概率做投票统计，最终按投票概率选出；还可以设置为hard，通过每个分类器的label按得票最多的label进行预测输出。

在设置voting参数时，如果设置为soft，要求每个模型器必须都支持predict_proba方法（例如逻辑回归、KNN、决策树），否则只能使用hard方法。

voting的参数设置为hard时，对应的是少数服从多数的投票方式，但是在有的情况下，少数服从多数的原则并不适用，那么更加合理的投票方式，应该是有权值的投票方式。在现实生活中也有这样的例子，比如在唱歌比赛中，专业评审的投票分值应该比观众的投票分值高，此处对应为soft voting。在使用soft voting时，把概率当做权值，这时候集成后的结果就显得更为合理。

weights：设置各个分类器对应的投票权重（根据实际情况人为设定），这样可以将分类概率和权重做加权求和。

n_jobs：设置为-1，意味着计算时使用所有的CPU。

#属性

estimators_：分类列表。

classes_：类别标签。

#方法

fit(self, X, y[, sample_weight])：模型训练。

fit_transform(self, X[, y])：模型转换。

get_params(self[, deep])：得到模型参数。

predict(self, X)：模型预测。

score(self, X, y[, sample_weight])：模型得分。

transform(self,X)：返回类别标签或者概率值。

```
1. #示例代码
2. from sklearn.linear_model import LogisticRegression  #导入逻辑回归库
3. from sklearn.ensemble import VotingClassifier, RandomForestClassifier,
   BaggingClassifier#三种集成分类库和投票方法库
4. from  sklearn.svm   import  SVC #导入非线性分类SVM库
5. #准备数据
6. from pandas import read_excel
7. df=read_excel('F://BaiduYunDownload//Telephone.xlsx')
8. #分出X和Y值
```

```
9. x=df.iloc[:,1:15]
10. y=df.iloc[:,0]
11. #分割训练数据和测试数据
12. #根据y分层抽样，25%作测试用，75%作训练用
13. from sklearn.model_selection import train_test_split
14. x_train, x_test, y_train, y_test =train_test_split(x,y,test_size=0.25,
    random_state=0,stratify=y)#如果缺失stratify参数，则为随机抽样
15. #组合算法
16. model_rf= RandomForestClassifier(n_estimators=20, random_state=0)
    #随机森林分类模型
17. model_lr=LogisticRegression(random_state=0)#逻辑回归分类模型
18. model_BagC=BaggingClassifier(n_estimators=20, random_state=0)#Bagging
    分类模型
19. model_SVC= SVC(kernel='rbf',probability= True,random_state=0)#非线性
    分类SVM模型
20. estimators=[('randomforest',model_rf), ('Logistic',model_lr),
    ('bagging',model_BagC), ('SVC', model_SVC)]#建立组合评估器列表
21. clf=VotingClassifier(estimators=estimators, voting='soft',weights=
    [0.9,1.2,1.1,1.0], n_jobs=-1)#建立组合评估模型，voting='soft'
22. #训练
23. clf.fit(x_train,y_train)
24. #对训练集预测，为性能度量做准备
25. y_pred=clf.predict(x_train)
26. y_true= y_train
27. #对测试集预测，保存预测结果
28. clf_y_predict=clf.predict(x_test)#如果把预测值加入数据中，x_test
    ['predict']= clf.predict(x_test)
29. #输出模型评估
30. print('Score: %.2f' % clf.score(x_train, y_train))#返回整体准确率
    (accuracy)，越大越好
31. #分类问题性能度量
32. from sklearn.metrics import accuracy_score,precision_score,recall_
    score,f1_score,classification_report,confusion_matrix
```

```
33. accuracy_score(y_true,y_pred,normalize=True)#整体正确率
34. accuracy_score(y_true,y_pred,normalize=False)#整体正确数量
35. confusion_matrix(y_true,y_pred,labels=[1,2,3])#混淆矩阵，labels指定混淆
    矩阵出现的类别
36. precision_score(y_true,y_pred,average=None)#所有类别查准率
37. recall_score(y_true,y_pred, average=None)#所有类别查全率
38. f1_score(y_true,y_pred,average=None)#所有类别查准率、查全率及调和均值
39. #检验不同voting值对于预测性能的影响,找出最佳值
40. from sklearn.metrics import accuracy_score,precision_score,recall_
    score,f1_score,classification_report,confusion_matrix
41.
42. #voting值和score组成数据框，寻找得分最大的最佳voting
43. from sklearn.linear_model import LogisticRegression  #导入逻辑回归库
44. from sklearn.ensemble import VotingClassifier, RandomForestClassifier,
    BaggingClassifier  #三种集成分类库和投票方法库
45. from  sklearn.svm   import  SVC #导入非线性分类SVM库
46. #组合算法
47. model_rf= RandomForestClassifier(n_estimators=20, random_state=0)#随机
    森林分类模型
48. model_lr=LogisticRegression(random_state=0)#逻辑回归分类模型
49. model_BagC=BaggingClassifier(n_estimators=20, random_state=0)#Bagging
    分类模型
50. model_SVC= SVC(kernel='rbf',probability= True,random_state=0)#非线性分类
    SVM模型
51. estimators=[('randomforest',model_rf), ('Logistic',model_lr), ('bagging',
    model_BagC), ('SVC', model_SVC)]#建立组合评估器列表
52. votings=['soft','hard']
53. a=[]#创建空列表
54. b=[]#创建空列表
55. a1=[]#创建空列表
56. for voting in votings:
```

```
57.     clf=VotingClassifier(estimators=estimators, voting=voting,
        weights=[0.9,1.2,1.1,1.0], n_jobs=-1)#建立组合评估模型,weights根据实
        际情况人为设置各个分类器对应权重
58.     clf.fit(x_train,y_train)
59.     a.append(clf.score(x_train, y_train))#合并整体准确率
60.     b.append(voting)#合并max_samples值
61.     y_pred=clf.predict(x_train)
62.     y_true= y_train
63.     a1.append(recall_score(y_true,y_pred,average=None))#所有类别查全率
64. import pandas as pd
65. a=pd.DataFrame(a)#变成数据框
66. b=pd.DataFrame(b) #变成数据框
67. a1=pd.DataFrame(a1) #变成数据框
68. score=pd.concat([a,a1,b],axis=1)#合并数据框
69. score.columns=['scores',"class_1","class_2","class_3",'voting']
    #定义数据框的列名,此处有三类
70. score[score.scores==max(score.scores)]#根据整体准确率条件选择voting值最优
    数据框
71. voting1=score[score.scores==max(score.scores)]['voting']#最优voting值
72. #根据最佳的voting值做分类VotingClassifier
73. clf=VotingClassifier(estimators=estimators, voting=voting1.values[0],
    weights=[0.9,1.2,1.1,1.0], n_jobs=-1)#建立组合评估模型
74. #训练
75. clf.fit(x_train,y_train)
76. #对训练集预测，为性能度量做准备
77. y_pred=clf.predict(x_train)
78. y_true= y_train
79. #对测试集预测，保存预测结果
80. clf_y_predict= clf.predict(x_test)#如果把预测值加入数据中，x_test
    ['predict']= clf.predict(x_test)
81. #输出模型评估
```

```
82. print('Score: %.2f' % clf.score(x_train, y_train))#返回整体准确率
    (accuracy)，越大越好
83. #分类问题性能度量
84. from sklearn.metrics import accuracy_score,precision_score,recall_
    score,f1_score,classification_report,confusion_matrix
85. accuracy_score(y_true,y_pred,normalize=True)#整体正确率
86. accuracy_score(y_true,y_pred,normalize=False)#整体正确数量
87. confusion_matrix(y_true,y_pred,labels=[1,2,3])#混淆矩阵，labels指定混淆
    矩阵出现的类别
88. precision_score(y_true,y_pred,average=None)#所有类别查准率
89. recall_score(y_true,y_pred, average=None)#所有类别查全率
90. f1_score(y_true,y_pred,average=None)#所有类别查准率、查全率及调和均值
```

5.4 典型案例

在实际案例的分析过程中，一般要最大程度地满足以下条件：

- **灵活多样的数据预处理：** 为确保数据挖掘模型能够达到预期目标，往往需要在数据准备阶段对数据进行抽样、归一化、标准化、离散化、值替换、类型转换、添加字段、主成分提取、过滤等。模型内置丰富的数据预处理组件，能快速直观地配置预处理流程。
- **丰富可扩展的挖掘算法：** 挖掘算法是数据挖掘产品的核心和灵魂，涵盖分类、回归、聚类、关联规则以及时间序列等核心数据挖掘算法，同时支持扩展数据挖掘算法，能够快速匹配到与业务更为贴合的数据挖掘模型。
- **提供全程的建模过程：** 包括从训练数据集选择、分析指标字段设置、挖掘算法选择、参数配置、模型训练、模型评估、对比到模型发布的整个过程。
- **多维度深度分析更精准：** 一个实用的数据挖掘模型往往要经过多次训练和参数调整，并经历模型评估、评估结果对比等复杂过程，需要对多个训练模型进行智能比较，并基于分类正确率、均方根误差、Kappa统计量、提升率、ROC面积等专业模型评估指标提供综合模型比较报告。

以下典型案例是一个综合程序，集成了python多个软件包，包含了机器学习的基本步骤，如数据读取、数据变换、数据切分、模型调取、模型预测和模型评估，针对特定问题，具体描述了算法解决方案和迭代过程，介绍了算法的具体的实践应用。通过学习此典型案

例，读者不但可以熟悉前面章节的知识点，并且可以提高机器学习落地技能，能够根据最佳实践体验确定自己的选型方案，预估相关的风险和收益，对关键问题提供解决方案，提高效率，提升体验，实现技术落地。

5.4.1 人脸识别

本例的数据目录包含40个测试者的人脸（文件夹命名为s1到s40，每个文件夹名字是每个人的标签-label），对每个人脸在不同时间、不同光照、不同表情和不同面部细节下拍摄10张照片，每张照片是模型训练中的单个样本。400个样本的一部分用于训练集，另一部分用于测试集，这里使用3/4数据用于训练，1/4数据用于测试，并对测试样本进行评估。

```
1. #示例代码
2. from __future__ import print_function
3.
4. from time import time
5. import logging
6. import matplotlib.pyplot as plt
7. import cv2
8.
9. from numpy import *
10. from sklearn.model_selection import train_test_split
11. from sklearn.model_selection import GridSearchCV
12. from sklearn.metrics import classification_report
13. from sklearn.metrics import confusion_matrix
14. from sklearn.decomposition import PCA
15. from sklearn.svm import SVC
16.
17. #PICTURE_PATH为图像存放目录位置，注意读者需要修改为自己电脑存放图像的目录
18. import os
19. os.chdir(r"E:\\pzs")
20. PICTURE_PATH = "att_faces"
21. def get_Image(): #读取图像程序
22.     for i in range(1,41):  #循环读取所有图片文件
23.         for j in range(1,11):
```

```
24.             path = PICTURE_PATH + "\\s" + str(i) + "\\"+ str(j) +
                ".pgm"   #路径
25.             img = cv2.imread(path) #使用imread函数读取图像
26. #生活中大多数看到的彩色图像都是RGB类型，但是图像处理时，需要用到灰度图、二值
    图、HSV、HSI等颜色制式，opencv的cvtColor()函数来实现这些功能
27.             img_gray = cv2.cvtColor(img, cv2.COLOR_BGR2GRAY)
28.             h,w = img_gray.shape #图像的尺寸信息赋值给变量h和w
29.             img_col = img_gray.reshape(h*w) #使用reshape函数对图像进行
                处理
30.             all_data_set.append(img_col) #将图像添加到数据集all_data_
                set中
31.             all_data_label.append(i) #确定图像对应的标签值
32.     return h,w
33.
34. all_data_set = [] #变量all_data_set初始化为空
35. all_data_label = [] #变量all_data_label初始化为空
36. h,w = get_Image() #调用定义的get_Image()函数获取图像
37. X =array(all_data_set) #使用all_data_set作为参数定义数组赋值给变量X
38. y = array(all_data_label) #使用all_data_ label作为参数定义数组赋值给变量y
39. n_samples,n_features = X.shape #X数组中的图像信息赋值给变量n_samples,
    n_features
40. n_classes = len(unique(y)) #得到变量y的长度赋值给n_classes
41. target_names = [] #变量target_names初始化为空
42. for i in range(1,41): #循环读取
43.     names = "person" + str(i) #定义变量names，并赋值
44.     target_names.append(names) #变量target_names不断添加信息的names
45. #打印输出：数据集总规模，n_samples和n_features
46. print("Total dataset size:")
47. print("n_samples: %d" % n_samples)
48. print("n_features: %d" % n_features)
49.
50. #程序划分，一部分用于训练集，另一部分用于测试集，这里使用3/4数据用于训练，1/4
    数据用于测试
```

```
51. X_train, X_test, y_train, y_test = train_test_split(
52.     X, y, test_size=0.25, random_state=42)
53.
54. n_components = 20
55. #打印输出信息
56. print("Extracting the top %d eigenfaces from %d faces"
57.       % (n_components, X_train.shape[0]))
58. t0 = time()
59. pca = PCA(n_components=n_components, svd_solver='randomized', #选择一种
    svd方式
60.             whiten=True).fit(X_train) #whiten是一种数据预处理方式，会损失
            一些数据信息，但可获得更好的预测结果
61. print("done in %0.3fs" % (time() - t0))
62. eigenfaces = pca.components_.reshape((n_components, h, w)) #特征脸
63. print("Projecting the input data on the eigenfaces orthonormal basis")
64. t0 = time()
65. X_train_pca = pca.transform(X_train) #得到训练集投影系数
66. X_test_pca = pca.transform(X_test) #得到测试集投影系数
67. print("done in %0.3fs" % (time() - t0)) #打印出来时间
68.
69. print("Fitting the classifier to the training set")
70. t0 = time()
71. param_grid = {'C': [1e3, 5e3, 1e4, 5e4, 1e5],
72.               'gamma': [0.0001, 0.0005, 0.001, 0.005, 0.01, 0.1], }
73. clf = GridSearchCV(SVC(kernel='rbf', class_weight='balanced'),
    param_grid)
74. clf = clf.fit(X_train_pca, y_train)
75. print("done in %0.3fs" % (time() - t0))
76. print("Best estimator found by grid search:")
77. print(clf.best_estimator_)
78.
79. print("Predicting people's names on the test set")
```

```
80. t0 = time()
81. y_pred = clf.predict(X_test_pca)
82. print("done in %0.3fs" % (time() - t0))
83.
84. print(classification_report(y_test, y_pred, target_names=target_names))
85. print(confusion_matrix(y_test, y_pred, labels=range(n_classes)))
```

```
              precision    recall  f1-score   support

     person1       1.00      0.50      0.67         4
     person2       1.00      1.00      1.00         2
     person3       0.67      1.00      0.80         2
     person4       1.00      1.00      1.00         4
     person5       0.75      1.00      0.86         3
     person6       1.00      1.00      1.00         3
     person7       1.00      1.00      1.00         1
     person8       0.88      1.00      0.93         7
     person9       1.00      1.00      1.00         2
    person10       1.00      1.00      1.00         3
    person11       1.00      0.67      0.80         3
    person12       1.00      1.00      1.00         4
    person13       1.00      1.00      1.00         2
    person14       1.00      1.00      1.00         1
    person15       1.00      1.00      1.00         3
    person16       1.00      1.00      1.00         2
    person17       1.00      1.00      1.00         3
    person18       1.00      1.00      1.00         2
    person19       1.00      1.00      1.00         1
    person20       1.00      1.00      1.00         2
    person21       1.00      1.00      1.00         1
    person22       1.00      1.00      1.00         4
    person23       1.00      1.00      1.00         4
    person24       1.00      1.00      1.00         2
    person25       1.00      1.00      1.00         2
    person26       1.00      1.00      1.00         4
    person27       1.00      0.67      0.80         3
    person28       1.00      1.00      1.00         2
    person29       1.00      1.00      1.00         1
    person30       1.00      1.00      1.00         1
    person31       1.00      1.00      1.00         1
    person32       1.00      1.00      1.00         3
```

#每个人预测准确率评估（依次为：测试者类别、查准率、查全率、调和均值、预测数量）

```
1. #定义plot_gallery函数
2. #函数参数为：images, titles, h, w, n_row, n_col
3. def plot_gallery(images, titles, h, w, n_row=3, n_col=4):
```

```
4.     """Helper function to plot a gallery of portraits"""
5.     plt.figure(figsize=(1.8 * n_col, 2.4 * n_row)) #创建自定义图像
6.     plt.subplots_adjust(bottom=0, left=.01, right=.99, top=.90,
       hspace=.35)  #对子图之间的间距进行设置
7.     for i in range(n_row * n_col-4): #循环处理多个图像
8.         plt.subplot(n_row, n_col, i + 1) #绘制子图
9.         plt.imshow(images[i].reshape((h, w)), cmap=plt.cm.gray)
           #绘制图像
10.         plt.title(titles[i], size=12) #设置图像的标题
11.         plt.xticks(()) #设置x轴文本
12.         plt.yticks(()) #设置y轴文本
13.
14. def plot_gallery(images, titles, h, w, n_row=3, n_col=4):
15.     """Helper function to plot a gallery of portraits"""
16.     plt.figure(figsize=(1.8 * n_col, 2.4 * n_row))
17.     plt.subplots_adjust(bottom=0, left=.01, right=.99, top=.90,
        hspace=.35)
18.     for i in range(n_row * n_col-4):
19.         plt.subplot(n_row, n_col, i + 1)
20.         plt.imshow(images[i].reshape((h, w)), cmap=plt.cm.gray)
21.         plt.title(titles[i], size=12)
22.         plt.xticks(())
23.         plt.yticks(())
24.
25. #plot the result of the prediction on a portion of the test set
26.
27. def title(y_pred, y_test, target_names, i):
28.     pred_name = target_names[y_pred[i]-1]
29.     true_name = target_names[y_test[i]-1]
30.     return 'predicted: %s\ntrue:      %s' % (pred_name, true_name)
31.
32. prediction_titles = [title(y_pred, y_test, target_names, i)
```

```
33.                                     for i in range(y_pred.shape[0])]
34.
35. plot_gallery(X_test, prediction_titles, h, w)
```

5.4.2 多方程模型预测

向量自回归模型（VAR）是非结构化的多方程模型，它的核心思想是不考虑经济理论而直接考虑经济变量的时序上的关系，避开了结构建模方法中需要对系统中每个内生变量滞后值函数建模的问题，通常用来预测相关时间序列系统，研究随机扰动对变量系统的影响。VAR类似于联立方程，将多个变量包含在一个统一的模型中，共同利用多个变量的信息；比起仅适用于单一序列的模型，其涵盖的信息更加丰富，能更好地模拟现实经济体，因而用于预测时能够提供更加贴近现实的预测值。

由于只有平稳的时间序列才能够直接建立VAR模型，因此在建立VAR模型之前，首先要对变量进行平稳性检验。通常可利用序列的自相关分析图来判断时间序列的平稳性，如果序列的自相关系数随着滞后阶数的增加很快趋于0，落入随机区间，则序列是平稳的，反之序列是不平稳的。另外，也可以对序列进行ADF检验来判断平稳性。对于不平稳的序列，需要进行差分运算，直到差分后的序列平稳后，才能建立VAR模型。

本案例数据是典型的时间序列，包含[e,prod,rw,U]变量（此处指标最少为2个），这些变量互为自变量和因变量（其中一个是Y，另外的指标就是X）。

```
1. #示例代码
2. #分析训练集中这四个指标的平稳性，对于不平稳的，要对其进行差分运算，使差分后的序
   列变得平稳，然后才能建立VAR模型
3. import pandas as pd
4. import numpy as np
5. src_canada = pd.read_csv("canada.csv")
6.
7. val_columns = ['e','prod','rw','U']
8.
9. v_std = src_canada[val_columns].apply(lambda x:np.std(x)).values
10. v_mean = src_canada[val_columns].apply(lambda x:np.mean(x)).values
11. canada = src_canada[val_columns].apply(lambda x:(x-np.mean(x))/
    np.std(x))
12.
```

```
13. train = canada.iloc[0:-8]#后8期之外的数据用于训练
14.
15. import statsmodels.tsa.stattools as stat
16. for col in val_columns:
17.     pvalue = stat.adfuller(train[col],1)[1]
18.     print("指标",col,"单位根检验的p值为：  ",pvalue)
19.  #四个指标单独进行单位根检验，其p值有三个大于0.01，因此除rw指标外，其他的都不
     平稳，需要进一步进行差分运算（为便于处理，这里对四个指标同时进行差分）
20.
21. #进一步进行差分运算（为便于处理，这里对四个指标同时进行差分）
22. train_diff = train.apply(lambda x: np.diff(x),axis=0)# np.diff默认一阶差分
23.
24. for col in val_columns:
25.     pvalue = stat.adfuller(train_diff[col],1)[1]
26.     print("指标",col,"单位根检验的p值为：  ",pvalue)
27.  #这四个指标经过一阶差分后，单独进行单位根检验，其所有指标p值小于0.01
28. #使用最小二乘法，求解每个方程的系数，并通过逐渐增加阶数，为模型定阶
29. # 模型阶数从1开始逐一增加
30. rows, cols = train_diff.shape
31. aicList = []
32. lmList = []
33.
34. for p in range(1,11):
35.     baseData = None
36.     for i in range(p,rows):
37.         tmp_list = list(train_diff.iloc[i]) + list(train_diff.iloc[i-p:i]
            .values.flatten())
38.         if baseData is None:
39.             baseData = [tmp_list]
40.         else:
41.             baseData = np.r_[baseData, [tmp_list]]
```

```
42.     X = np.c_[[1]*baseData.shape[0],baseData[:,cols:]]
43.     Y = baseData[:,0:cols]
44.     coefMatrix = np.matmul(np.matmul(np.linalg.inv(np.matmul(X.T,X)),
        X.T),Y)
45.     aic = np.log(np.linalg.det(np.cov(Y - np.matmul(X,coefMatrix),rowva
        r=False))) + 2*(coefMatrix.shape[0]-1)**2*p/baseData.shape[0]
46.     aicList.append(aic)
47.     lmList.append(coefMatrix)
48.
49. #对比查看阶数和AIC
50. pd.DataFrame({"P":range(1,11),"AIC":aicList})
51.
52. #基于该模型，对未来8期的数据进行预测，并与验证数据集进行比较分析
53. p = np.argmin(aicList)+1##求取aicList即AIC最小值时对应的P值
54. n = rows
55. preddf = None
56. for i in range(8):##对未来8期（年）预测
57.     predData = list(train_diff.iloc[n+i-p:n+i].values.flatten())
58.     predVals = np.matmul([1]+predData,lmList[p-1])
59.     # 使用逆差分运算，还原预测值
60.     predVals=train.iloc[n+i,:]+predVals
61.     if preddf is None:
62.         preddf = [predVals]
63.     else:
64.         preddf = np.r_[preddf, [predVals]]
65.
66.     # 为train增加一条新记录
67.     train = train.append(canada[n+i+1:n+i+2],ignore_index=True)
68.     # 为train_diff增加一条新记录
69.     df = pd.DataFrame(list(canada[n+i+1:n+i+2].values - canada
        [n+i:n+i+1].values), columns=canada.columns)
70.     train_diff = train_diff.append(df,ignore_index=True)
```

```
71.
72. preddf = preddf*v_std + v_mean##后8年四个变量预测值
73.
74. #分析预测残差情况
75. preddf - src_canada[canada.columns].iloc[-8:].values
76.
77. ##对变量e进行模型评估（其他变量类似）
78. predy=preddf[:,0]#预测值
79. y_test= src_canada.iloc[76:84,2]#真实值
80. ##输出模型评估
81. import numpy as np
82. print("平均绝对误差: %.2f"%np.mean(abs(predy-y_test)))##平均绝对误差，
    越小越好
83. print("均方根误差: %.2f"%np.mean((predy-y_test)**2))##均方根误差，越小越好
84. score=1-np.sum((predy-y_test)**2)/np.sum((y_test.mean()-y_test)**2)##根
    据公式计算出模型得分
85. print('模型得分: %.2f' %score)##输出模型得分，越大越好
86. #统计预测百分误差率分布
87. pd.Series((np.abs(preddf - src_canada[canada.columns].iloc[-8:]
    .values)*100/src_canada[canada.columns].iloc[-8:].values).flatten())
    .describe()
88.
89. #绘制二维图表观察预测数据与真实数据的逼近情况
90. import matplotlib.pyplot as plt
91. import matplotlib
92. # 以下 font.family 设置仅适用于 Mac系统，其它系统请使用对应字体名称
93. matplotlib.rcParams['font.family'] = 'Arial Unicode MS'
94. m = 16
95. xts = src_canada[['year','season']].iloc[-m:].apply(lambda x:str
    (x[0])+'-'+x[1],axis=1).values
96. fig, axes = plt.subplots(2,2,figsize=(10,7))
97. index = 0
```

```
98. for ax in axes.flatten():
99.     ax.plot(range(m),src_canada[canada.columns].iloc[-m:,index],'-',c='
        lightgray',linewidth=2,label="real")
100.    ax.plot(range(m-8,m),preddf[:,index],'o--',c='black',linewidth=2,
        label="predict")
101.    ax.set_xticklabels(xts,rotation=50)
102.    ax.set_ylabel("$"+canada.columns[index]+"$",fontsize=14)
103.    ax.legend()
104.    index = index + 1
105. plt.tight_layout()
106. plt.show()
```

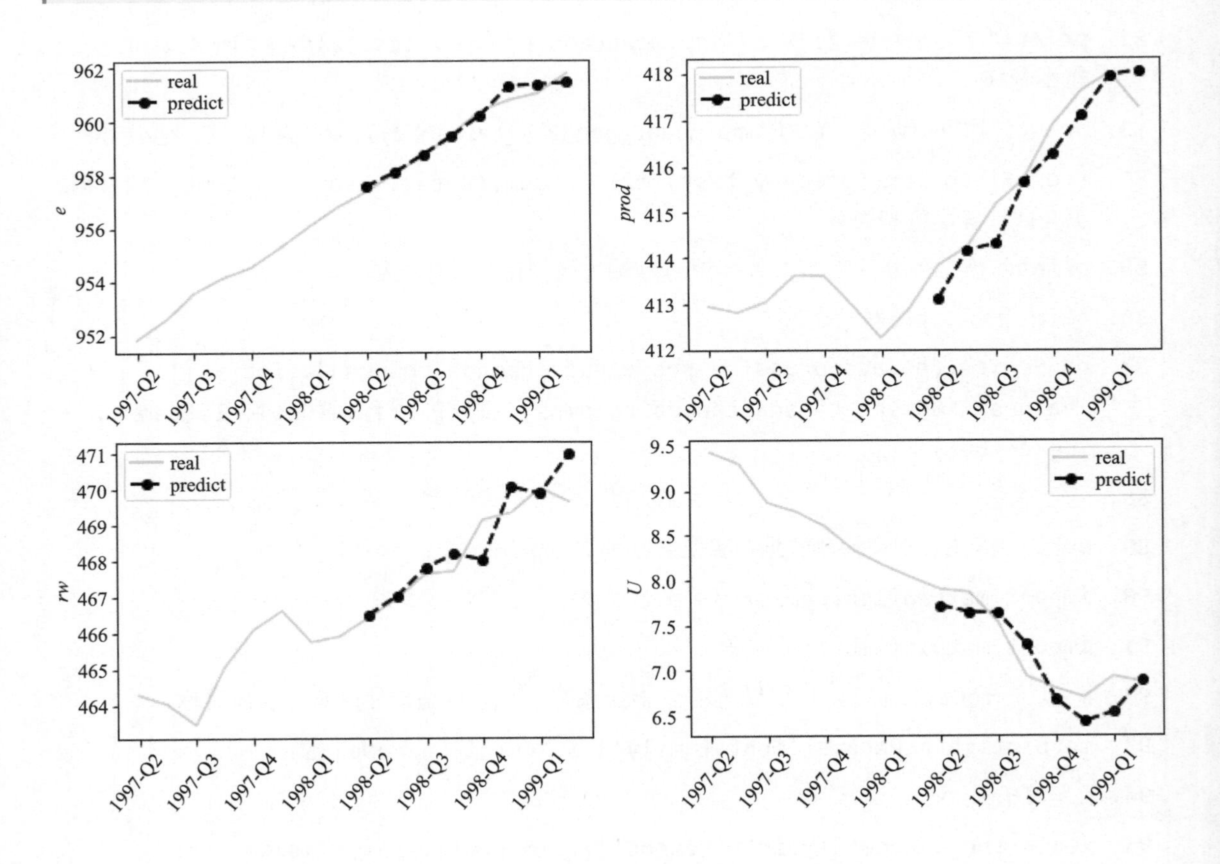

6 可视化

在经过数据读取、探索性分析、预处理、特征选择、算法建模后，很多人认为数据挖掘过程可以结束了，其实在数据探索、数据挖掘、算法建模过程中，还有一个非常重要的步骤，那就是数据可视化。虽然现在有专业的前端可视化展示工具，但是利用Python可以画出非常优美的图形，尤其是专业数据分析图，如箱式图、对应分析图、分类图等。

为了更直观地发现数据中隐藏的规律，察觉变量之间的互动关系，可借助可视化来更好地给他人解释现象，做到一图胜千文的说明效果。可视化主要特点包括：

- 数据可视化是数据分析或报告的关键步骤，帮助我们监控数据、观察数据、洞察数据、探索和发现数据中的模式及规律。
- 创建可视化方法确实有助于使事情变得更加清晰易懂，特别是对于大型、高维数据集，以清晰、简洁和引人注目的方式展现最终结果是非常重要的。
- 通过图表形式展现数据，帮助用户快速、准确理解信息，因此准确、快速是可视化的关键；分析师如果追求过于复杂的图表，反而使得业务人员难以理解。其实越简单的图表，越容易被理解，而快速易懂地理解数据，正是可视化最重要的目标。

有效图表的重要特征：

- 在不歪曲事实的情况下传达正确和必要的信息。
- 设计简单，不必太费力就能理解它。
- 从审美角度支持信息而不是掩盖信息。
- 信息没有超负荷。

其实利用Python进行可视化并不是很麻烦，因为Python中有两个专用于可视化的库：matplotlib和seaborn，能让我们很容易地完成任务。

- Matplotlib：基于Python的绘图库，可以算作可视化的必备技能库，提供完全的2D支持和部分3D图像支持。在跨平台和互动式环境中生成高质量数据时，matplotlib会很有帮助，也可以用于动画制作。
- Seaborn：该Python库能够创建富含信息量的比较美观的统计图形。Seaborn基于matplotlib，具有多种特性，比如内置主题、调色板、可视化单变量数据、双变量数据、线性回归数据、数据矩阵以及统计型时序数据等，能帮助我们创建复杂的可视化图形。

每个可视化库都有自己的特点，没有完美的可视化库，我们应该知道每种数据可视化的优缺点，找到适合自己的才是关键。学习一门新知识，首先要掌握的是这门知识的最核心知识，剩下的就在实践中拓展吧。

6.1 基本图形

6.1.1 折线图

折线图的核心思想是趋势变化，作为信息最明了的图表，是各种图表中最容易解读的图表，主要特点：

➢ 折线图是点、线连在一起的图表，可反映事物的发展趋势和分布情况；
➢ 适合在单个数据点不那么重要的情况下表现变化趋势、增长幅度。

以下是它的几种表现形式：

```
1. import pandas as pd
2. import numpy as np
3. import matplotlib.pyplot as plt
4.
5. import matplotlib as mpl
6. mpl.rcParams['font.sans-serif']=['SimHei'] #用来正常显示中文标签
7. mpl.rcParams['axes.unicode_minus']=False #用来正常显示负号
8. plt.style.use('default') #print(plt.style.available)
9.
10.
11. df=pd.read_csv("MappingAnalysis_Data.csv")
12.
13. df1=df[df.variable=='0%(Control)']
14. df2=df[df.variable=='1%']
15. df3=df[df.variable=='5%']
16. df4=df[df.variable=='15%']
17.
18. # ======================================================================
19. colors=['#e41a1c','#377eb8','#4daf4a','#984ea3']
20. markers=['o','s','H','D']
21. labels=["0%(Control)","1%","5%","15%"]
```

```
22. group=["0%(Control)","1%","5%","15%"]#np.unique(df.variable)
23.
24. #-------------------------------(a)----------------------------------------
25. fig =plt.figure(figsize=(4,3), dpi=100)
26.
27. for i in range(0,4):
28.     temp_df=df[df.variable==group[i]]
29.     plt.plot(temp_df.Time, temp_df.value)
30. #plt.plot(df2.Time, df2.value)
31. #plt.plot(df3.Time, df3.value)
32. #plt.plot(df4.Time, df4.value)
33. plt.show()
34. #fig.savefig("matplotlib1.pdf")
```

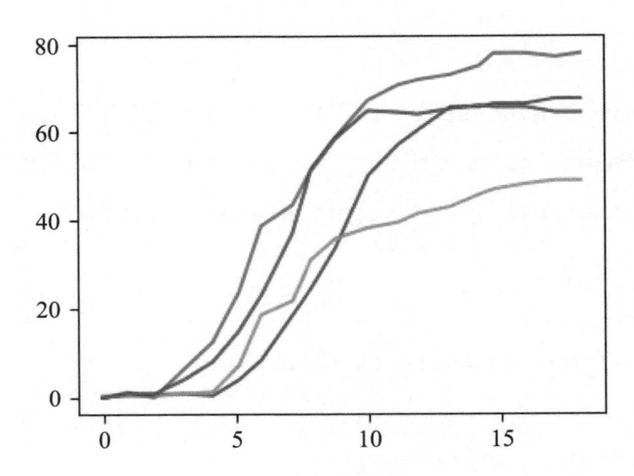


```
35. #-------------------------------(b)----------------------------------------
36. fig =plt.figure(figsize=(4,3), dpi=100)
37.
38. for i in range(0,4):
39.     plt.plot(df[df.variable==group[i]].Time, df[df.variable==group[i]]
        .value,
40.             marker=markers[i], markerfacecolor=colors[i], markersize=8,
            markeredgewidth=0.5,
```

```
41.             color="k", linewidth=0.5, linestyle="-",label=group[i])
42. #plt.legend(loc='upper left',edgecolor='none',facecolor='none')
43. plt.show()
44.
45. #fig.savefig("matplotlib2.pdf")
```

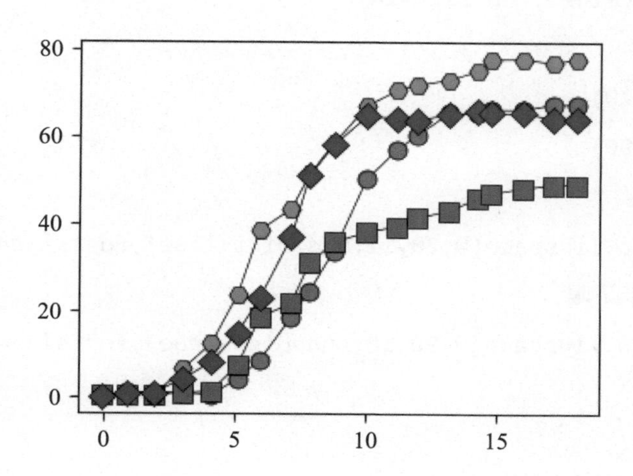


```
46. #------------------------------(c)-----------------------------------
47. fig =plt.figure(figsize=(4,3), dpi=100)
48.
49. plt.plot(df1.Time, df1.value,
50.             marker=markers[0], markerfacecolor=colors[0], markersize=8,
            markeredgewidth=0.5,
51.             color="k", linewidth=0.5, linestyle="-",label=labels[0])
52. plt.plot(df2.Time, df2.value,
53.             marker=markers[1], markerfacecolor=colors[1], markersize=7,
            markeredgewidth=0.5,
54.             color="k", linewidth=0.5, linestyle="-",label=labels[1])
55. plt.plot(df3.Time, df3.value,
56.             marker=markers[2], markerfacecolor=colors[2], markersize=8,
            markeredgewidth=0.5,
57.             color="k", linewidth=0.5, linestyle="-",label=labels[2])
58. plt.plot(df4.Time, df4.value,
```

```
59.           marker=markers[3], markerfacecolor=colors[3], markersize=7,
              markeredgewidth=0.5,
60.           color="k", linewidth=0.5, linestyle="-",label=labels[3])
61.
62. plt.xlabel("Time(d)",fontsize=14)
63. plt.ylabel("value",fontsize=14)
64.
65. plt.xlim(-1,20)
66. plt.ylim(-2,90)
67. # 设置横轴记号
68. plt.xticks(np.linspace(0,20,11,endpoint=True),fontsize=10)
69. # 设置纵轴的上下限
70. plt.yticks(np.linspace(0,90,10,endpoint=True),fontsize=10)
71.
72. ax = plt.gca()
73. ax.spines['right'].set_color('none')
74. ax.spines['top'].set_color('none')
75. plt.show()
76.
77. #fig.savefig("matplotlib3.pdf")
```

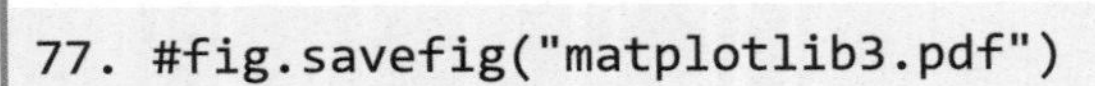

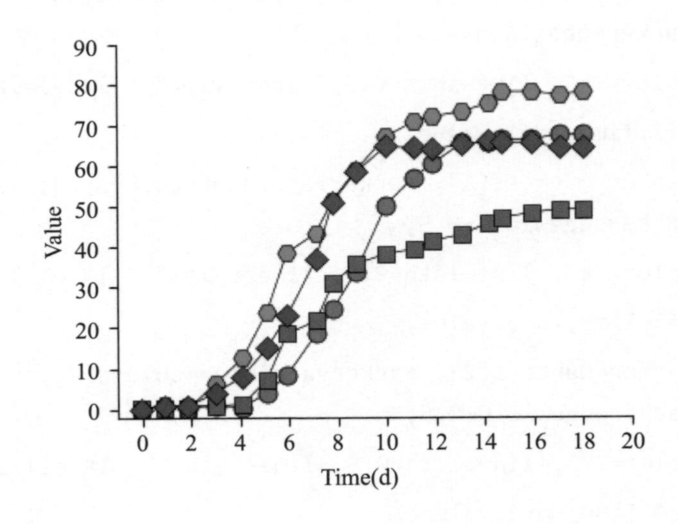

```
78. #------------------------------(d)-------------------------------------
79. fig =plt.figure(figsize=(4,3), dpi=100)
80.
81.
82. plt.plot(df1.Time, df1.value,
83.             marker=markers[0], markerfacecolor=colors[0], markersize=8,
                markeredgewidth=0.5,
84.             color="k", linewidth=0.5, linestyle="-",label=labels[0])
85. plt.plot(df2.Time, df2.value,
86.             marker=markers[1], markerfacecolor=colors[1], markersize=7,
                markeredgewidth=0.5,
87.             color="k", linewidth=0.5, linestyle="-",label=labels[1])
88. plt.plot(df3.Time, df3.value,
89.             marker=markers[2], markerfacecolor=colors[2], markersize=8,
                markeredgewidth=0.5,
90.             color="k", linewidth=0.5, linestyle="-",label=labels[2])
91. plt.plot(df4.Time, df4.value,
92.             marker=markers[3], markerfacecolor=colors[3], markersize=7,
                markeredgewidth=0.5,
93.             color="k", linewidth=0.5, linestyle="-",label=labels[3])
94.
95. plt.xlabel("Time(d)",fontsize=14)
96. plt.ylabel("value",fontsize=14)
97.
98. plt.xlim(-1,20)
99. plt.ylim(-2,90)
100. # 设置横轴记号
101. plt.xticks(np.linspace(0,20,11,endpoint=True),fontsize=10)
102. # 设置纵轴的上下限
103. plt.yticks(np.linspace(0,90,10,endpoint=True),fontsize=10)
```

```
104.
105. plt.legend(loc='upper left',edgecolor='none',facecolor='none')
106.
107. ax = plt.gca()
108. ax.spines['right'].set_color('none')
109. ax.spines['top'].set_color('none')
110. plt.show()
111.
112. #fig.savefig("matplotlib4.pdf")
```

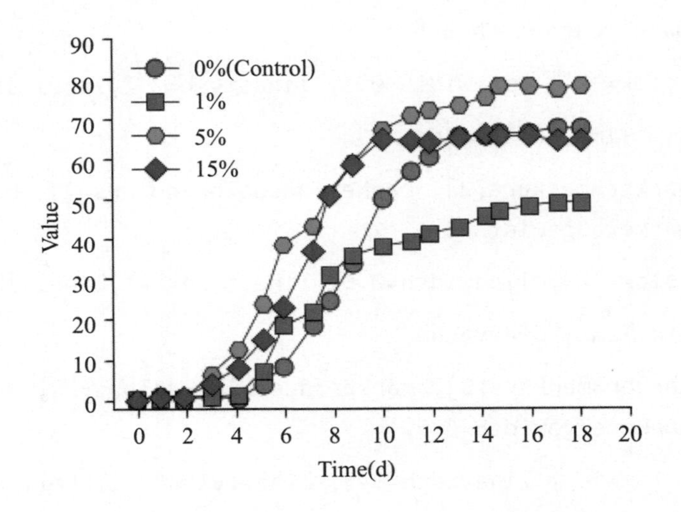


```
1. import pandas as pd
2. import numpy as np
3. from plotnine import *
4. #--------------------------------两年份对比--------------------------------
5. df=pd.read_csv('Slopecharts_Data1.csv')
6. left_label=df.apply(lambda x: x['Contry']+','+ str(x['1970']),axis=1)
7. right_label=df.apply(lambda x: x['Contry']+','+ str(x['1979']),axis=1)
8. df['class']=df.apply(lambda x: "red" if x['1979']-x['1970']<0 else
   "green",axis=1)
```

```
9. #list(map(lambda x,y:"red" if x-y<0 else "green", left_label,right_
   label))
10. base_plot=(ggplot(df) +
11.    geom_segment(aes(x=1, xend=2, y='1970', yend='1979', color='class'),
       size=.75, show_legend=False) +  #连接线
12.    geom_vline(xintercept=1, linetype="solid", size=.1) + # 1952年的垂直直线
13.    geom_vline(xintercept=2, linetype="solid", size=.1) + # 1957年的垂直直线
14.    geom_point(aes(x=1, y='1970'), size=3,shape='o',fill="grey",color=
       "black") + # 1952年的数据点
15.    geom_point(aes(x=2, y='1979'), size=3,shape='o',fill="grey",color=
       "black") + # 1957年的数据点
16.    scale_color_manual(labels = ("Up", "Down"), values = ("#A6D854",
       "#FC4E07")) +
17.    xlim(.5, 2.5) )
18. # 添加文本信息
19. base_plot=( base_plot + geom_text(label=left_label, y=df['1970'],
    x=0.95,  size=10,ha='right')
20. + geom_text(label=right_label, y=df['1979'], x=2.05, size=10,ha='left')
21. + geom_text(label="1970", x=1, y=1.02*(np.max(np.max
    (df[['1970','1979']]))),  size=12)
22. + geom_text(label="1979", x=2, y=1.02*(np.max(np.max(df
    [['1970','1979']]))),  size=12)
23. +theme_void()
24. +  theme(
25.      aspect_ratio =1.5,
26.      figure_size = (5, 6),
27.       dpi = 100
28.    )
29. )
30. print(base_plot)
31. #base_plot.save('1.pdf')
```

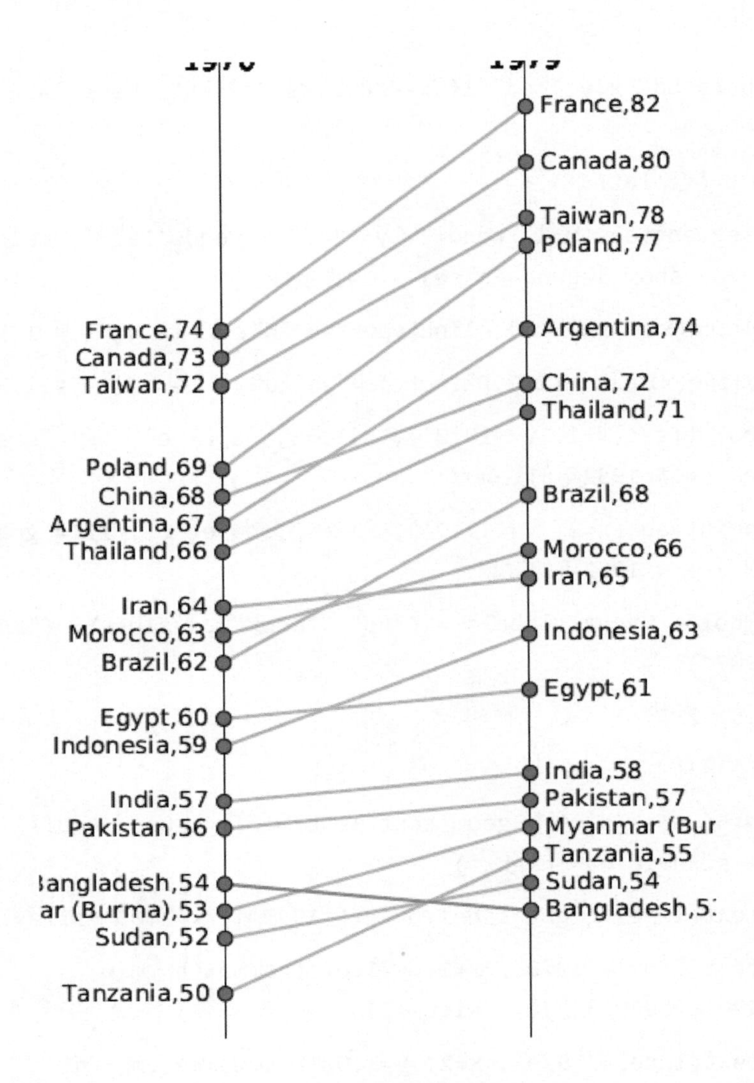


```
1. #-----------------------------(b)多年份对比-----------------------------
2. df=pd.read_csv('Slopecharts_Data2.csv')
3. df['group']=df.apply(lambda x: "green" if x['2007']>x['2013'] else
   "red",axis=1)
4. df2=pd.melt(df, id_vars=["continent",'group'])
5. df2.value=df2.value.astype(int)
6. df2.variable=df2.variable.astype(int)
7. left_label =df2.apply(lambda x:  x['continent']+','+ str(x['value'])
   if x['variable']==2007 else "",axis=1)
8. right_label=df2.apply(lambda x:  x['continent']+','+ str(x['value'])
   if x['variable']==2013 else "",axis=1)
```

```
9. left_point=df2.apply(lambda x: x['value'] if x['variable']==2007 else
   np.nan,axis=1)
10. right_point=df2.apply(lambda x: x['value'] if x['variable']==2013 else
    np.nan,axis=1)
11. base_plot=( ggplot(df2) +
12.     geom_line(aes(x='variable', y='value',group='continent', color=
        'group'),size=.75) +
13.     geom_vline(xintercept=2007, linetype="solid", size=.1) +
14.     geom_vline(xintercept=2013, linetype="solid", size=.1) +
15.     geom_point(aes(x='variable', y=left_point), size=3,shape='o',fill=
        "grey",color="black") +
16.     geom_point(aes(x='variable', y=right_point), size=3,shape='o',fill="grey",
        color="black") +
17.     scale_color_manual(labels = ("Up", "Down"), values = ("#FC4E07",
        "#A6D854")) +
18.     xlim(2001, 2018) )
19. base_plot=( base_plot + geom_text(label=left_label, y=df2['value'],
    x=2007,  size=9,ha='right')
20. + geom_text(label=right_label, y=df2['value'], x=2013, size=9,
    ha='left')
21. + geom_text(label="2007", x=2007, y=1.05*(np.max(df2.value)),  size=12)
22. + geom_text(label="2013", x=2013, y=1.05*(np.max(df2.value)),  size=12)
23. +theme_void()
24. +  theme(
25.      aspect_ratio =1.2,
26.      figure_size = (7, 9),
27.       dpi = 100
28.    )
29. )
30. print(base_plot)
31. #base_plot.save('2.pdf')
```

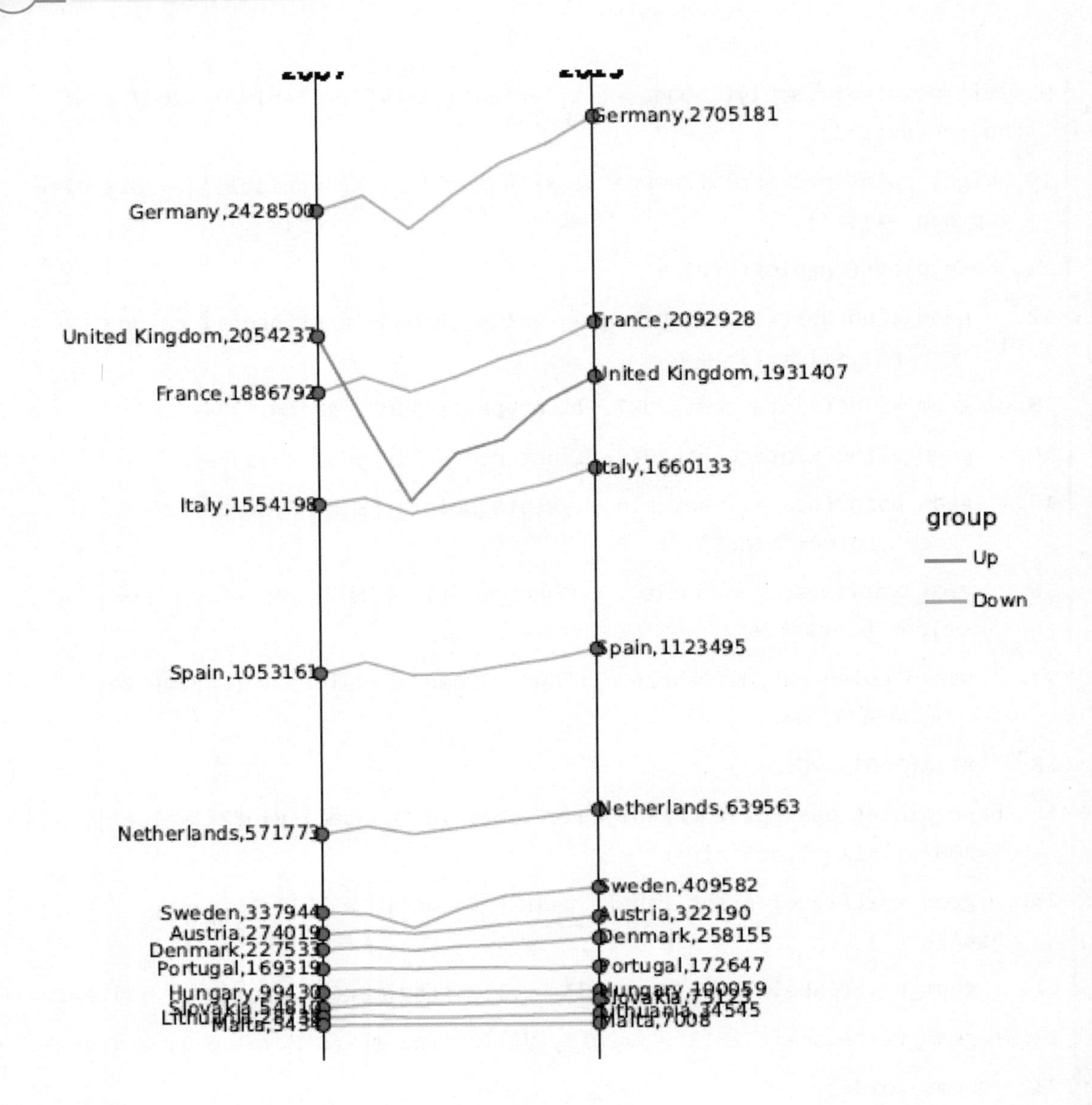

6.1.2 面积图

面积图和折线图类似，核心思想同样也是趋势变化，只是信息被表现为面积，以下是它的几种表现形式：

```
1. import seaborn as sns
2. import pandas as pd
3. import matplotlib.pyplot as plt
4. from datetime import datetime
5. #--------------------------------(a)-----------------------------------
```

```
6. #from matplotlib.ticker import FormatDateFormatter
7. df=pd.read_csv('StackedArea_Data.csv',index_col =0)
8. df.index=[datetime.strptime(d, '%Y/%m/%d').date() for d in df.index]
9. Sum_df=df.apply(lambda x: x.sum(), axis=0).sort_values(ascending=False)
10. df=df[Sum_df.index]
11. columns=df.columns
12. colors= sns.husl_palette(len(columns),h=15/360, l=.65, s=1).as_hex()
13. fig =plt.figure(figsize=(5,4), dpi=100)
14. plt.stackplot(df.index.values,
15.               df.values.T,alpha=1, labels=columns, linewidth=1,
                  edgecolor ='k',colors=colors)
16. plt.xlabel("Year")
17. plt.ylabel("Value")
18. plt.legend(title="group",loc="center right",bbox_to_anchor=(1.5, 0, 0,
    1),edgecolor='none',facecolor='none')
19. #plt.gca().xaxis.set_major_formatter(FormatDateFormatter('%Y'))
20. #ax=plt.gca()
21. #ax.xaxis.set_major_locator(mdates.MonthLocator(interval=24))
22. plt.show()
```

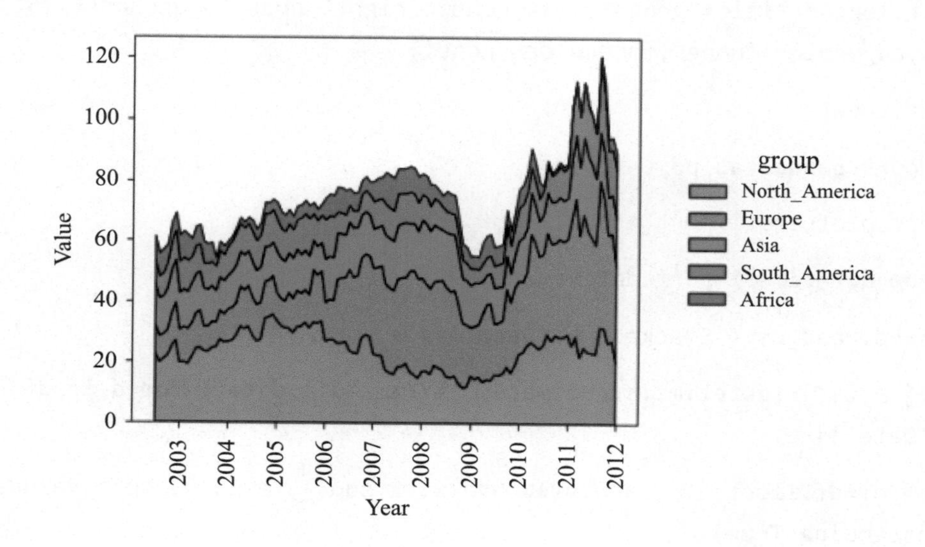

```
23. #---------------------------------(b)------------------------------------
24. df=pd.read_csv('StackedArea_Data.csv',index_col =0)
25. df.index=[datetime.strptime(d, '%Y/%m/%d').date() for d in df.index]
26. SumRow_df=df.apply(lambda x: x.sum(), axis=1)
27. df=df.apply(lambda x: x/SumRow_df, axis=0)
28. meanCol_df=df.apply(lambda x: x.mean(), axis=0).sort_values
    (ascending=False)
29. df=df[meanCol_df.index]
30. columns=df.columns
31. colors= sns.husl_palette(len(columns),h=15/360, l=.65, s=1).as_hex()
32. fig =plt.figure(figsize=(5,4), dpi=100)
33. plt.stackplot(df.index.values, df.values.T,labels=
    columns,colors=colors,
34.                linewidth=1,edgecolor ='k')
35. plt.xlabel("Year")
36. plt.ylabel("Value")
37. plt.gca().set_yticklabels(['{:.0f}%'.format(x*100) for x in plt.gca()
    .get_yticks()])
38. plt.legend(title="group",loc="center right",bbox_to_anchor=(1.5, 0, 0,
    1),edgecolor='none',facecolor='none')
39. plt.show()
40. import pandas as pd
41. from plotnine import *
42. from datetime import datetime
43. df=pd.read_csv('StackedArea_Data.csv')
44. df['Date']=[datetime.strptime(d, '%Y/%m/%d').date() for d in df
    ['Date']]
45. Sum_df=df.iloc[:,1:].apply(lambda x: x.sum(), axis=0).sort_values
    (ascending=True)
```

```
46. melt_df=pd.melt(df,id_vars=["Date"],var_name='variable',value_name=
    'value')
47. melt_df['variable']=melt_df['variable'].astype("category")
```

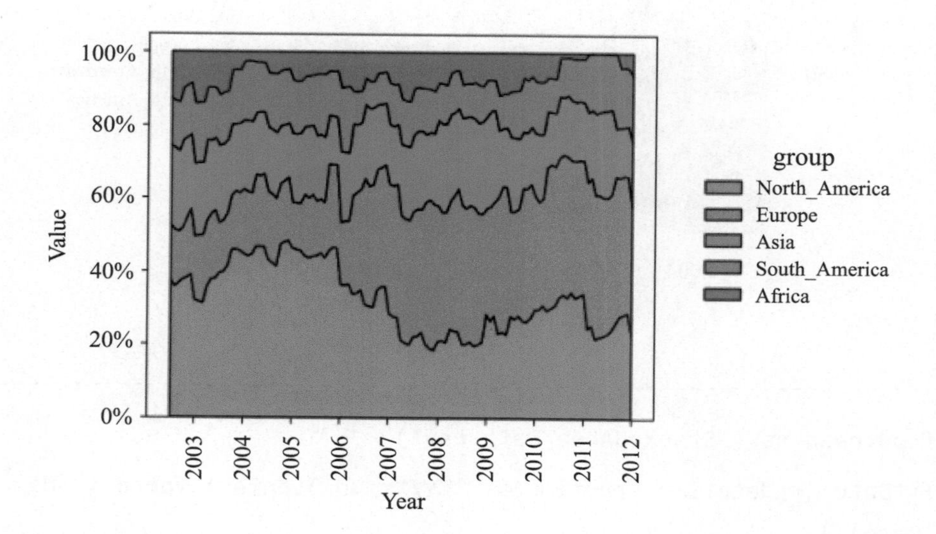


```
48. #--------------------------------(c)--------------------------------------
49. base_plot=(ggplot(melt_df, aes(x ='Date', y = 'value',fill='variable',
    group='variable') )+
50.   geom_area(position="stack",alpha=1)+
51.   geom_line(position="stack",size=0.25,color="black")+
52.   scale_x_date(date_labels = "%Y",date_breaks = "2 year")+
53.   scale_fill_hue(s = 0.99, l = 0.65, h=0.0417,color_space='husl')+
54.   xlab("Year")+
55.   ylab("Value")+
56.     theme(
57.         figure_size = (6, 5),
58.         dpi = 100))
59. print(base_plot)
60. #base_plot.save("堆积面积图.pdf")
```

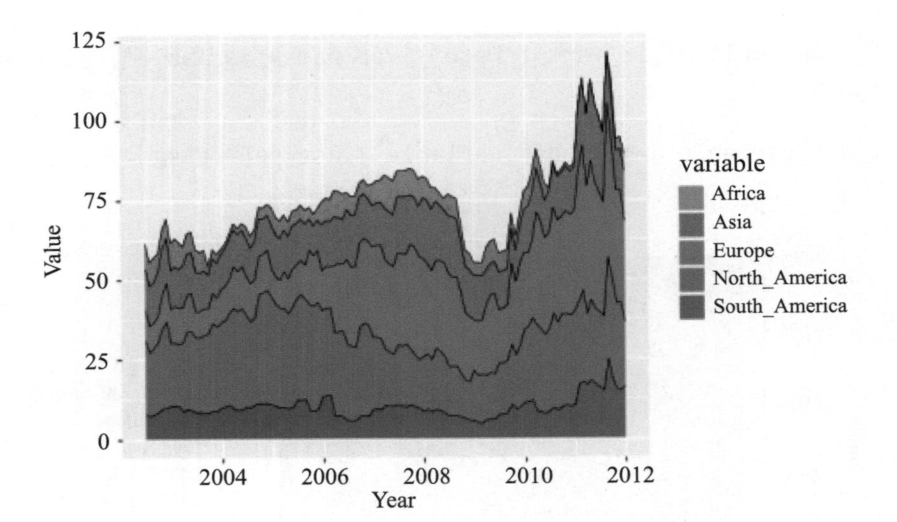


```
61. #-------------------------------(d)-----------------------------------
62. df=pd.read_csv('StackedArea_Data.csv')
63. df['Date']=[datetime.strptime(d, '%Y/%m/%d').date() for d in df
    ['Date']]
64. SumRow_df=df.iloc[:,1:].apply(lambda x: x.sum(), axis=1)
65. df.iloc[:,1:]=df.iloc[:,1:].apply(lambda x: x/SumRow_df, axis=0)
66. meanCol_df=df.iloc[:,1:].apply(lambda x: x.mean(), axis=0).sort_values
    (ascending=True)
67. melt_df=pd.melt(df,id_vars=["Date"],var_name='variable',value_name=
    'value')
68. melt_df['variable']=melt_df['variable'].astype("category")
69. base_plot=(ggplot(melt_df, aes(x ='Date', y = 'value',fill='variable',
    group='variable') )+
70.   geom_area(position="fill",alpha=1)+
71.   geom_line(position="fill",size=0.25,color="black")+
72.   scale_x_date(date_labels = "%Y",date_breaks = "2 year")+
73.   scale_fill_hue(s = 0.99, l = 0.65, h=0.0417,color_space='husl')+
74.   xlab("Year")+
75.   ylab("Value")+
76.   theme(
```

```
77.         figure_size = (6, 5),
78.         dpi = 100))
79. print(base_plot)
80. #base_plot.save("堆积面积图2.pdf")
```

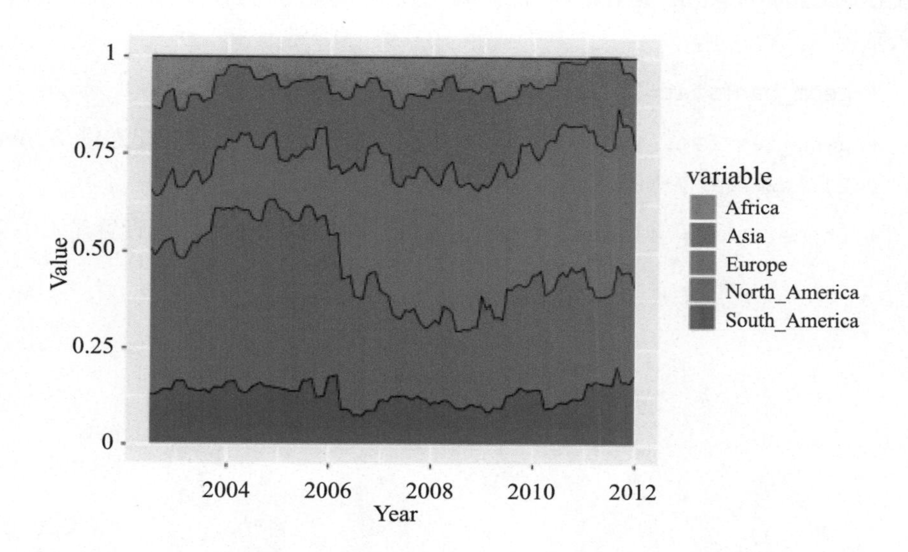

6.1.3 柱形图

柱形图的核心思想是对比，适合少量类别的对比，且信息对比特别清晰，主要特点：

- 将对比信息放大，直观呈现出来；
- 由于直观性好，适合作为结论表达图；
- 一般不用于时间维度的变化；
- 柱形图的数据系列和点不宜过多；
- 各柱之间的宽度一般小于柱形本身的宽度。

以下是它的几种表现形式：

```
1. from plotnine import *
2. import pandas as pd
3. #读取数据
4. delay_region={
5.      '省市': ['北京','上海','湖南','山东','辽宁','广东','浙江','河北','江苏',
        '安徽'],
```

```
6.      '延迟配送量': [39, 37, 45, 54, 59, 33, 36, 51, 31, 56]}
7. delay_region=pd.DataFrame(delay_region)
8. #绘制图形
9. (
10. ggplot(delay_region,aes(x='省市',y='延迟配送量',fill='省市'))  #创建图像，
    传入数据来源和映射
11.     + geom_bar(stat='identity')  #建立几何对象
12.     + geom_text(aes(x='省市',y='延迟配送量',label='延迟配送量'),nudge_
        y=2)  #添加数据标签
13.     + theme(text = element_text(family = "SimHei"))  #设置显示中文
14. )
```

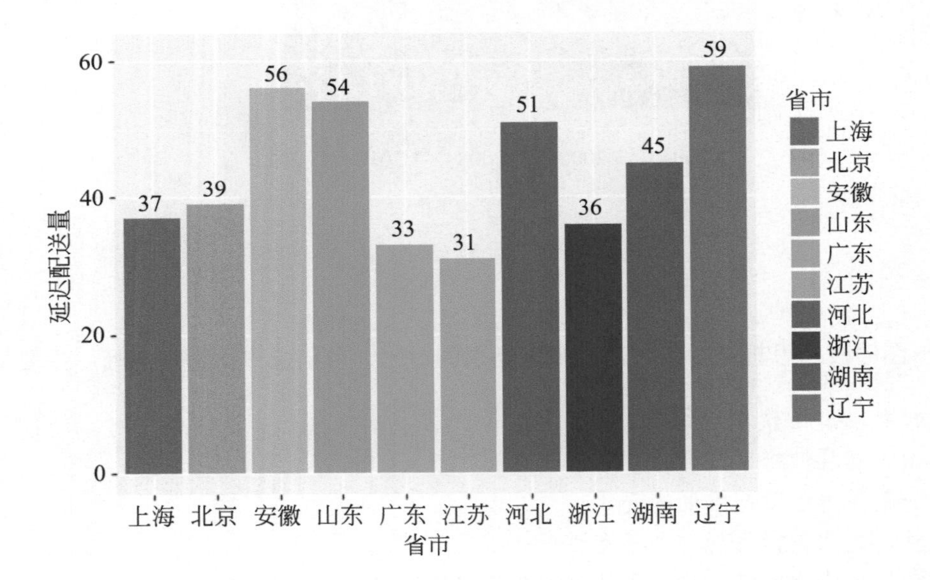


```
15. from plotnine import *
16. import pandas as pd
17. #读取数据
18. delay_region={
19.     '省市': ['北京','上海','湖南','山东','辽宁','广东','浙江','河北',
        '江苏','安徽'],
20.     '延迟配送量': [39, 37, 45, 54, 59, 33, 36, 51, 31, 56]}
```

```
21. delay_region=pd.DataFrame(delay_region)
22. #绘制图形
23. (
24. ggplot(delay_region,aes(x='省市',y='延迟配送量',fill='省市'))  #创建图像，
    传入数据来源和映射
25.     + geom_bar(stat='identity')  #建立几何对象
26.     + geom_text(aes(x='省市',y='延迟配送量',label='延迟配送量'),nudge_
    y=2)  #添加数据标签
27.     + theme(text = element_text(family = "SimHei"))  #设置显示中文
28.     + coord_flip()  #纵向直方图转换为横向直方图
29. )
```

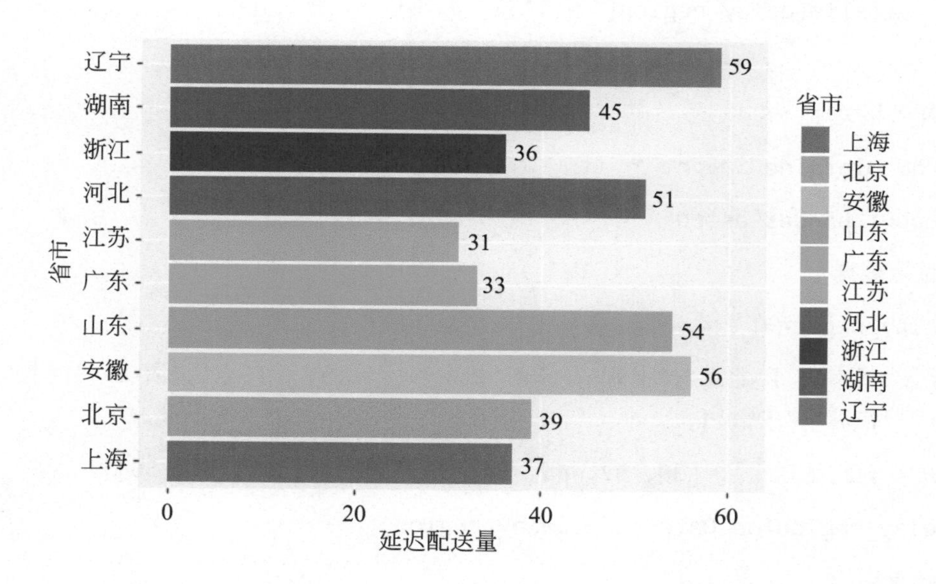


```
30. #导入相关库
31. from plotnine import *
32. import pandas as pd
33. #读取数据
34. delay_region={
35.     '省市': ['北京','上海','湖南','山东','辽宁','广东','浙江','河北',
    '江苏','安徽'],
```

```
36.     '延迟配送量': [39, 37, 45, 54, 59, 33, 36, 51, 31, 56]}
37. delay_region=pd.DataFrame(delay_region)
38. #绘制图形
39. (
40. ggplot(delay_region,aes(x='省市',y='延迟配送量',fill='省市'))  #创建图像，
    传入数据来源和映射
41.     + geom_bar(stat='identity')  #建立几何对象
42.     + geom_text(aes(x='省市',y='延迟配送量',label='延迟配送量'),nudge_
        y=2)  #添加数据标签
43.     + theme(text = element_text(family = "SimHei"))  #设置显示中文
44.     + coord_flip()  #纵向直方图转换为横向直方图
45.     + xlim(delay_region['省市'])  #x轴排序，默认升序
46. )
47. #导入相关库
48. from plotnine import *
49. import pandas as pd
50. #读取数据
51. delay_region={
52.     '省市': ['北京','上海','湖南','山东','辽宁','广东','浙江','河北',
        '江苏','安徽'],
53.     '延迟配送量': [39, 37, 45, 54, 59, 33, 36, 51, 31, 56]}
54. delay_region=pd.DataFrame(delay_region)
55. #绘制图形
56. (
57. ggplot(delay_region,aes(x='省市',y='延迟配送量',fill='省市'))  #创建图像，
    传入数据来源和映射
58.     + geom_bar(stat='identity')  #建立几何对象，画直方图
59.     + geom_text(aes(x='省市',y='延迟配送量',label='延迟配送量'),nudge_
        y=2)  #添加数据标签
60.     + theme(text = element_text(family = "SimHei"))  #设置显示中文
```

```
61.        + coord_flip()  #纵向直方图转换为横向直方图
62.        + xlim(delay_region['省市'])  #x轴排序，默认升序
63. )
```

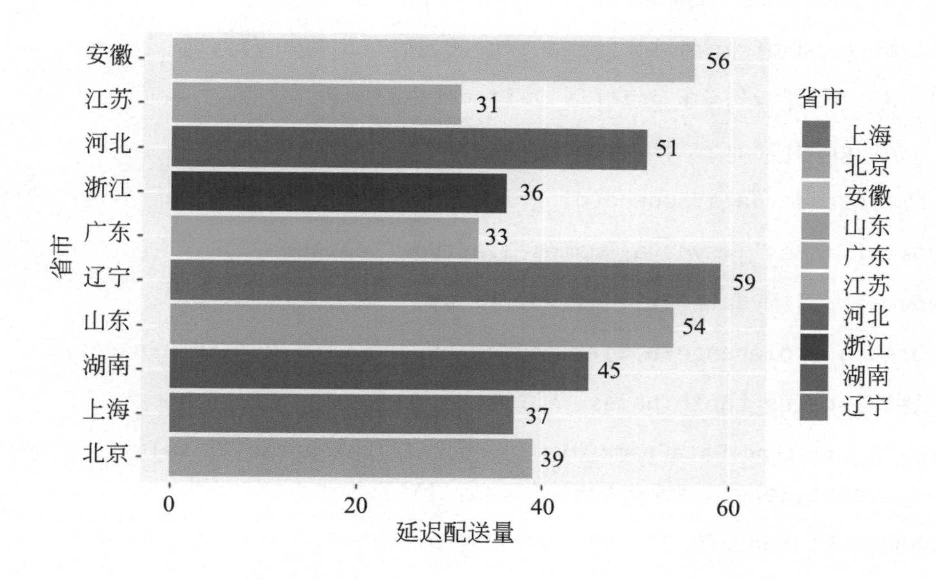


```
1. from plotnine import *
2. from plotnine.data import *
3. import matplotlib.pyplot as plt
4. categ_table=pd.DataFrame(dict(names=['Peter','Jack','Eelin','John'],
   vals=[259,83,123,162]))
5. categ_table=categ_table.sort_values(by='vals',ascending=False)
6. categ_table=categ_table.reset_index()
7. N=len(categ_table)
8. ndeep=10
9. Width=2
10. mydata=pd.DataFrame( columns=["x","y", "names"])
11. for i in np.arange(0,N):
12.      print(i)
13.      x=categ_table['vals'][i]
14.      a = np.arange(1,ndeep+1,1)
```

```
15.     b = np.arange(1,np.ceil(x/ndeep)+1,1)
16.     X,Y=np.meshgrid(a,b)
17.     df_grid =pd.DataFrame({'x':X.flatten(),'y':Y.flatten()})
18.     category=np.repeat(categ_table['names'][i],x)
19.     df_grid=df_grid.loc[np.arange(0,len(category)),:]
20.     df_grid['x']=df_grid['x']+i*ndeep+i*Width
21.     df_grid['names']=category
22.     mydata=mydata.append(df_grid)
23. mydata['names']=mydata['names'].astype("category")
24. mydata['x']=mydata['x'].astype(float)
25. x_breaks=(np.arange(0,N)+1)*ndeep+np.arange(0,N)*Width-ndeep/2
26. x_label=categ_table.names
27. mydata_label=pd.DataFrame(dict(y=np.ceil(categ_table['vals']) / ndeep+2,
    x=x_breaks,label=categ_table['vals']))
28. breaks=np.arange(0,30,10)
29. base_plot=(ggplot() +
30.   geom_tile(aes(x = 'x', y = 'y', fill = 'names'),mydata,color = "black",
      size=0.25) +
31.   geom_text(aes(x='x',y='y',label='label'),data=mydata_label,size=13) +
32.   scale_fill_brewer(type='qual',palette="Set1")+
33.   xlab("Name")+
34.   ylab("Count: 1 row square =" + str(ndeep))+
35.   scale_x_continuous(breaks=x_breaks,labels=x_label)+
36.   scale_y_continuous(breaks=breaks,labels=breaks*ndeep,limits = (0, 30),
      expand=(0,0)) +
37.   theme_light()+
38.   theme(
39.     axis_title=element_text(size=15,face="plain",color="black"),
40.     axis_text = element_text(size=13,face="plain",color="black"),
41.     legend_position = "none",
42.     figure_size = (7, 7),
```

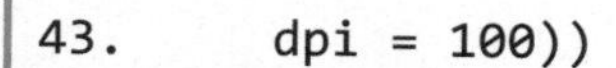

```
43.     dpi = 100))
44. print(base_plot)
```

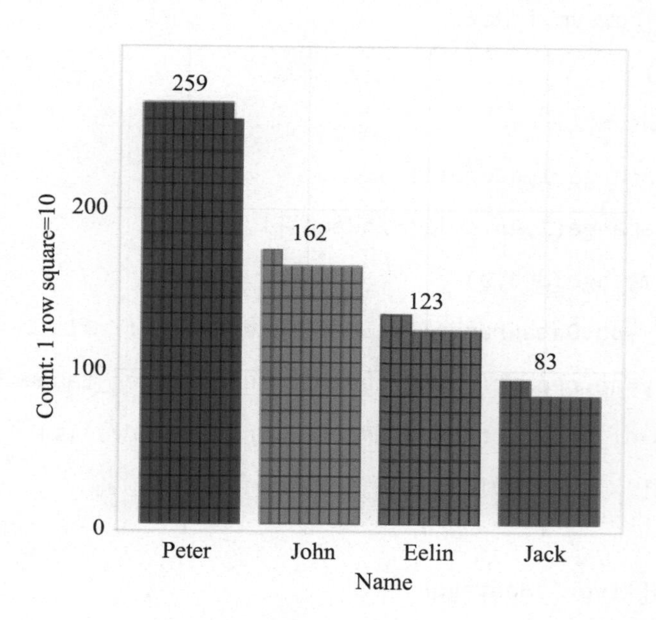


```
1. import pandas as pd
2. import numpy as np
3. from plotnine import *
4. from plotnine.data import *
5. import matplotlib.pyplot as plt
6. categ_table=pd.DataFrame(dict(names=['Peter','Jack','Eelin','John'],
7.                               vals1=[259,83,123,162],
8.                               vals2=[159,183,23,262],
9.                               vals3=[85,48,83,67]))
10. categ_table=categ_table.set_index( 'names')
11. df_rowsum= categ_table.apply(lambda x: x.sum(), axis=1).sort_values
    (ascending=False)
12. N=len(df_rowsum)
13. ndeep=10
14. Width=2
```

```
15. mydata=pd.DataFrame( columns=["x","y", "type"])
16. j=0
17. for i in df_rowsum.index:
18.     print(i)
19.     x=df_rowsum[i]
20.     a = np.arange(1,ndeep+1,1)
21.     b = np.arange(1,np.ceil(x/ndeep)+1,1)
22.     X,Y=np.meshgrid(a,b)
23.     df_grid =pd.DataFrame({'x':X.flatten(),'y':Y.flatten()})
24.     category=np.repeat(categ_table.columns,categ_table.loc[i,:])
25.     df_grid=df_grid.loc[np.arange(0,len(category)),:]
26.     df_grid['x']=df_grid['x']+j*ndeep+j*Width
27.     j=j+1
28.     df_grid['type']=category
29.     mydata=mydata.append(df_grid)
30.
31. mydata['type']=mydata['type'].astype("category")
32. mydata['x']=mydata['x'].astype(float)
33. x_breaks=(np.arange(0,N)+1)*ndeep+np.arange(0,N)*Width-ndeep/2
34. x_label=df_rowsum.index
35. mydata_label=pd.DataFrame(dict(y=np.ceil(df_rowsum) / ndeep+2,x=x_
    breaks,label=df_rowsum))
36. breaks=np.arange(0,55,10)
37. base_plot=(ggplot() +
38.   geom_tile(aes(x = 'x', y = 'y', fill = 'type'),mydata,color = "k",
      size=0.25) +
39.   geom_text(aes(x='x',y='y',label='label'),data=mydata_label,size=13)+
40.   scale_fill_brewer(type='qual',palette="Set1")+
41.   xlab("Name")+
42.   ylab("Count: 1 row square =" + str(ndeep))+
```

```
43.     coord_fixed(ratio = 1)+
44.    scale_x_continuous(breaks=x_breaks,labels=x_label)+
45.    scale_y_continuous(breaks=breaks,labels=breaks*ndeep,limits = (0, 55),
    expand=(0,0)) +
46.    theme_light()+
47.    theme(axis_title=element_text(size=15,face="plain",color="black"),
48.        axis_text = element_text(size=13,face="plain",color="black"),
49.        legend_text = element_text(size=13,face="plain",color="black"),
50.        legend_title=element_text(size=15,face="plain",color="black"),
51.        legend_background=element_blank(),
52.        legend_position = (0.8,0.8),
53.        figure_size = (7, 7),
54.        dpi = 90))
55. print(base_plot)
```

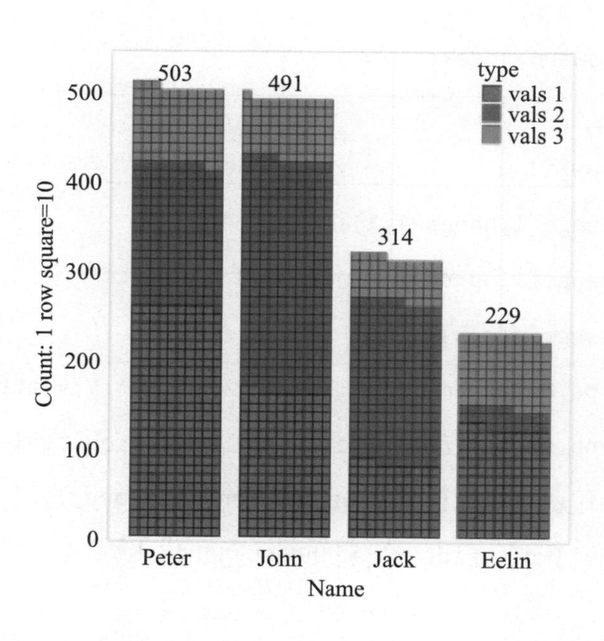


```
1. import pandas as pd
2. import numpy as np
3. from plotnine import *
```

```
4. from plotnine.data import *
5. import matplotlib.pyplot as plt
6. categ_table=pd.DataFrame(dict(names=['Peter','Jack','Eelin','John'],
7.                               vals1=[259,83,123,162],
8.                               vals2=[159,183,23,262],
9.                               vals3=[85,48,83,67]))
10. categ_table=categ_table.set_index( 'names')
11. df_rowsum= categ_table.apply(lambda x: x.sum(), axis=1).sort_values
    (ascending=False)
12. N=len(df_rowsum)
13. ndeep=10
14. Width=2
15. mydata=pd.DataFrame( columns=["x","y", "type"])
16. j=0
17. for i in df_rowsum.index:
18.     print(i)
19.     x=df_rowsum[i]
20.     a = np.arange(1,ndeep+1,1)
21.     b = np.arange(1,np.ceil(x/ndeep)+1,1)
22.     X,Y=np.meshgrid(a,b)
23.     df_grid =pd.DataFrame({'x':X.flatten(),'y':Y.flatten()})
24.     category=np.repeat(categ_table.columns,categ_table.loc[i,:])
25.     df_grid=df_grid.loc[np.arange(0,len(category)),:]
26.     df_grid['x']=df_grid['x']+j*ndeep+j*Width
27.     j=j+1
28.     df_grid['type']=category
29.     mydata=mydata.append(df_grid)
30.
```

```
31. mydata['type']=mydata['type'].astype("category")
32. mydata['x']=mydata['x'].astype(float)
33. x_breaks=(np.arange(0,N)+1)*ndeep+np.arange(0,N)*Width-ndeep/2
34. x_label=df_rowsum.index
35. mydata_label=pd.DataFrame(dict(y=np.ceil(df_rowsum) / ndeep+2,x=
    x_breaks,label=df_rowsum))
36. breaks=np.arange(0,55,10)
37. base_plot=(ggplot() +
38.   geom_tile(aes(x = 'x', y = 'y', fill = 'type'),mydata,color = "k",
      size=0.25) +
39.   geom_text(aes(x='x',y='y',label='label'),data=mydata_label,size=13)+
40.   scale_fill_brewer(type='qual',palette="Set1")+
41.   xlab("Name")+
42.   ylab("Count: 1 row square =" + str(ndeep))+
43.    coord_fixed(ratio = 1)+
44.   scale_x_continuous(breaks=x_breaks,labels=x_label)+
45.   scale_y_continuous(breaks=breaks,labels=breaks*ndeep,limits = (0, 55),
      expand=(0,0)) +
46.   theme_light()+
47.   theme(axis_title=element_text(size=15,face="plain",color="black"),
48.       axis_text = element_text(size=13,face="plain",color="black"),
49.       legend_text = element_text(size=13,face="plain",color="black"),
50.       legend_title=element_text(size=15,face="plain",color="black"),
51.       legend_background=element_blank(),
52.       legend_position = (0.8,0.8),
53.       figure_size = (7, 7),
54.       dpi = 90))
55. print(base_plot)
```

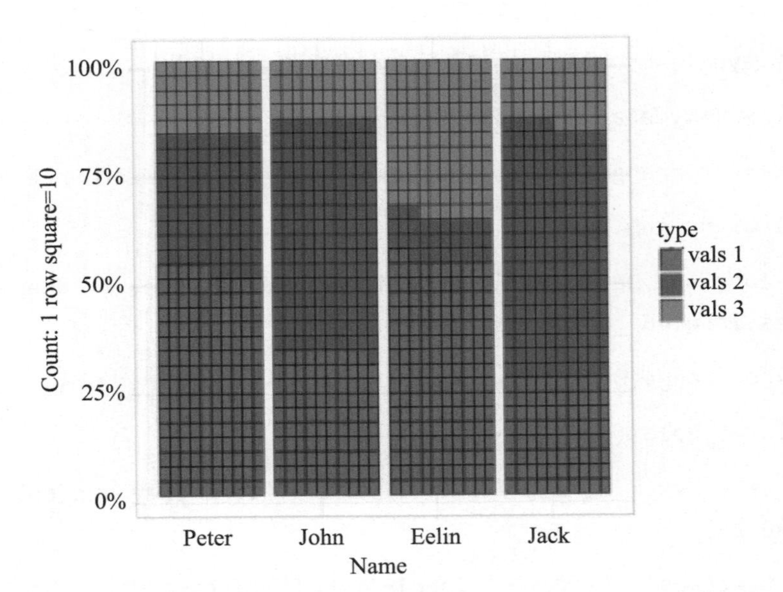


```
1. import pandas as pd
2. import numpy as np
3. from plotnine import *
4. from plotnine.data import *
5. import matplotlib.pyplot as plt
6. categ_table=pd.DataFrame(dict(names=['Peter','Jack','Eelin','John'],
7.                                vals1=[259,83,123,162],
8.                                vals2=[159,83,23,122],
9.                                vals3=[85,48,83,67]))
10. categ_table=categ_table.set_index( 'names')
11. categ_table=categ_table.sort_values(by='vals1',ascending=False)
12. N=len(categ_table)
13. ndeep=5
14. Width=2
15. mydata=pd.DataFrame( columns=["x","y", "type"])
16. j=0
17. for i in range(0,categ_table.shape[0]):
18.     for j in range(0,categ_table.shape[1]):
```

```
19.             print(i)
20.             x=categ_table.iloc[i,j]
21.             a = np.arange(1,ndeep+1,1)
22.             b = np.arange(1,np.ceil(x/ndeep)+1,1)
23.             X,Y=np.meshgrid(a,b)
24.             df_grid =pd.DataFrame({'x':X.flatten(),'y':Y.flatten()})
25.             category=np.repeat(categ_table.columns[j],x)
26.             df_grid=df_grid.loc[np.arange(0,len(category)),:]
27.             df_grid['x']=df_grid['x']+i*Width+(j+i*3)*ndeep
28.             df_grid['type']=category
29.             mydata=mydata.append(df_grid)
30.
31. mydata['type']=mydata['type'].astype("category")
32. mydata['x']=mydata['x'].astype(float)
33. x_breaks=(np.arange(0,N)*3+2)*ndeep+np.arange(0,N)*Width-ndeep/2
34. x_label=categ_table.index
35. #mydata_label=pd.DataFrame(dict(y=np.ceil(df_rowsum) / ndeep+2,x=
    x_breaks,label=df_rowsum))
36. breaks=np.arange(0,65,10)
37. base_plot=(ggplot() +
38.   geom_tile(aes(x = 'x', y = 'y', fill = 'type'),mydata,color = "k",
      size=0.2) + # The color of the lines between tiles
39.   #geom_text(aes(x='x',y='y',label='label'),data=mydata_label,size=13) +
      #The color of the lines between tiles
40.   scale_fill_brewer(type='qual',palette="Set1")+
41.   xlab("Name")+
42.    ylab("Count: 1 row square =" + str(ndeep))+
43.    coord_fixed(ratio = 1)+
44.   scale_x_continuous(breaks=x_breaks,labels=x_label)+
45.   scale_y_continuous(breaks=breaks,labels=breaks*ndeep,limits = (0, 65),
      expand=(0,0)) +
```

```
46.   theme_light()+
47.   theme(#panel.border = element_rect(fill=NA,size = 2),
48.     axis_title=element_text(size=15,face="plain",color="black"),
49.     axis_text = element_text(size=13,face="plain",color="black"),
50.     legend_background=element_blank(),
51.     legend_position = 'right',
52.     # aspect_ratio =1,
53.        figure_size = (7, 7),
54.        dpi = 100
55.        )
56.   )
57. print(base_plot)
```

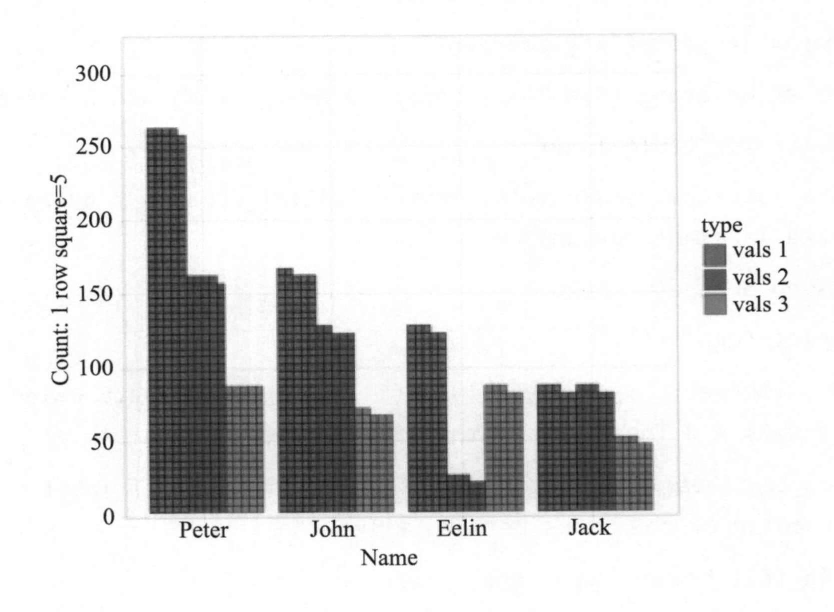


```
1. import pandas as pd
2. import numpy as np
3. from plotnine import *
4. mydata=pd.DataFrame(dict(Name=['A','B','C','D','E'],
5.                          Scale=[35,30,20,10,5],
```

```
6.                          ARPU=[56,37,63,57,59]))
7. #构造矩形X轴的起点（最小点）
8. mydata['xmin']=0
9. for i in range(1,5):
10.     mydata['xmin'][i]=np.sum(mydata['Scale'][0:i])
11. #构造矩形X轴的终点（最大点）
12. mydata['xmax']=0
13. for i in range(0,5):
14.     mydata['xmax'][i]=np.sum(mydata['Scale'][0:i+1])
15.
16. mydata['label']=0
17. for i in range(0,5):
18.     mydata['label'][i]=np.sum(mydata['Scale'][0:i+1])-mydata['Scale']
        [i]/2
19.
20. base_plot=(ggplot(mydata)+
21.   geom_rect(aes(xmin='xmin',xmax='xmax',ymin=0,ymax='ARPU',fill='Name'),
      colour="black",size=0.25)+
22.   geom_text(aes(x='label',y='ARPU+3',label='ARPU'),size=14,color=
      "black")+
23.   geom_text(aes(x='label',y=-4,label='Name'),size=14,color="black")+
24.   scale_fill_hue(s = 0.90, l = 0.65, h=0.0417,color_space='husl')+
25.   ylab("ARPU")+
26.   xlab("scale")+
27.   ylim(-5,80)+
28.   theme(#panel_background=element_rect(fill="white"),
29.         #panel_grid_major = element_line(colour = "grey",size=.25,
          linetype ="dotted" ),
30.         #panel_grid_minor = element_line(colour = "grey",size=.25,
          linetype ="dotted" ),
31.         text=element_text(size=15),
32.         legend_position="none",
```

```
33.         aspect_ratio =1.15,
34.         figure_size = (5, 5),
35.         dpi = 100
36.     ))
37. print(base_plot)
```

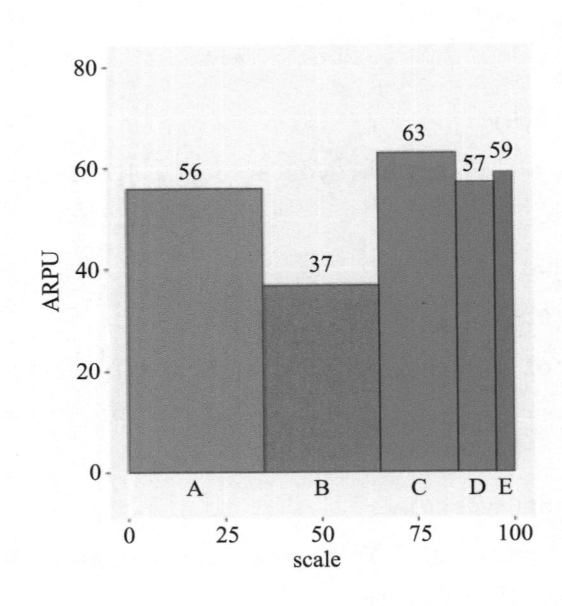

6.1.4 散点图

散点图属于研究型图表，适用于发现变量间的关系与规律，不适用于清晰表达信息的场景，主要特点：

➢ 散点图作为研究型图表，经常在数据分析前期被使用，在报告中很少见；
➢ 散点图不够直观，大多时候不能直接表达结论；
➢ 对业务敏感度和数据意识要求较高；
➢ 散点图是入门的钥匙，发现规律只是分析的切入口。

以下是它的几种表现形式：

```
1. #1、使用 matplotlib绘制散点图矩阵
2. import warnings
3. warnings.filterwarnings("ignore")
4. import pandas as pd
5. import matplotlib.pyplot as plt
```

```
6. import os
7. os.chdir(r'E:\pzs\算法代码')
8. iris = pd.read_csv('iris1.csv')
9.
10. # 参数说明
11. #      figsize=(10,10) 设置画布大小为10x10
12. #      alpha=1，设置透明度，此处设置为不透明
13. #      hist_kwds={"bins":20} 设置对角线上直方图参数
14. #      可通过设置diagonal参数为kde将对角图像设置为密度图
15. pd.plotting.scatter_matrix(iris,figsize=(10,10),alpha=1,hist_kwds=
    {"bins":20})
16. plt.show()
```

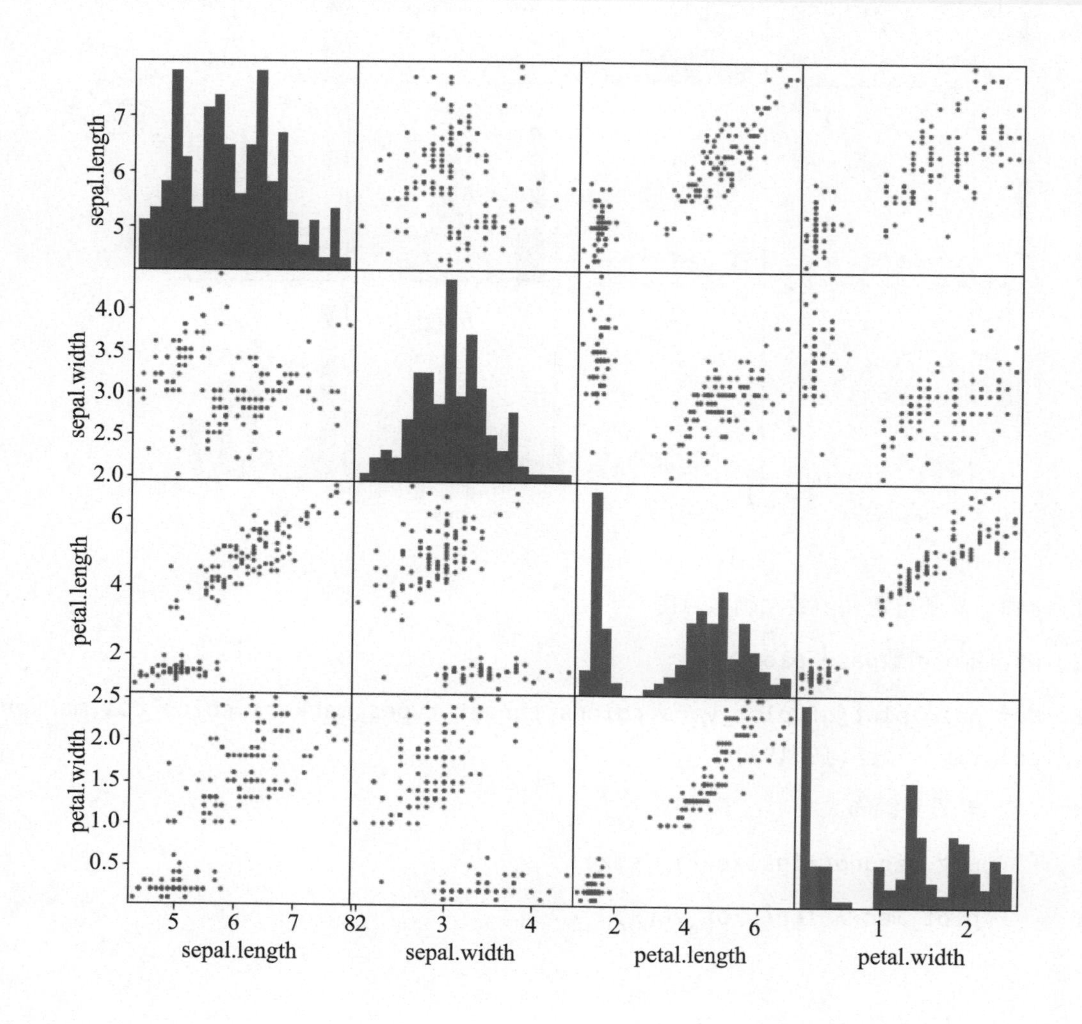

```
1. #2、使用pairplot绘制散点图
2. import seaborn as sns
3. sns.pairplot(iris,hue="Species")##hue参与了分组
4. plt.show()
```

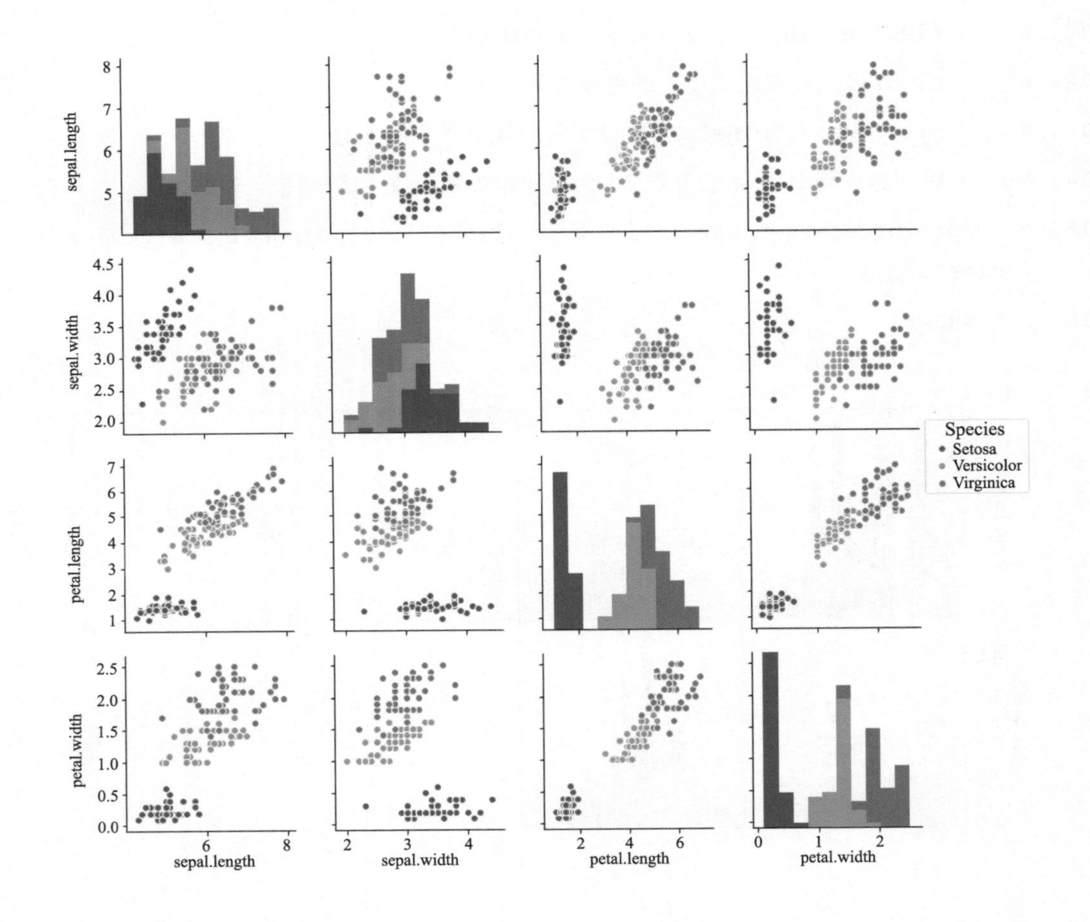


```
1. ##3、基于自定义函数绘制散点图
2. ##自定义函数pair_plot
3. def pair_plot(df,plot_vars,colors,target_types,markers,color_col,marker_
   col,fig_size=(15,15)):
4.     # 设置画布大小
5.     plt.figure(figsize=fig_size)
6.     plot_len = len(plot_vars)
```

```
7.     index = 0
8.     for p_col in range(plot_len):
9.         col_index = 1
10.        for p_row in range(plot_len):
11.            index = index + 1
12.            plt.subplot(plot_len, plot_len, index)
13.            if p_row != p_col:
14.                # 非对角位置，绘制散点图
15.                df.apply(lambda row:plt.plot(row[plot_vars[p_row]],row
               [plot_vars[p_col]],
16.                                             color=colors[int(row
                                                [color_col])],
17.                                             marker=markers
                                                [int(row[marker_col])],
                                                linestyle=''),axis=1)
18.            else:
19.                # 对角位置，绘制密度图
20.                for ci in range(len(colors)):
21.                    sns.kdeplot(df.iloc[np.where(df[color_col]==ci)[0],
                   p_row],
22.                                shade=True, color=colors[ci],
                               label=target_types[ci])
23.            # 添加横纵坐标轴标签
24.            if col_index == 1:
25.                plt.ylabel(plot_vars[p_col])
26.                col_index = col_index + 1
27.            if p_col == plot_len - 1:
28.                plt.xlabel(plot_vars[p_row])
29.    plt.show()
30. #绘图
```

```
31. import numpy as np
32. # 重置变量名称
33. features = ['sepal_length','sepal_width','petal_length','petal_width']
34. iris_df=iris.drop(columns='Species')
35. iris_df.columns = features
36.
37. # 此处，我们建立两个新变量，都存储花色分类值，其中type对应真实类别，cluster
    对应预测类别
38. iris_df['type'] = iris.Species
39. iris_df['cluster'] = iris.Species
40.
41. # 将cluster变量转化为整数编码
42. iris_df.cluster = iris_df.cluster.astype('category')
43. iris_df.cluster = iris_df.cluster.cat.codes
44.
45. # 将type变量转化为整数编码
46. iris_df.type = iris_df.type.astype('category')
47. iris_df.type = iris_df.type.cat.codes
48.
49. # 获得花色类别列表
50. types = iris.Species.value_counts().index.tolist()
51. pair_plot(df=iris_df,
52.             plot_vars=features,
53.             colors=['#50B131','#F77189','#3BA3EC'], # 指定描述三种花对应的
                颜色
54.             target_types = types,
55.             markers= ['*','o','^'], #指定预测类别cluster对应的形状
56.             color_col='type', # 对应真实类别变量
57.             marker_col='cluster') #  对应预测类别变量
```

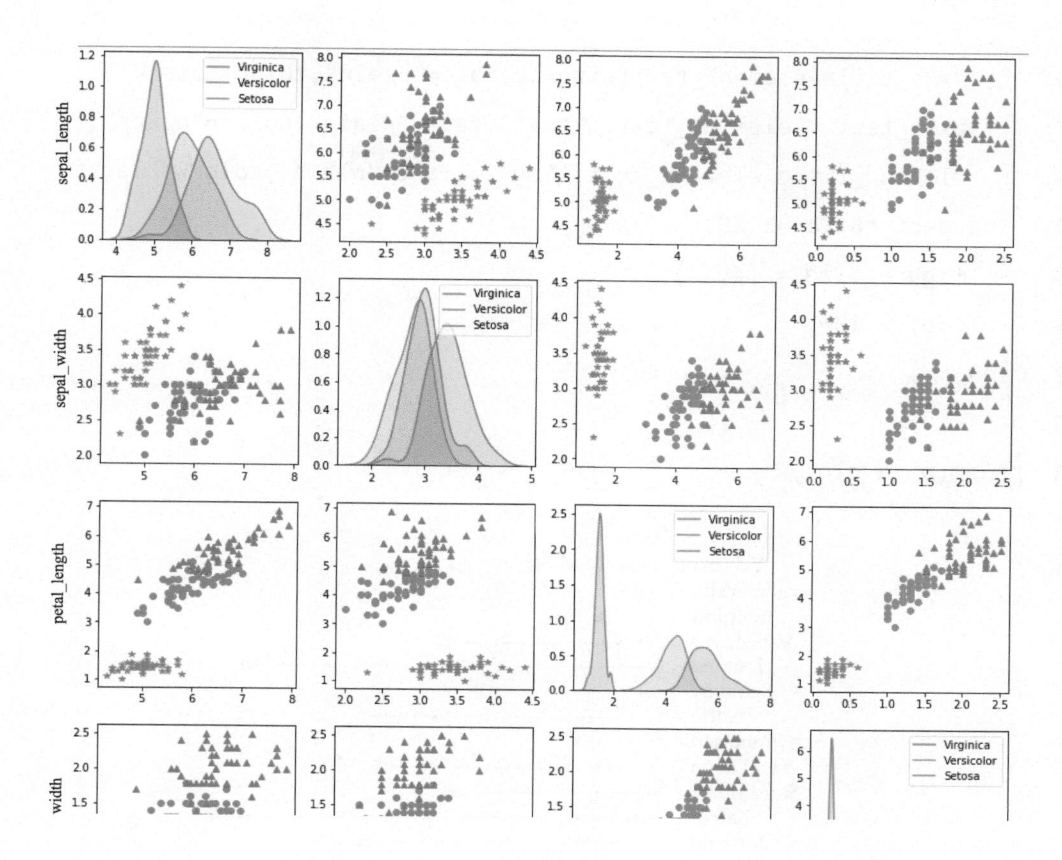


```
1. #-------------------------克利夫兰点图系列-----------------------------
2.  ##数据
3. import pandas as pd
4. import numpy as np
5. from plotnine import *
6. #from plotnine.data import *
7. import matplotlib.pyplot as plt
8. #---------------------------(a)棒棒糖图---------------------------------
9. df=pd.read_csv('DotPlots_Data.csv')
10. df['sum']=df.iloc[:,1:3].apply(np.sum,axis=1)
11. df=df.sort_values(by='sum', ascending=True)
12. base_plot=(ggplot(df, aes('sum', 'City')) +
13.    geom_segment(aes(x=0, xend='sum',y='City',yend='City'))+
14.    geom_point(shape='o',size=3,colour="black",fill="#FC4E07")+
15.    theme(
```

```
16.     axis_title=element_text(size=12,face="plain",color="black"),
17.     axis_text = element_text(size=10,face="plain",color="black"),
18.     #legend_title=element_text(size=14,face="plain",color="black"),
19.    aspect_ratio =1.25,
20.     figure_size = (4, 4),
21.      dpi = 100
22.  ))
23.
24. print(base_plot)
```

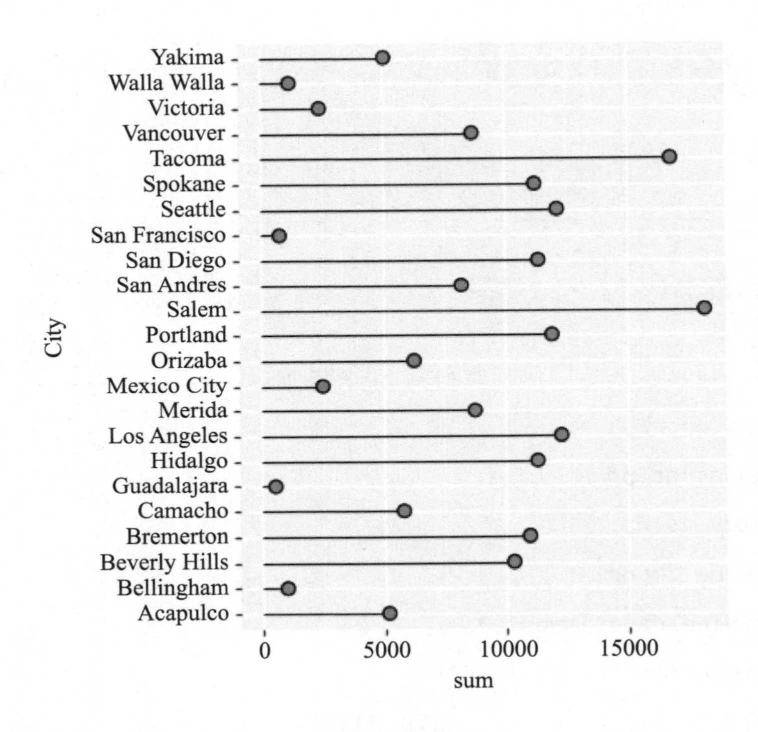


```
25. #------------------------ (b)克利夫兰点图 ----------------------------
26. base_plot=(ggplot(df, aes('sum', 'City')) +
27.
28.   geom_point(shape='o',size=3,colour="black",fill="#FC4E07")+
29.   theme(
30.     axis_title=element_text(size=12,face="plain",color="black"),
31.     axis_text = element_text(size=10,face="plain",color="black"),
```

```
32.     #legend_title=element_text(size=14,face="plain",color="black"),
33.    aspect_ratio =1.25,
34.     figure_size = (4, 4),
35.      dpi = 100
36.   ))
37.
38. print(base_plot)
```

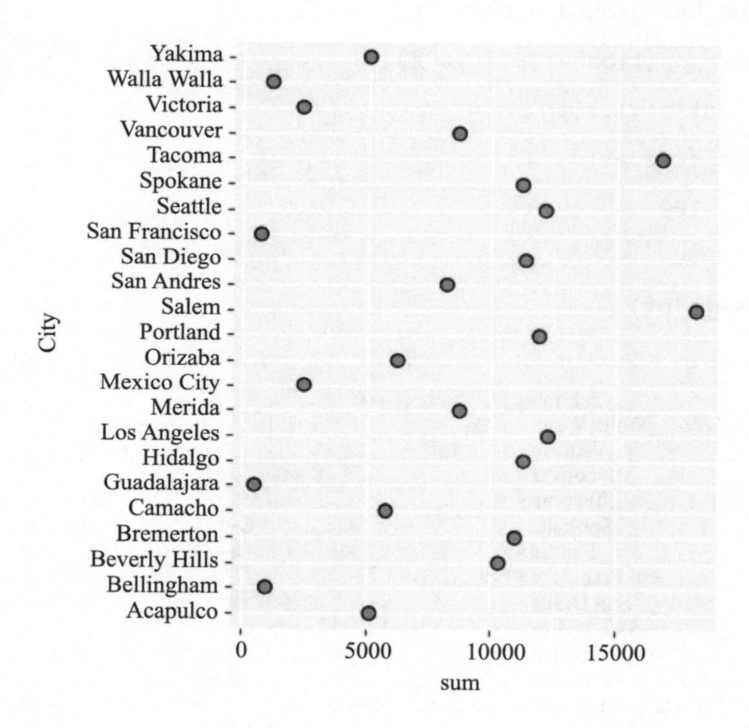


```
39. #---------------------------(c) 哑铃图--------------------------------
40.
41. df=pd.read_csv('DotPlots_Data.csv')
42.
43. df=df.sort_values(by='Female', ascending=True)
44. mydata=pd.melt(df,id_vars='City')
45.
46. base_plot=(ggplot(mydata, aes('value','City',fill='variable')) +
47.   geom_line(aes(group = 'City')) +
```

```
48.     geom_point(shape='o',size=3,colour="black")+
49.    scale_fill_manual(values=("#00AFBB", "#FC4E07","#36BED9"))+
50.    theme(
51.      axis_title=element_text(size=13,face="plain",color="black"),
52.      axis_text = element_text(size=10,face="plain",color="black"),
53.      legend_title=element_text(size=12,face="plain",color="black"),
54.      legend_text = element_text(size=10,face="plain",color="black"),
55.      legend_background = element_blank(),
56.      legend_position = (0.75,0.2),
57.    aspect_ratio =1.25,
58.      figure_size = (4, 4),
59.       dpi = 100
60.    ))
61. print(base_plot)
```

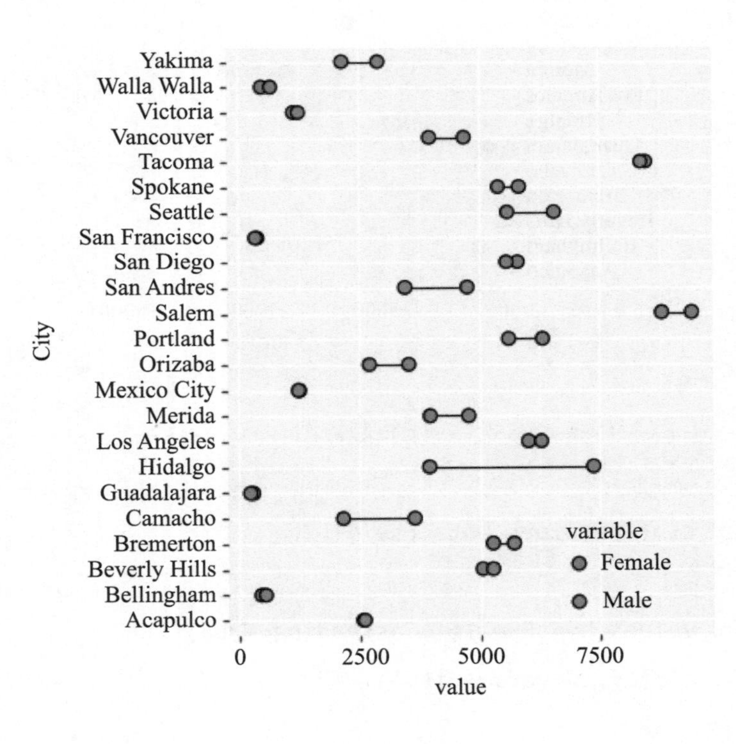


```
1. import numpy as np
2. import pandas as pd
```

```
3. from plotnine import *
4. from plotnine.data import mtcars
5. mat_corr=np.round(mtcars.corr(),1).reset_index()
6. from plotnine.data import mtcars
7. import matplotlib.pyplot as plt
8. x=mtcars['wt']
9. y=mtcars['mpg']
10. size=mtcars['disp']
11. fill=mtcars['disp']
12. fig, ax = plt.subplots(figsize=(5,4))
13. scatter = ax.scatter(x, y, c=fill, s=size, linewidths=0.5,
    edgecolors="k",cmap='RdYlBu_r')
14. cbar = plt.colorbar(scatter)
15. cbar.set_label('disp')
16. handles, labels = scatter.legend_elements(prop="sizes", alpha=0.6,num=5 )
17. ax.legend(handles, labels, loc="upper right", title="Sizes")
18. plt.show()
```

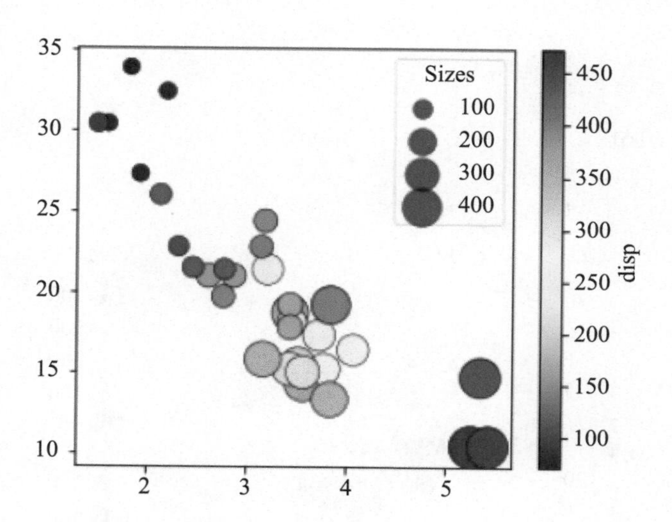


```
1. import pandas as pd
2. import numpy as np
3. from plotnine import *
```

```
4. from plotnine.data import mtcars
5. base_plot=(ggplot(mtcars, aes(x='wt',y='mpg'))+    geom_point(aes(size=
   'disp',fill='disp'),shape='o',colour="black",alpha=0.8)+
6. # 绘制气泡图，颜色填充和面积大小都映射到“disp”
7.     scale_fill_gradient2(low="#377EB8",high="#E41A1C",
8.                          limits = (0,np.max(mtcars.disp)),
9.                          midpoint = np.mean(mtcars.disp))+ #设置填充颜色映
                            射主题(Colormap)
10.    scale_size_area(max_size=12)+ # 设置显示的气泡图气泡最大面积
11.    geom_text(label = mtcars.disp,nudge_x =0.3,nudge_y =0.3)+ # 添加数据标
       签disp”
12.    theme(
13.        #text=element_text(size=15,face="plain",color="black"),
14.        axis_title=element_text(size=18,face="plain",color="black"),
15.        axis_text = element_text(size=16,face="plain",color="black"),
16.        aspect_ratio =1.2,
17.        figure_size = (5,5),
18.        dpi = 100
19.        )
20.    )
21. print(base_plot)
```

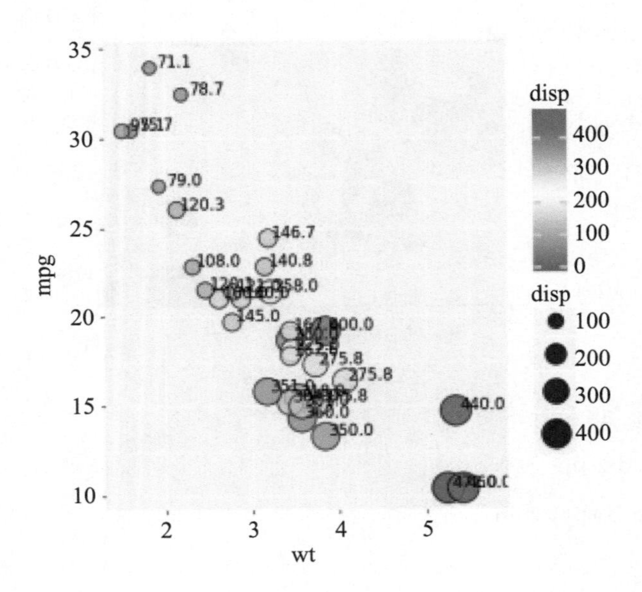

6.1.5 饼图

饼图的核心思想是分解，饼图在实际场景中应当尽可能少用，而指标分解柱形图同样能胜任同类任务，且远远清晰于饼图。

以下是它的几种表现形式：

```
1. import matplotlib.pyplot as plt
2. import numpy as np
3. from matplotlib.patches import Shadow,Wedge
4. fig,ax = plt.subplots(subplot_kw={"aspect":"equal"})
5. font_style = {"family":"serif","size":12,"style":"italic","weight":"black"}
6. sample_data = [350,150,200,300]
7. total = sum(sample_data)
8. percents = [i/float(total) for i in sample_data]
9. angles = [360*i for i in percents]
10. delta = 45
11. wedge1 = Wedge((2,2),1,delta,delta+sum(angles[0:1]),color="orange")
12. wedge2 = Wedge((2,1.9),1,delta+sum(angles[0:1]),delta+sum(angles[0:2]),
    facecolor="steelblue",edgecolor="white")
13. wedge3 = Wedge((2,1.9),1,delta+sum(angles[0:2]),delta+sum(angles[0:3]),
    facecolor="darkred",edgecolor="white")
14. wedge4 = Wedge((2,1.9),1,delta+sum(angles[0:3]),delta,facecolor="lightg
    reen",edgecolor="white")
15. wedges = [wedge1,wedge2,wedge3,wedge4]
16. for wedge in wedges:
17.     ax.add_patch(wedge)
18. ax.text(1.7,2.5,"%3.1f%%" % (percents[0]*100),**font_style)
19. ax.text(1.2,1.7,"%3.1f%%" % (percents[1]*100),**font_style)
20. ax.text(1.7,1.2,"%3.1f%%" % (percents[2]*100),**font_style)
21. ax.text(2.5,1.7,"%3.1f%%" % (percents[3]*100),**font_style)
22. ax.axis([0,4,0,4])
23. plt.show()
```

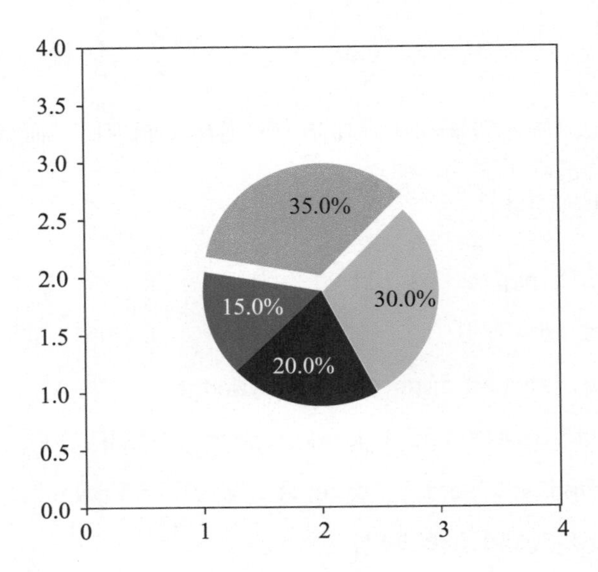

6.2 分析图形

6.2.1 词云图

词云图，也叫文字云，它对文本中出现频率较高的关键词予以视觉化展现，词云图过滤掉大量的低频低质的文本信息，使得浏览者一眼扫过文本就可领略文本的主旨。

以下是它的几种表现形式。

```
1. import chardet
2. import jieba
3. import numpy as np
4. from PIL import Image
5. import os
6. from os import path
7. from wordcloud import WordCloud,STOPWORDS,ImageColorGenerator
8. from matplotlib import pyplot as plt
9. from matplotlib.pyplot import figure, show, rc
10.
11. #------------English-白色背景的方形词云图-----------------------------
12. # 获取当前文件路径
```

```
13. d = path.dirname(__file__) if "__file__" in locals() else os.getcwd()
14. # 获取文本text
15. text = open(path.join(d,'WordCloud.txt')).read()
16. # 生成词云
17. #wc = WordCloud(scale=2,max_font_size = 100)
18. wc=WordCloud(font_path=None,  # 字体路径，英文不用设置路径，中文需要，否则
    无法正确显示图形
19.      width=400, # 默认宽度
20.      height=400, # 默认高度
21.      margin=2, # 边缘
22.      ranks_only=None,
23.      prefer_horizontal=0.9,
24.      mask=None, # 背景图形，如果想根据图片绘制，则需要设置
25.      scale=2,
26.     color_func=None,
27.     max_words=100, # 最多显示的词汇量
28.     min_font_size=4, # 最小字号
29.     stopwords=None, # 停止词设置，修正词云图时需要设置
30.     random_state=None,
31.     background_color='white', # 背景颜色设置，可以为具体颜色,比如white或者
        16进制数值
32.     max_font_size=None, # 最大字号
33.     font_step=1,
34.     mode='RGB',
35.     relative_scaling='auto',
36.     regexp=None,
37.     collocations=True,
38.     colormap='Reds', # matplotlib 色图，可更改名称进而更改整体风格
39.     normalize_plurals=True,
40.     contour_width=0,
41.     contour_color='black',
```

```
42.     repeat=False)
43.
44. wc.generate_from_text(text)
45. # 显示图像
46.
47. fig = figure(figsize=(4,4),dpi =100)
48. plt.imshow(wc,interpolation='bilinear')
49. plt.axis('off')
50. plt.tight_layout()
51. #fig.savefig("词云图1.pdf")
52. plt.show()
```

```
53. #--------------------中文-黑色背景的圆形词云图-------------------------
54. text = open(path.join(d,'WordCloud_Chinese.txt'),'rb').read()
55. text_charInfo = chardet.detect(text)
56. print(text_charInfo)
57. # 结果
```

```
58. #{'encoding': 'UTF-8-SIG', 'confidence': 1.0, 'language': ''}
59. text = open(path.join(d,r'WordCloud_Chinese.txt'),encoding='GB2312',
    errors='ignore').read()
60.
61.
62. # 获取文本词排序，可调整 stopwords
63. process_word = WordCloud.process_text(wc,text)
64. sort = sorted(process_word.items(),key=lambda e:e[1],reverse=True)
65. print(sort[:50]) # # 获取文本词频最高的前50个词
66.
67. text+=' '.join(jieba.cut(text,cut_all=False)) # cut_all=False 表示采用精
    确模式
68. #设置中文字体
69. font_path = 'SourceHanSansCN-Regular.otf'  # 思源黑体，不加这个字体，无法
    显示中文
70. # 读取背景图片
71. background_Image = np.array(Image.open(path.join(d, "WordCloud_Image
    .jpg")))
72. # 提取背景图片颜色
73. img_colors = ImageColorGenerator(background_Image)
74. # 设置中文停止词
75. stopwords = set('')
76. stopwords.update(['但是','一个','自己','因此','没有','很多','可以','这个',
    '虽然','因为','这样','已经','现在','一些','比如','不是','当然','可能',
    '如果','就是','同时','比如','这些','必须','由于','而且','并且','他们'])
77.
78. wc = WordCloud(
79.         font_path = font_path, # 中文需设置路径
80.          #width=400, # 默认宽度
81.          #height=400, # 默认高度
82.         margin = 2, # 页面边缘
```

```
83.         mask = background_Image,
84.         scale = 2,
85.         max_words = 200, # 最多词个数
86.         min_font_size = 4, #
87.         stopwords = stopwords,
88.         random_state = 42,
89.         background_color = 'black', # 背景颜色
90.         #background_color = '#C3481A', # 背景颜色
91.         colormap='RdYlGn_r', # matplotlib 色图，可更改名称进而更改整体风格
92.         max_font_size = 100,
93.         )
94. wc.generate(text)
95. # 获取文本词排序，可调整 stopwords
96. process_word = WordCloud.process_text(wc,text)
97. sort = sorted(process_word.items(),key=lambda e:e[1],reverse=True)
98. print(sort[:50]) # 获取文本词频最高的前50个词
99. # 设置为背景色，若不想要背景图片颜色，就注释掉
100. #wc.recolor(color_func=img_colors)
101. #存储图像
102. #wc.to_file('浪潮之巅basic.png')
103. #显示图像
104. fig = figure(figsize=(4,4),dpi =100)
105. plt.imshow(wc,interpolation='bilinear')
106. plt.axis('off')
107. plt.tight_layout()
108.
109. #fig.savefig("词云图2.pdf")
110.
111. plt.show()
```

6.2.2 相似度热力图

相似度热力图通过数据表里多个特征之间的相似度进行可视化，用于表示特征相似度的大小。以下是它的几种表现形式：

```
1. import numpy as np
2. import pandas as pd
3. from plotnine import *
4. #cmap(颜色)
5. import matplotlib.pyplot as plt
6. import seaborn as sns
7. #% matplotlib inline
8. from matplotlib.font_manager import FontProperties##此处标签为汉字，引入包
   防止标签乱码
9. font=FontProperties(fname=r"c:\windows\fonts\simsun.ttc",size=14)
   ##导入汉字格式
10. ##引入plotnine自带的数据
11. from plotnine.data import mtcars
12. df=mtcars.iloc[:,1:12]
```

```
13. f, ax2 = plt.subplots(figsize = (6,4),nrows=1)
14. # cmap用matplotlib colormap
15. pt = df.corr()   # pt为数据框或者是协方差矩阵
16. sns.heatmap(pt, linewidths = 0.05, ax = ax2, vmax=1, vmin=-1, cmap=
    'rainbow')
17. # rainbow为 matplotlib 的colormap名称
18. ax2.set_title('matplotlib colormap')
19. ax2.set_xlabel('指标',fontproperties=font)##此处label为中文，
fontproperties=font防止标签乱码
20. ax2.set_ylabel('指标',fontproperties=font)##此处label为中文，
    fontproperties=font防止标签乱码
```

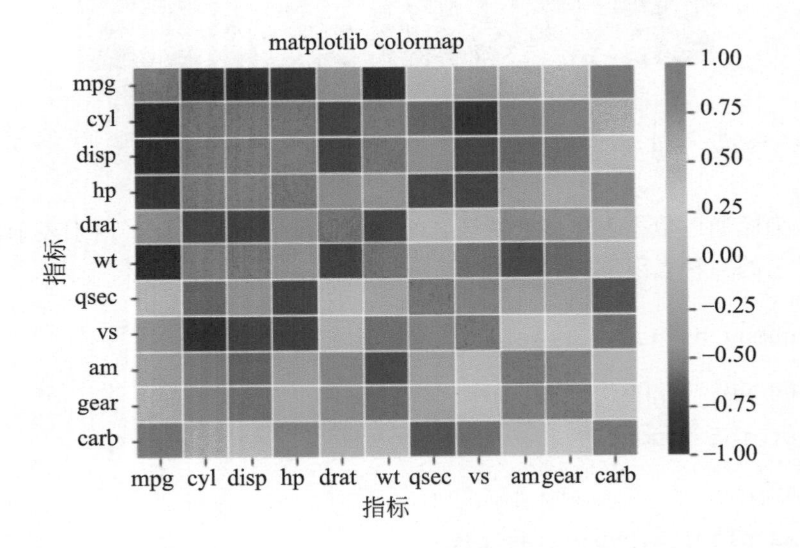


```
1. import numpy as np
2. import pandas as pd
3. from plotnine import *
4. from plotnine.data import mtcars
5. mat_corr=np.round(mtcars.corr(),1).reset_index()
6. mydata=pd.melt(mat_corr,id_vars='index',var_name='var',value_name=
   'value')
7. base_plot=(ggplot(mydata, aes(x ='index', y ='var', fill = 'value',
   label='value')) +
```

```
8.   geom_tile(colour="black") +
9.   geom_text(size=8,colour="white")+
10.   scale_fill_cmap(name ='RdYlBu_r')+
11.   coord_equal()+
12.     theme(dpi=100,figure_size=(4,4)))
13. print(base_plot)
```

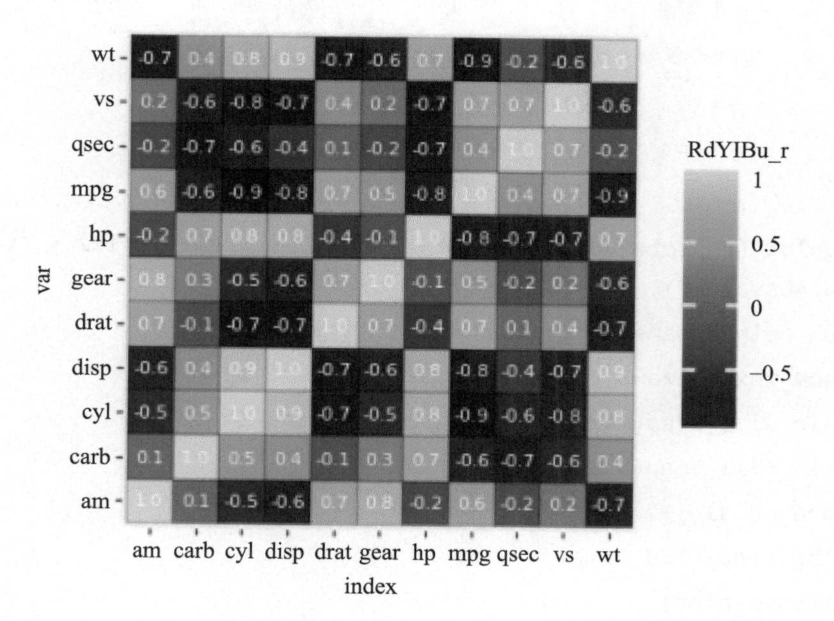


```
14. mydata['AbsValue']=np.abs(mydata.value)
15. base_plot=(ggplot(mydata, aes(x ='index', y ='var', fill = 'value',
    size='AbsValue')) +
16.   geom_point(shape='o',colour="black") +
17.   #geom_text(size=8,colour="white")+
18.   scale_size_area(max_size=11, guide=False) +
19.   scale_fill_cmap(name ='RdYlBu_r')+
20.   coord_equal()+
21.     theme(dpi=100,figure_size=(4,4)))
22. print(base_plot)
```

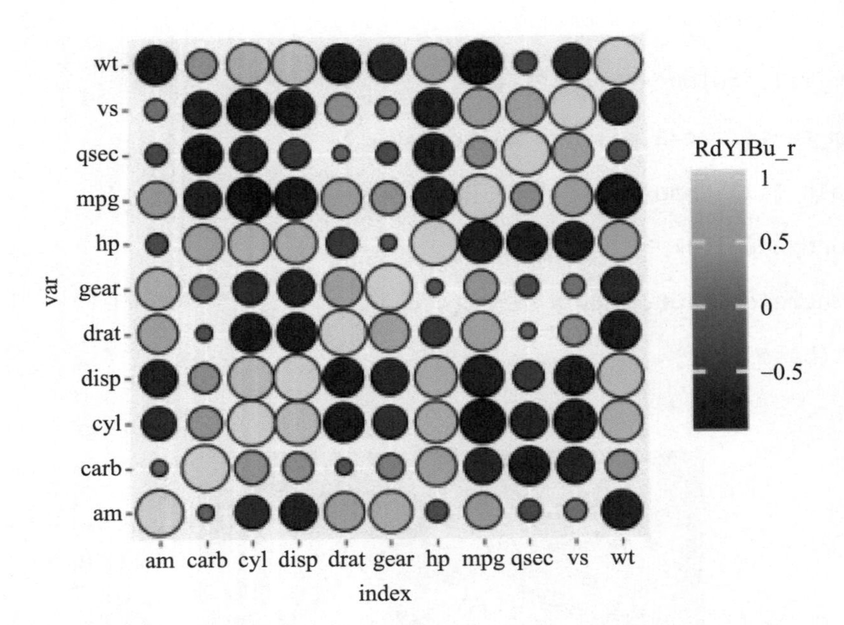


```
23. base_plot=(ggplot(mydata, aes(x ='index', y ='var', fill = 'value',
    size='AbsValue')) +
24.   geom_point(shape='s',colour="black") +
25.   #geom_text(size=8,colour="white")+
26.   scale_size_area(max_size=10, guide=False) +
27.   scale_fill_cmap(name ='RdYlBu_r')+
28.   coord_equal()+
29.     theme(dpi=100, figure_size=(4,4)))
30. print(base_plot)
```

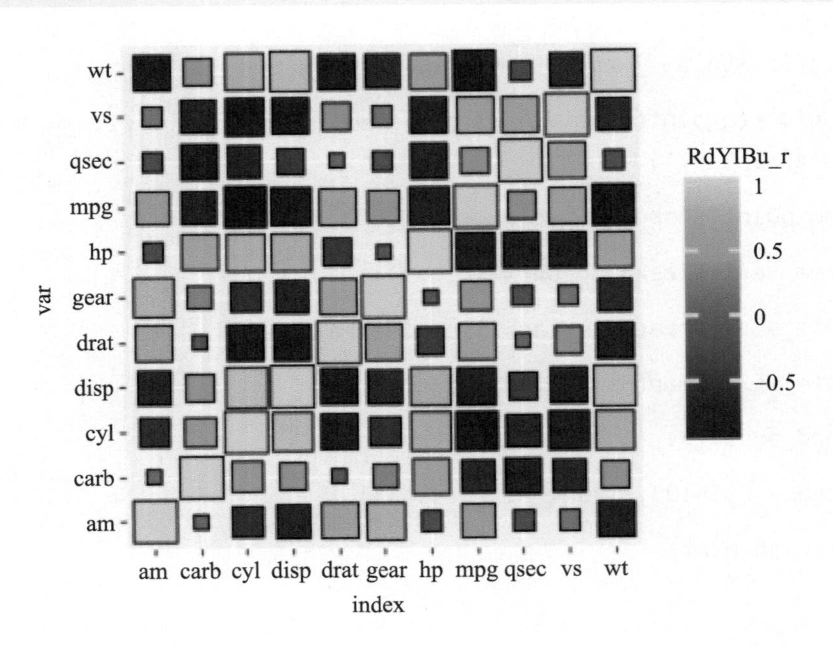

```
31. #绘制相关矩阵图
32. import warnings
33. warnings.filterwarnings("ignore")
34. import pandas as pd
35. import matplotlib.pyplot as plt
36. import numpy as np
37. ##读取数据
38. import os
39. os.chdir(r'E:\pzs\算法代码')
40. iris= pd.read_csv('iris1.csv')
41. df=iris.drop(columns='Species')
42. #计算相关系数矩阵
43. corr = df.corr()
44. corr
45. #自定义函数corrplot
46. def corrplot(corr,cmap,s):
47.     #使用x,y,z来存储变量对应矩阵中的位置信息，以及相关系数
48.     x,y,z = [],[],[]
49.     N = corr.shape[0]
50.     for row in range(N):
51.         for column in range(N):
52.             x.append(row)
53.             y.append(N - 1 - column)
54.             z.append(round(corr.iloc[row,column],2))
55.     # 使用scatter函数绘制圆圈矩阵
56.     sc = plt.scatter(x, y, c=z, vmin=-1, vmax=1, s=s*np.abs(z),
    cmap=plt.cm.get_cmap(cmap))
57.     # 添加颜色板
58.     plt.colorbar(sc)
59.     # 设置横纵坐标轴的区间范围
60.     plt.xlim((-0.5,N-0.5))
```

```
61.     plt.ylim((-0.5,N-0.5))
62.     # 设置横纵坐标轴值标签
63.     plt.xticks(range(N),corr.columns,rotation=90)
64.     plt.yticks(range(N)[::-1],corr.columns)
65.     # 去掉默认网格
66.     plt.grid(False)
67.     # 使用顶部的轴做为横轴
68.     ax = plt.gca()
69.     ax.xaxis.set_ticks_position('top')
70.     # 重新绘制网格线
71.     internal_space = [0.5 + k for k in range(4)]
72.     [plt.plot([m,m],[-0.5,N-0.5],c='lightgray') for m in internal_
        space]
73.     [plt.plot([-0.5,N-0.5],[m,m],c='lightgray') for m in internal_
        space]
74.     # 显示图形
75.     plt.show()
76. #绘制相关矩阵图
77. corrplot(corr,cmap="Spectral",s=2000)
```

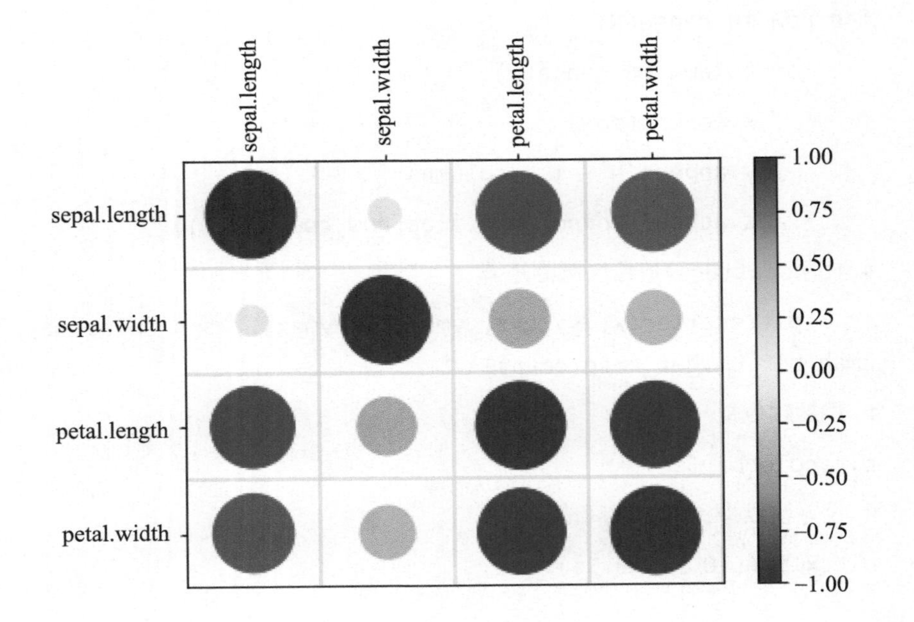

6.2.3 箱式分布图

箱式分布图提供了一种对数据集做简单总结的方式。包括中位数、25%分位数、75%分位数、分布的高位和低位。以下是它的几种表现形式：

```
1. import pandas as pd
2. import numpy as np
3. import seaborn as sns
4. import matplotlib.pyplot as plt
5. from plotnine import *
6. df=pd.read_csv('Distribution_Data.csv')
7. df['class']=df['class'].astype("category")
8. #----------------------------------箱型图----------------------------------
9. box_plot=(ggplot(df,aes(x='class',y="value",fill="class"))
10. +geom_boxplot(show_legend=False)
11. +scale_fill_hue(s = 0.90, l = 0.65, h=0.0417,color_space='husl')
12. +theme_matplotlib()
13. +theme(#legend_position='none',
14.         aspect_ratio =1.05,
15.         dpi=100,
16.         figure_size=(4,4)))
17. print(box_plot)
18. #box_plot.save("box_plot.pdf")
```

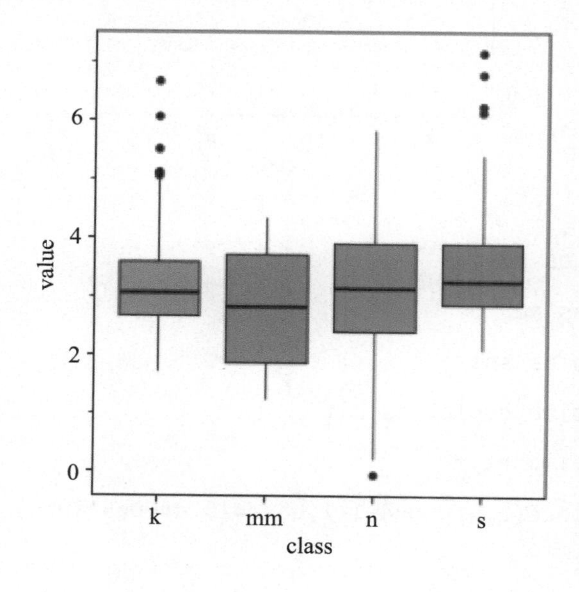

```
19. box_plot=(ggplot(df,aes(x='class',y="value",fill="class"))
20. +geom_boxplot(show_legend=False)
21. +geom_jitter(fill="black",shape=".",width=0.3,size=3,stroke=0.1,show_
    legend=False)
22. +scale_fill_hue(s = 0.90, l = 0.65, h=0.0417,color_space='husl')
23. +theme_matplotlib()
24. +theme(#legend_position='none',
25.         aspect_ratio =1.05,
26.         dpi=100,
27.         figure_size=(4,4)))
28. print(box_plot)
29. #box_plot.save("box_plot2.pdf")
```

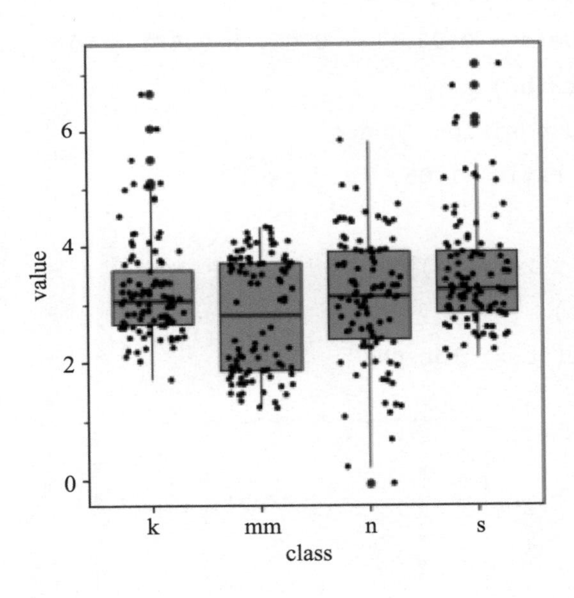


```
30. import pandas as pd
31. import numpy as np
32. import seaborn as sns
33. import matplotlib.pyplot as plt
34. from plotnine import *
35. freq =np.logspace(1,4,num=4-1+1,base=10,dtype='int')
```

```
36. df=pd.DataFrame({'class': np.repeat(['a','b','c','d'], freq),
37.                  'value':np.random.normal(3, 1, sum(freq))})
38.
39. box_plot=(ggplot(df,aes(x='class',y="value",fill="class"))
40. +geom_boxplot(show_legend=False)
41. +scale_fill_hue(s = 0.90, l = 0.65, h=0.0417,color_space='husl')
42. +theme_matplotlib()
43. +theme(#legend_position='none',
44.        aspect_ratio =1.1,
45.        dpi=100,
46.        figure_size=(4,4)))
47. print(box_plot)
48. #box_plot.save("box_plot3.pdf")
```

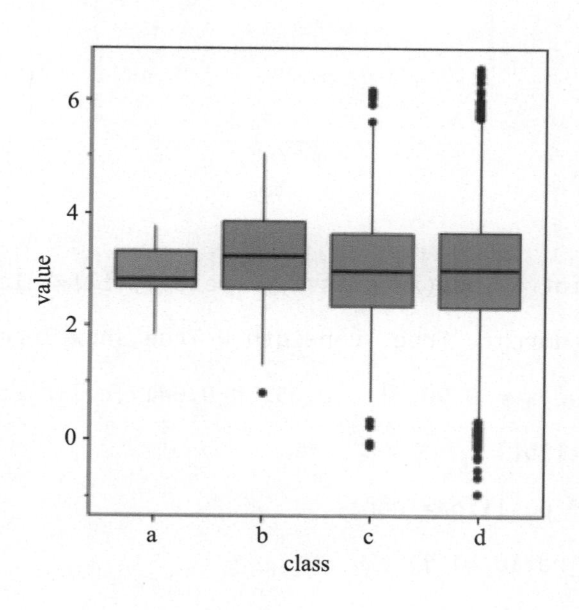


```
49. box_plot=(ggplot(df,aes(x='class',y="value",fill="class"))
50. +geom_boxplot(notch = True, varwidth = False,show_legend=False)
51. +scale_fill_hue(s = 0.90, l = 0.65, h=0.0417,color_space='husl')
52. +theme_matplotlib()
```

```
53. +theme(#legend_position='none',
54.        aspect_ratio =1.1,
55.        dpi=100,
56.        figure_size=(4,4)))
57. print(box_plot)
58. #box_plot.save("box_plot4.pdf")
```

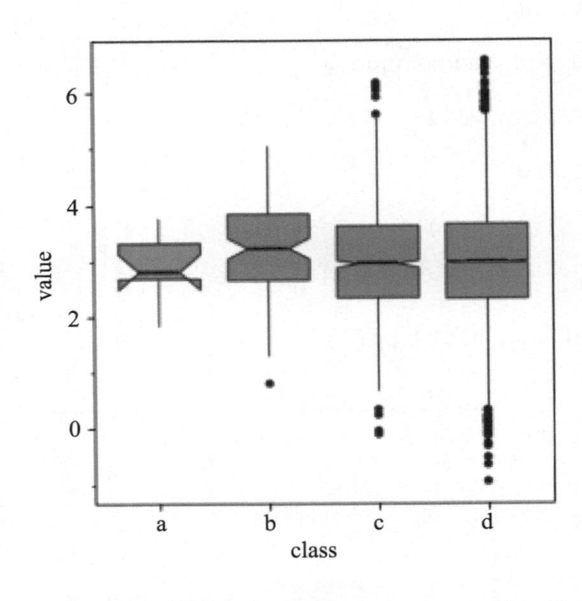


```
59. box_plot=(ggplot(df,aes(x='class',y="value",fill="class"))
60. +geom_boxplot(notch = True, varwidth = True,show_legend=False)
61. +scale_fill_hue(s = 0.90, l = 0.65, h=0.0417,color_space='husl')
62. +theme_matplotlib()
63. +theme(#legend_position='none',
64.        aspect_ratio =1.1,
65.        dpi=100,
66.        figure_size=(4,4)))
67. print(box_plot)
68. #box_plot.save("box_plot5.pdf")
```

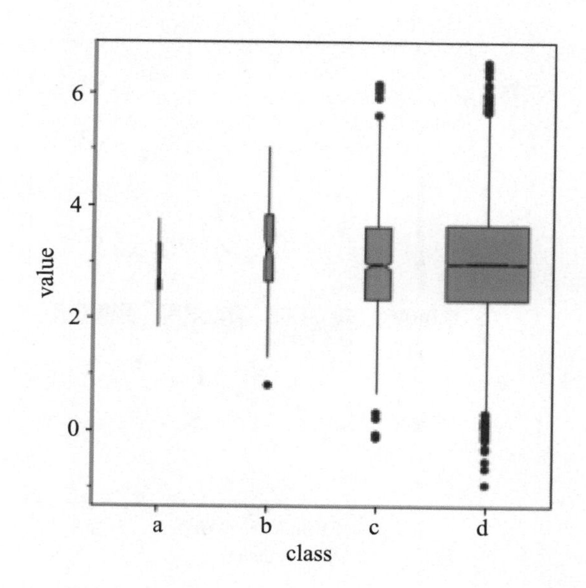


```
69. import pandas as pd
70. import numpy as np
71. import seaborn as sns
72. import matplotlib.pyplot as plt
73. from plotnine import *
74. df=pd.read_csv('Distribution_LargeData.csv')
75. #-----------------------不同数据量的正态分布-----------------------------
76. box_plot=(ggplot(df,aes(x='class',y="value",fill="class"))
77. +geom_boxplot(show_legend=False)
78. +scale_fill_hue(s = 0.90, l = 0.65, h=0.0417,color_space='husl')
79. +theme_matplotlib()
80. +theme(#legend_position='none',
81.        aspect_ratio =1.05,
82.        dpi=100,
83.        figure_size=(4,4)))
84. print(box_plot)
85. #box_plot.save("boxenplot3.pdf")
```

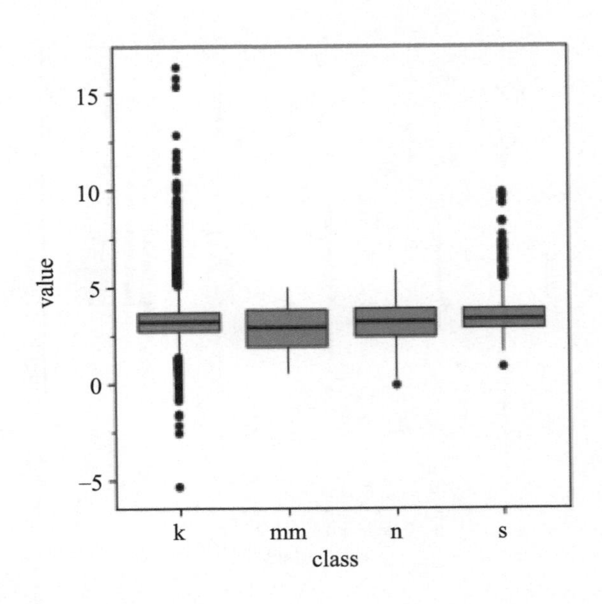


```
86. #----------------------相同大数据的不同数据分布------------------------
87. df['class']=df['class'].astype("category")
88. fig = plt.figure(figsize=(4,4.5))
89. sns.boxenplot(x="class", y="value", data=df,linewidth =0.2,
90.                     palette=sns.husl_palette(4, s = 0.90, l = 0.65,
                        h=0.0417))
91. #fig.savefig('boxenplot2.pdf')
```

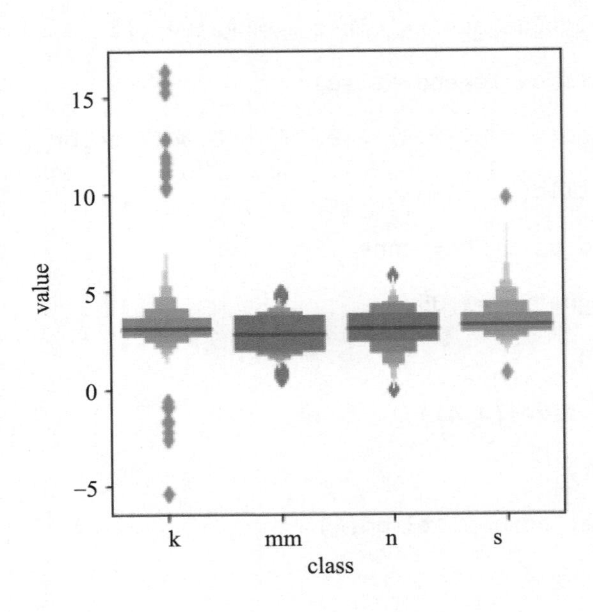

```
92. import pandas as pd
93. import numpy as np
94. import seaborn as sns
95. import matplotlib.pyplot as plt
96. from plotnine import *
97. df=pd.read_csv('Distribution_Data.csv')
98. df['class']=df['class'].astype("category")
99. #----------------------------小提琴图----------------------------------
100. violin_plot=(ggplot(df,aes(x='class',y="value",fill="class"))
101. +geom_violin(show_legend=False)
102. +geom_boxplot(fill="white",width=0.1,show_legend=False)
103. +scale_fill_hue(s = 0.90, l = 0.65, h=0.0417,color_space='husl')
104. +theme_matplotlib()
105. +theme(#legend_position='none',
106.        aspect_ratio =1.05,
107.        dpi=100,
108.        figure_size=(4,4)))
109. print(violin_plot)
110. #violin_plot.save("violin_plot.pdf")
```

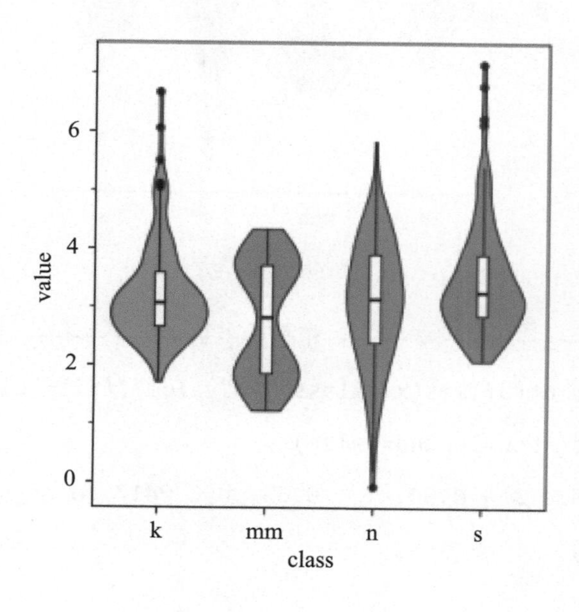

```
111. #---------------------------小提琴图-----------------------------------
112. violin_plot=(ggplot(df,aes(x='class',y="value",fill="class"))
113. +geom_violin(show_legend=False)
114. +geom_jitter(fill="black",width=0.3,size=1,stroke=0.1,show_legend=
     False)
115. +scale_fill_hue(s = 0.90, l = 0.65, h=0.0417,color_space='husl')
116. +theme_matplotlib()
117. +theme(#legend_position='none',
118.        aspect_ratio =1.05,
119.        dpi=100,
120.        figure_size=(4,4)))
121. print(violin_plot)
122. #violin_plot.save("violin_plot2.pdf")
```

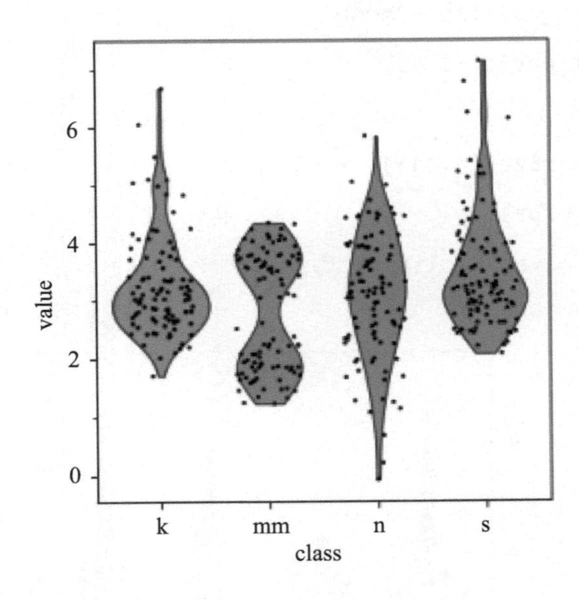


```
123. #---------------------------箱型图-----------------------------------
124. box_plot=(ggplot(df,aes(x='class',y="value",fill="class"))
125. +geom_boxplot(show_legend=False)
126. +scale_fill_hue(s = 0.90, l = 0.65, h=0.0417,color_space='husl')
127. +coord_flip()
```

```
128. +theme_matplotlib()
129. +theme(#legend_position='none',
130.        text=element_text(size=12,colour = "black"),
131.        aspect_ratio =0.8,
132.        dpi=100,
133.        figure_size=(4,4)))
134. print(box_plot)
135. #box_plot.save("box_plot_coord_flip.pdf")
```

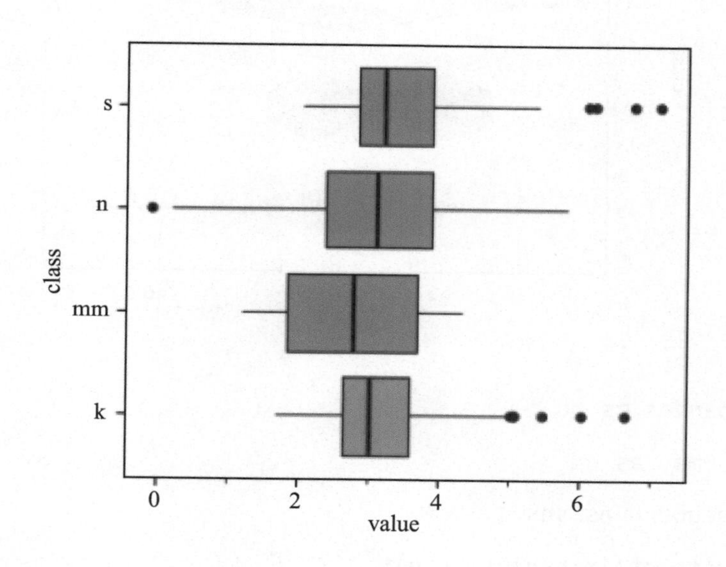


```
136. #-----------------------------小提琴图---------------------------------
137. violin_plot=(ggplot(df,aes(x='class',y="value",fill="class"))
138. +geom_violin(show_legend=False)
139. +geom_boxplot(fill="white",width=0.1,show_legend=False)
140. +scale_fill_hue(s = 0.90, l = 0.65, h=0.0417,color_space='husl')
141. +coord_flip()
142. +theme_matplotlib()
143. +theme(#legend_position='none',
144.        text=element_text(size=12,colour = "black"),
145.        aspect_ratio =0.8,
```

```
146.         dpi=100,
147.         figure_size=(4,4)))
148. print(violin_plot)
149. #violin_plot.save("violin_plot_coord_flip.pdf")
```

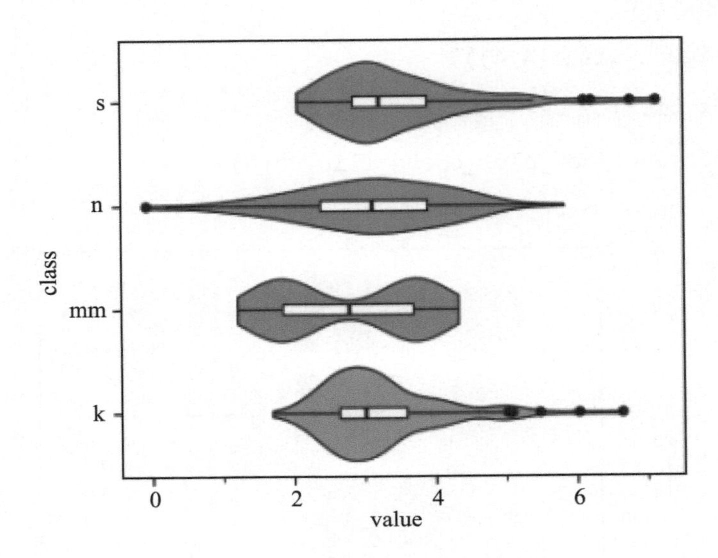


```
150. import pandas as pd
151. import numpy as np
152. import seaborn as sns
153. import matplotlib.pyplot as plt
154. from plotnine import *
155. # ====================中值排序显示的箱型图============================
156. df=pd.read_csv('Boxplot_Sort_Data.csv')
157. box_plot=(ggplot(df,aes(x='class',y="value",fill="class"))
158. +geom_boxplot(show_legend=False)
159. +scale_fill_hue(s = 0.90, l = 0.65, h=0.0417,color_space='husl')
160. +theme_matplotlib()
161. +theme(#legend_position='none',
162.         text=element_text(size=12,colour = "black"),
163.         aspect_ratio =1.05,
```

```
164.         dpi=100,
165.         figure_size=(4,4)))
166. print(box_plot)
167. #box_plot.save("box_plot_sort1.pdf")
```

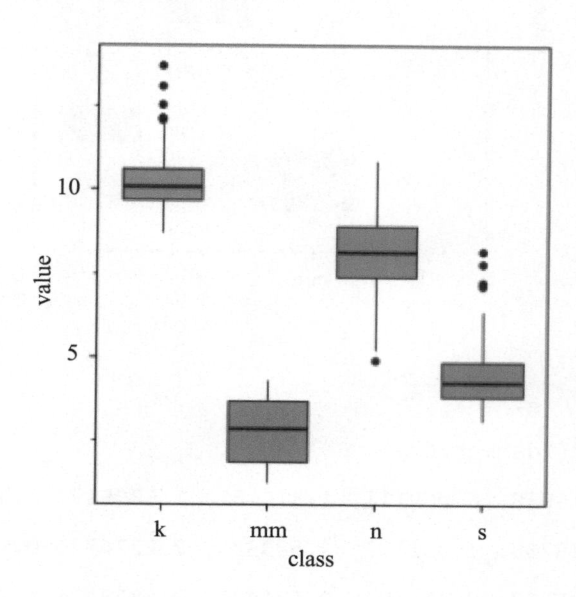


```
168. df_group=df.groupby(df['class'],as_index =False).median()
169. df_group=df_group.sort_values(by="value",ascending= False)
170. df['class']=df['class'].astype("category")
171. box_plot=(ggplot(df,aes(x='class',y="value",fill="class"))
172. +geom_boxplot(show_legend=False)
173. +scale_fill_hue(s = 0.90, l = 0.65, h=0.0417,color_space='husl')
174. +theme_matplotlib()
175. +theme(#legend_position='none',
176.         text=element_text(size=12,colour = "black"),
177.         aspect_ratio =1.05,
178.         dpi=100,
179.         figure_size=(4,4)))
180. print(box_plot)
181. #box_plot.save("box_plot_sort2.pdf")
```

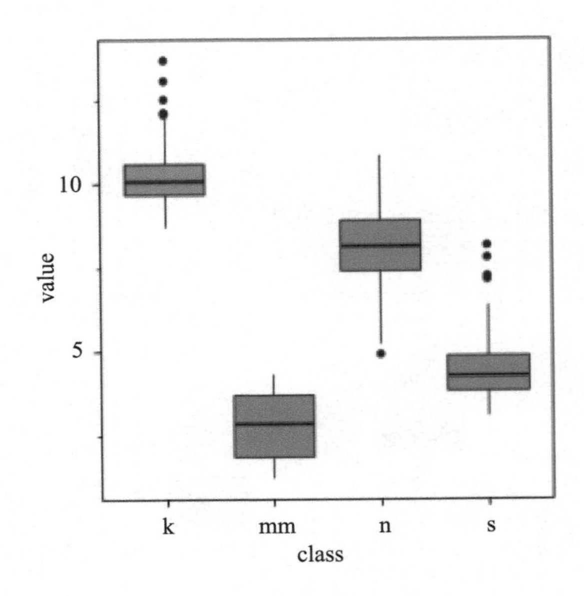


```
182. import seaborn as sns
183. sns.set_style("darkgrid")
184. data = [[1.716938, 0.969111, 1.313401, 1.500519, 1.591406, 0.670162],
185.         [0.288208, 1.031337, 2.683332, 2.227474, 0.947037, 2.257658],
186.         [1.023312, 0.111484, 0.624475, 0.682342, 1.551981, 2.029264],
187.         [0.701567, 0.807321, 0.866991, 1.592059, 1.461618, 2.131652],
188.         [1.766493, 1.469235, 1.045779, 1.899585, 2.344627, 2.173643],
189.         [0.110403, 0.523769, 0.985059, 1.524016, 1.635007, 2.279868]]
190. sns.boxplot(data=data);
```

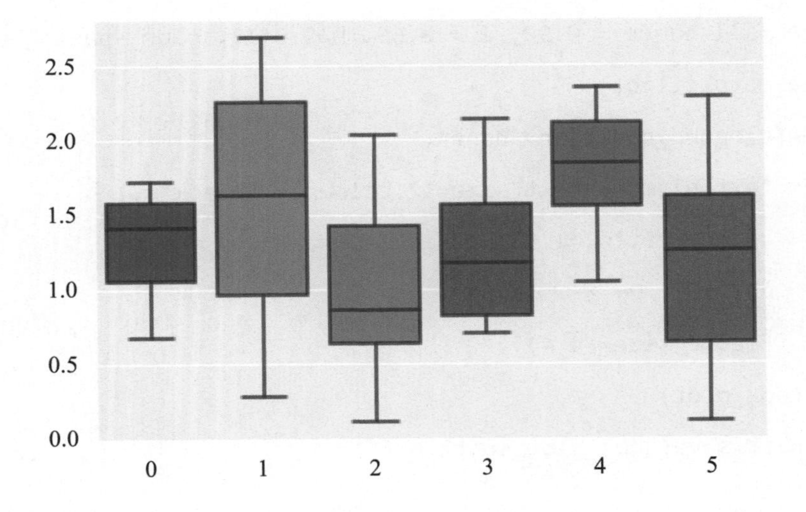

```
191. import pandas as pd
192. import numpy as np
193. import seaborn as sns
194. from plotnine import *
195. from scipy import stats
196. df_iris = pd.read_csv('iris.csv')
197. df_group=df_iris.groupby(df_iris['variety'],as_index =False).median()
198. df_group=df_group.sort_values(by="sepal.width",ascending= False)
199. df_iris['variety']=df_iris['variety'].astype("category")
200. group=df_group['variety']
201. N=len(group)
202. df_pvalue=pd.DataFrame(data=np.zeros((N,4)),columns=['variety1',
     'variety2','pvalue','group'])
203. n=0
204. for i in range(N):
205.     for j in range(i+1,N):
206.         rvs1=df_iris.loc[df_iris['variety'].eq(group[i]),'sepal.width']
207.         rvs2=df_iris.loc[df_iris['variety'].eq(group[j]),'sepal.width']
208.         #t,p=stats.wilcoxon(rvs1,rvs2,zero_method='wilcox',
             correction=False)  # wilcox.test()
209.         t,p=stats.ttest_ind(rvs1,rvs2)   # t.test()
210.         df_pvalue.loc[n,:]=[i,j,format(p,'.3e'),n]
211.         n=n+1
212. df_pvalue['y']=[4.5,5.,5.4]
213.   #----------------------带显著性标注的箱型图------------------------
214. base_plot=(ggplot() +
215.     geom_boxplot(df_iris, aes('variety', 'sepal.width', fill = 'variety'),
     width=0.65) +
216.
217.     #geom_violin(df_iris, aes('variety', 'sepal.width', fill = 'variety'),
     width=0.65)+
```

```
218.        geom_jitter(df_iris, aes('variety', 'sepal.width', fill = 'variety'),
            width=0.15)+
219.        scale_fill_hue(s = 0.99, l = 0.65, h=0.0417,color_space='husl')+
220.
221.        geom_segment(df_pvalue,aes(x ='variety1+1', y = 'y', xend = 'variety2+
            1', yend='y',group='group'))+
222.        geom_segment(df_pvalue,aes(x ='variety1+1', y = 'y-0.1', xend =
            'variety1+1', yend='y',group='group'))+
223.        geom_segment(df_pvalue,aes(x ='variety2+1', y = 'y-0.1', xend =
            'variety2+1', yend='y',group='group'))+
224.        geom_text(df_pvalue,aes(x ='(variety1+variety2)/2+1', y = 'y+0.1',
            label = 'pvalue',group='group'),ha='center')+
225.        ylim(2, 5.5)+
226.        theme_matplotlib()+
227.        theme(figure_size=(6,6),
228.              legend_position='none',
229.              text=element_text(size=14,colour = "black")))
230. print(base_plot)
```

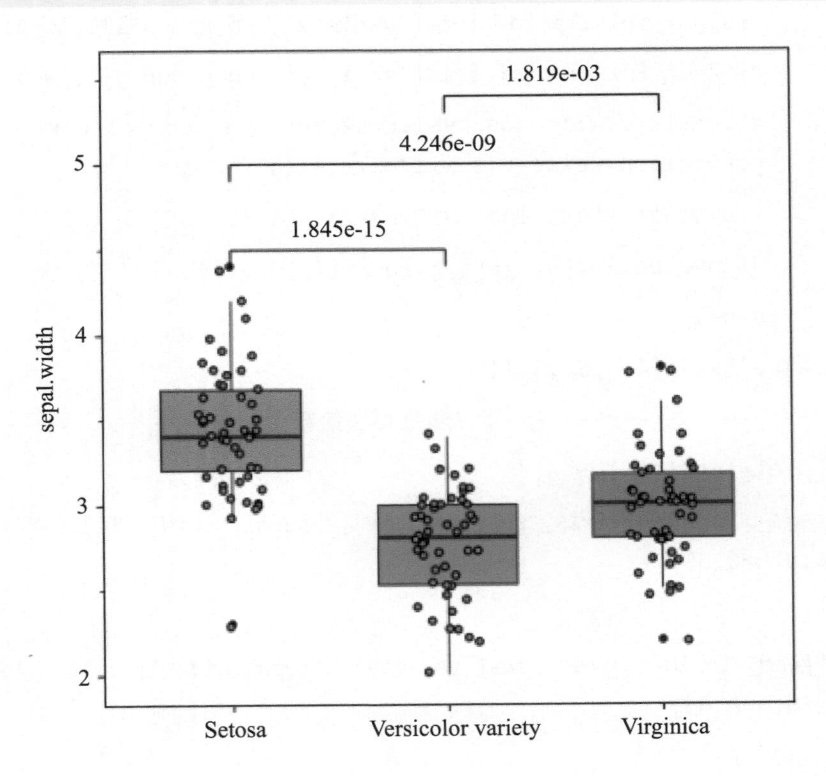

```
231. #-----------------------带显著性标注的小提琴图--------------------------
232. base_plot=(ggplot() +
233.     #geom_boxplot(df_iris, aes('variety', 'sepal.width', fill = 'variety'),
         width=0.65) +
234.
235.     geom_violin(df_iris, aes('variety', 'sepal.width', fill = 'variety'),
         width=0.65)+
236.     geom_jitter(df_iris, aes('variety', 'sepal.width', fill = 'variety'),
         width=0.15)+
237.     scale_fill_hue(s = 0.99, l = 0.65, h=0.0417,color_space='husl')+
238.
239.     geom_segment(df_pvalue,aes(x ='variety1+1', y = 'y', xend =
         'variety2+1', yend='y',group='group'))+
240.     geom_segment(df_pvalue,aes(x ='variety1+1', y = 'y-0.1', xend =
         'variety1+1', yend='y',group='group'))+
241.     geom_segment(df_pvalue,aes(x ='variety2+1', y = 'y-0.1', xend =
         'variety2+1', yend='y',group='group'))+
242.     geom_text(df_pvalue,aes(x ='(variety1+variety2)/2+1', y = 'y+0.1',
         label = 'pvalue',group='group'),ha='center')+
243.     ylim(2, 5.5)+
244.     theme_matplotlib()+
245.     theme(figure_size=(6,6),
246.           legend_position='none',
247.           text=element_text(size=14,colour = "black")))
248. print(base_plot)
```

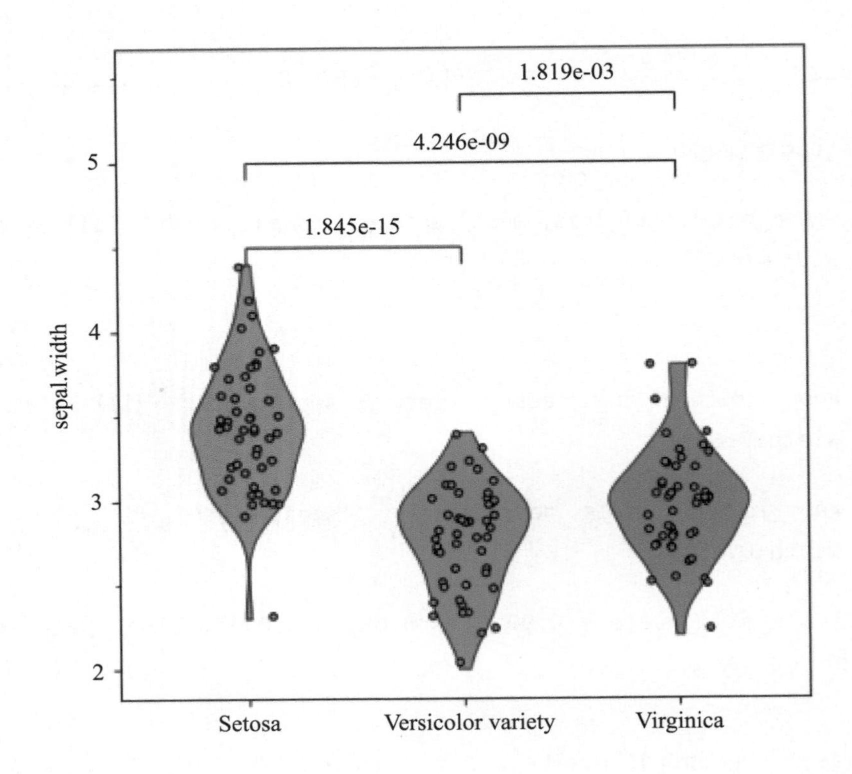

6.2.4 对应分析图

对应分析一种类似于主成分分析的变量降维分析方法，主要用于定性二维或多维列联表数据的分析，与主成分分析不同之处在于二者分别用于定性分析与定量分析，主成分基于的是方差分解与共享，对应分析基于卡方统计量的分解与贡献。

对应分析可以分析变量间的相关性和同一变量各分类之间的差异性或相似性，可借助图形观察对应关系；而“列联表分析”方法可分析两定性变量间的相关性，对于进一步分析差异性和相似性就显得无能为力。

对应分析（Correspondence Analysis）也称关联分析、R-Q型因子分析，是近年新发展起来的一种多元相依变量统计分析技术，通过分析由定性变量构成的交互汇总表来揭示变量间的联系。该技术可以揭示同一变量中各个类别之间的差异，以及不同变量各个类别之间的对应关系。对应分析的基本思想是将一个联列表中的行和列中的各元素的比例结构以点的形式在较低维的空间中表示出来。

```
1. import pandas as pd
2. import numpy as np
3. from math import sqrt
4. from matplotlib import pyplot as plt
```

```
5. import seaborn as sns
6. from scipy import stats
7.
8. path='data.xlsx'
9. data=pd.read_excel(path,index_col=0)
10. #1 卡方检验
11. # 判断这种分析方法是否适用
12. data_j=data.sum()/data.sum().sum()
13. data_i=data.sum(axis=1)
14. data_exp=pd.DataFrame(0,index=data_i.index,columns=data_j.index)
    #期望值
15. for i in range(data_exp.shape[0]):
16.     for j in range(data_exp.shape[1]):
17.         data_exp.iloc[i,j]=data_i.iloc[i]*data_j.iloc[j]
18. data_obj=data.values.flatten()
19. data_exp=data_exp.values.flatten()
20. chi_val,p_val=stats.chisquare(f_obs=data_obj,f_exp=data_exp)
21. #2 将data转化为概率矩阵,然后进行标准化
22. data_p=data/data.sum().sum() #概率矩阵
23. data_j=data_p.sum() #列边缘概率
24. data_i=data_p.sum(axis=1) #行边缘概率
25. #概率矩阵标准化
26. data_z=pd.DataFrame(np.zeros(data.shape),index=data.index,
27.                     columns=data.columns)
28. for i in data.index:
29.     for j in data.columns:
30.         data_z.loc[i,j]=(data_p.loc[i,j]-data_i.loc[i]*data_j.loc[j])/
        sqrt(data_i.loc[i]*data_j.loc[j])
31.
```

```
32. #3 求解奇异值和惯量，确定公共因子数量
33. data_z_np=data_z.to_numpy()
34. S_R=np.dot(data_z_np.T,data_z_np)
35. eig_val_R,eig_fea_R=np.linalg.eig(S_R) #返回特征值和特征向量
36. #返回维度惯量 惯量其实就是特征值
37. dim_matrix=pd.DataFrame(sorted([i for i in eig_val_R if i>0],reverse=
    True),columns=['惯量'])
38. dim_matrix['奇异值']=np.sqrt(dim_matrix['惯量'])
39. dim_matrix['对应部分']=dim_matrix['惯量']/dim_matrix['惯量'].sum()
40. dim_matrix['累计']=dim_matrix['对应部分'].cumsum()
41.
42. #R型因子载荷矩阵
43. #由dim_matrix['累计']可以得出，我们选择3个公共因子
44. com_fea_index=[x[0] for x in sorted(enumerate(eig_val_R),reverse=True,
    key=lambda x:x[1])][:3]
45. cols=['c'+str(i+1) for i in range(len(com_fea_index))]
46. eig_fea_R=np.multiply(eig_fea_R[:,com_fea_index],np.sqrt(eig_val_R
    [com_fea_index]))
47. R_matrix=pd.DataFrame(eig_fea_R,index=data_j.index,columns=cols)
48. R_matrix['tmp']=np.sqrt(data_j)
49. for col in cols:
50.     R_matrix[col]=R_matrix[col]/R_matrix['tmp']
51. R_matrix.drop('tmp',axis=1,inplace=True)
52.
53. #Q型因子载荷矩阵
54. S_Q=np.dot(data_z_np,data_z_np.T)
55. eig_val_Q,eig_fea_Q=np.linalg.eig(S_Q)
56. com_fea_index=[x[0] for x in sorted(enumerate(eig_val_Q),reverse=True,
    key=lambda x:x[1])][:3]
```

```
57. cols=['c'+str(i+1) for i in range(len(com_fea_index))]
58. eig_fea_Q=np.multiply(eig_fea_Q[:,com_fea_index],np.sqrt(eig_val_Q
    [com_fea_index]))
59. Q_matrix=pd.DataFrame(eig_fea_Q,index=data_i.index,columns=cols)
60. Q_matrix=Q_matrix.astype(float,copy=False) #Q_matrix中的数据类型为复数类
    型，但是虚部都为0，所以这里转化成float
61. Q_matrix['tmp']=np.sqrt(data_i)
62. for col in cols:
63.     Q_matrix[col]=Q_matrix[col]/Q_matrix['tmp']
64. Q_matrix.drop('tmp',axis=1,inplace=True)
65.
66. #4 选取公共因子c0和c1画定位图
67. plot_data=pd.concat([Q_matrix[['c1','c2']],R_matrix[['c1','c2']]],
    axis=0)
68. plot_data.index=list(data_i.index)+list(data_j.index)
69. plot_data['style']=['地区']*data_i.shape[0]+['指标']*data_j.shape[0]
70.
71. #画图
72. plt.rcParams["font.family"] = 'Arial Unicode MS'
73. marks={'地区':'o','指标':'s'}
74. ax=sns.scatterplot(x='c2',y='c1',hue='style',style='style',markers=mar
    ks,data=plot_data)
75. ax.set_xlim(left=-1,right=1)
76. ax.set_ylim(bottom=-1,top=1)
77. ax.set_xticks([-1,-0.5,0,0.5,1])
78. ax.set_yticks([-1,-0.5,0,0.5,1])
79. ax.axhline(0,color='k',lw=0.5)
80. ax.axvline(0,color='k',lw=0.5)
81. for idx in plot_data.index:
```

```
82.     ax.text(plot_data.loc[idx,'c2']+0.005,plot_data.loc[idx,'c1']+
        0.005,idx)
83. plt.show()
```

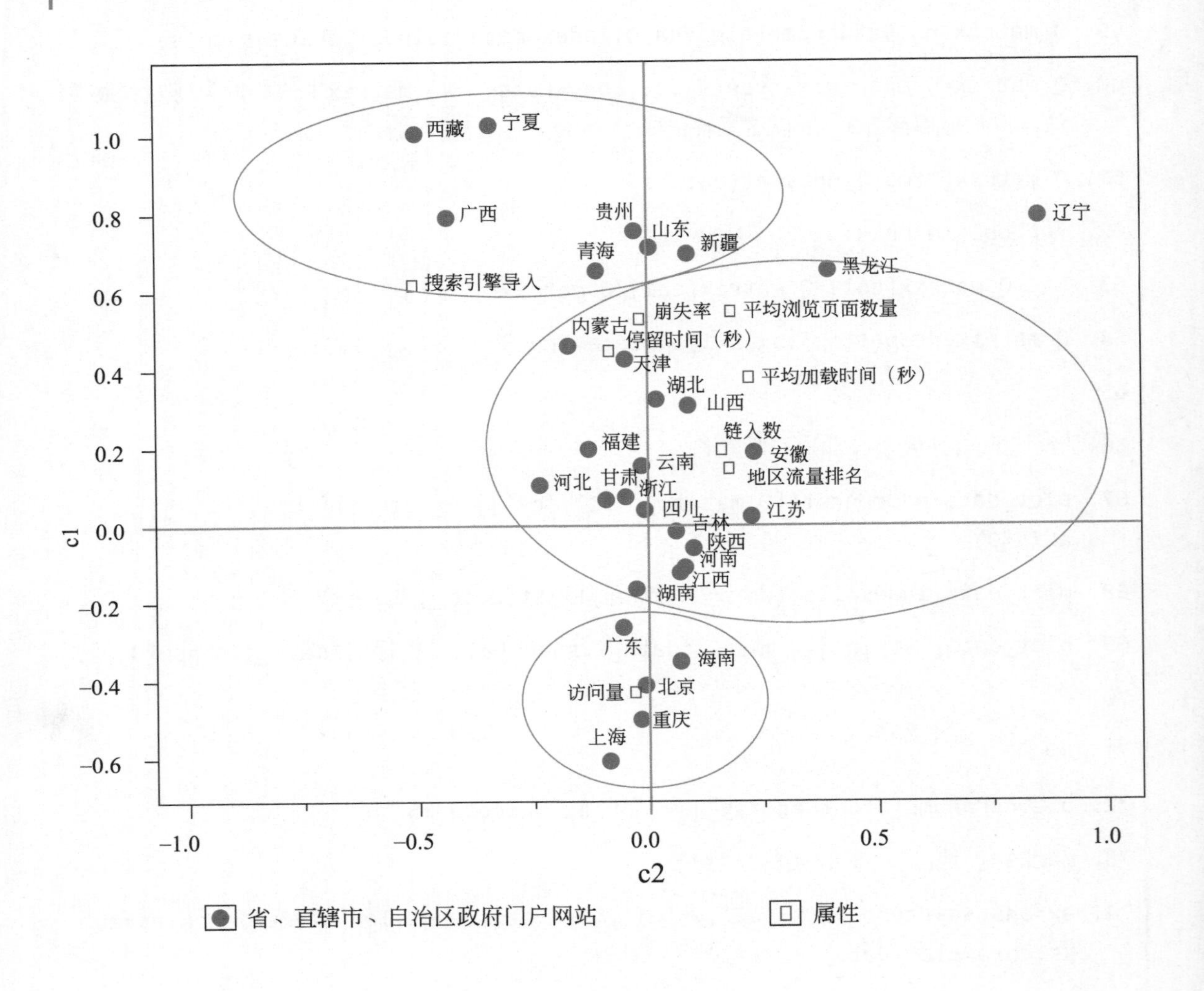